珠江三角洲及河口区
防洪评价技术指引与实例解析

珠江水利委员会珠江水利科学研究院
水利部珠江河口动力学及伴生过程调控重点实验室

陈文龙　杨芳　等 编著

中国水利水电出版社
www.waterpub.com.cn

内 容 提 要

  本书结合珠江三角洲地区河道特性，总结了珠江水利科学研究院10多年来的防洪评价报告编制经验，梳理了珠江三角洲及河口地区涉水建设项目防洪评价审查要点、防洪评价计算主要技术手段及防洪评价报告编制的关键技术，并针对河口区、网河区和内河涌等不同河道特征、不同类型建设项目进行了实例解析。

  本书旨在提高珠三角及河口区防洪评价报告的编制水平，也可作为水行政主管部门防洪评价审查的技术参考。

图书在版编目（ＣＩＰ）数据

珠江三角洲及河口区防洪评价技术指引与实例解析 /
陈文龙，杨芳等编著. -- 北京：中国水利水电出版社，
2014.11
  ISBN 978-7-5170-2675-4

  Ⅰ．①珠… Ⅱ．①陈… ②杨… Ⅲ．①珠江三角洲－
防洪工程－评价－研究 Ⅳ．①TV87

中国版本图书馆CIP数据核字(2014)第266607号

书　　名	**珠江三角洲及河口区防洪评价技术指引与实例解析**	
作　　者	珠江水利委员会珠江水利科学研究院 水利部珠江河口动力学及伴生过程调控重点实验室	陈文龙　杨芳　等 编著
出版发行	中国水利水电出版社 （北京市海淀区玉渊潭南路1号D座　100038） 网址：www.waterpub.com.cn E-mail：sales@waterpub.com.cn 电话：（010）68367658（发行部）	
经　　售	北京科水图书销售中心（零售） 电话：（010）88383994、63202643、68545874 全国各地新华书店和相关出版物销售网点	
排　　版	中国水利水电出版社微机排版中心	
印　　刷	北京鑫丰华彩印有限公司	
规　　格	184mm×260mm　16开本　18.25印张　433千字	
版　　次	2014年11月第1版　2014年11月第1次印刷	
印　　数	0001—1500册	
定　　价	**128.00元**	

珠江三角洲地区位于广东省东部沿海，地处北纬 21°30′～23°40′、东经 109°40′～117°20′之间，涉及广州、深圳、珠海、佛山、惠州、东莞、中山、江门和肇庆 9 个地级市，是广东省政治、经济、科技和文化中心，也是我国经济最发达地区之一。珠江三角洲网河区水系发达，河道纵横交错，西江、北江、东江流入三角洲后经八大口门出海，形成"三角汇流，八口出海"的格局。

随着泛珠三角区域协作发展和广东、香港、澳门经济一体化，该区域城市化水平不断提高，经济总量不断增加，国际影响力不断增强，对防洪提出了更高要求。另一方面，随着经济社会发展，大批桥梁、码头等涉水建筑物的建设，加剧了该区域的防洪压力。因此，必须严格执行建设项目防洪评价制度，加强依法行政，科学管水。

目前，珠江三角洲及河口区建设项目众多，相关的科研、设计、咨询单位及大专院校均参与到防洪评价编制队伍中来。很多编制单位由于技术实力限制（如不具备数学、物理模型能力）或对河道复杂性、重要性的认识不足，没能采用合适的技术路线对建设项目防洪影响作出符合实际情况的评价，经常出现防洪评价深度不能满足技术审查要求，导致了大量的修改工作甚至返工，直接影响建设项目的前期工作进度。为此，在防洪形势依然严峻、防洪安全要求不断提高的情况下，编制珠江三角洲及河口区防洪评价技术指引，对提高防洪评价报告编制水平，为水行政主管部门加强河道管理范围内建设项目审批提供技术参考，就显得尤为迫切和必要。

珠江水利科学研究院长期致力于珠江三角洲网河及河口治理研究，拥有水利部珠江河口海岸工程技术研究中心和水利部珠江河口动力学及伴生过程调控重点实验室，截止到 2013 年 6 月已完成了近千项防洪评价报告编制，为各级水行政主管部门审批涉水建设项目提供了强有力的技术支撑，并积累了丰富的经验。

本书结合珠江三角洲地区河道特性，总结了珠江水利科学研究院 10 年来的防洪评价报告编制经验，梳理了珠江三角洲地区涉水建设项目防洪评价审查要点、防洪评价计算主要技术手段及防洪评价报告编制的关键技术，并针对河口区、网河区和内河涌的不同河道特征、不同类型建设项目，进行了实例解析。

本书主要由陈文龙、杨芳编著。全书共分为 9 章，第 1 章、第 3 章、第 4 章，由陈文龙编写；第 2 章、第 5 章由杨芳编写；第 6 章、第 9 章由杨健新编写；第 7 章由胡晓张编写；第 8 章由杨莉玲编写。全书由杨芳统稿，陈文龙定稿。珠江水利委员会建管处原调研员任玲、规划计划处科长陈军为本书提出了很多宝贵意见，在此诚表衷心感谢。

本书旨在提高珠江三角洲及河口区防洪评价报告的编制水平，也可作为水行政部门防洪评价审查的技术参考。

编著者

2014 年 5 月

于羊城

目录

    珠江是我国七大江河之一，由西江、北江、东江及珠江三角洲诸河组成，西江、北江、东江汇入珠江三角洲后，经虎门、蕉门、洪奇门、横门、磨刀门、鸡啼门、虎跳门和崖门八大口门入注南海，形成"三江汇流，八口出海"的水系特点。流域涉及云南、贵州、广西、广东、湖南、江西6省（自治区）和香港、澳门特别行政区以及越南东北部，总面积 45.37 万 km²，其中我国境内面积 44.21 万 km²。

    珠江三角洲水系包括西江、北江思贤滘以下和东江石龙以下三角洲河网水系和入注三角洲的中、小河流，以及直接流入伶仃洋的茅洲河和深圳河。珠江三角洲地区涉及广东省的广州、深圳、珠海、佛山、惠州、东莞、中山、江门和肇庆等9市。珠江河口包括八大口门区及河口延伸区，其中八大口门区为自虎门黄埔（东江北干流大盛、南支流泗盛、北江干流沙湾水道三沙口水位站）、蕉门南沙、洪奇门万顷沙西、横门横门水位站、磨刀门灯笼山、鸡啼门黄金、虎跳门西炮台、崖门黄冲水位站以下至伶仃洋赤湾半岛、内伶仃、横琴、三灶、高栏、荷包、大襟岛、赤溪半岛间的连线之间的河道、水域和岸线；河口延伸区则包括至上述赤湾、赤溪半岛连线以下，与从深圳河口起沿广东省与香港特别行政区水域分界线至南面海域段18号点和由18号点与外伶仃岛、横岗岛、万山岛、小襟岛南面外沿、赤溪半岛鹅头颈的连线之间的水域及岸线。珠江三角洲水系及河口区范围见图1.1-1。

    珠江三角洲地区是我国三大经济圈之一，经济发达、人口密集，城市化率达80%，在全国经济社会发展中具有重要的战略地位。据统计，2013年，珠江三角洲9市全年完成GDP 53060亿元（人均GDP为93388元），占广东省GDP总量的85.36%，约占全国GDP总量（63.07万亿元）的8.41%。一方面，随着《珠江三角洲地区改革发展规划纲要（2008—2020）》的颁布实施及粤港澳经济一体化的逐步推进，区域经济结构将进一步优化，地区国民经济将保持健康、快速发展，对防洪安全也提出了更高要求。另一方面，随着经济的发展，跨河桥梁、港口码头、滩涂围垦等河道管理范围内建设项目日益增多，对河道行洪纳潮的影响逐步加剧。据统计，2000年珠江三角洲及河口区已建码头有257座，其中河口区169座，网河区主干88座；已建设的特大桥和大桥总数为67座，其中河口区12座，网河区主干55座。2011年年底，已建码头增至499座，其中河口区344座，网河区主干155座；特大桥和大桥总数增加至114座，河口区22座，网河区主干92座。码头、桥梁分布情况分别见表1.1-1和表1.1-2。

    防洪评价报告作为水行政主管部门对河道管理范围内建设项目审批的重要技术参考依据，评价内容主要包括建设项目与水利规划的关系及影响分析，对河道泄洪、纳潮、排

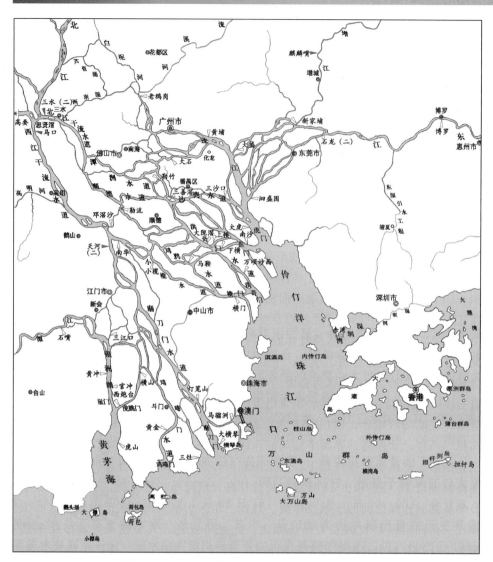

图 1.1-1 珠江三角洲水系及河口区位置示意图

涝、河势稳定、堤防安全的影响，对防汛抢险、第三人合法水事权益的影响，以及建设项目防御洪涝的设防标准是否合适等。防洪评价研究采用技术手段的正确性、基础资料的可靠性、报告结论的准确性及其所建议采取的补救措施的合理性、针对性等对河道管理范围内建设项目审批的科学性至关重要。珠江河口是世界上水系最为复杂的河口之一，受径流和潮流共同影响，河网区内河道纵横交错，牵一发而动全身，对涉河建设项目防洪评价报告编制水平也提出了更高要求。目前，珠江三角洲及河口区建设项目众多，各类科研、设计、咨询单位及高校均参与到防洪评价报告编制队伍中来，受技术力量、技术资料以及对区域水文特征、防洪形势认识的限制，并且缺乏统一的针对性指导文件，报告水平参差不齐。为此，在防洪形势依然严峻、防洪安全要求不断提高的情况下，编制珠江三角洲及河口区防洪评价技术指引，对提高防洪评价报告编制水平，为水行政主管部门加强河道管理范围内建设项目审批提供技术参考就显得尤为迫切而必要。

表 1.1 - 1　　　　　　　　珠江河口区及网河区码头分布统计表　　　　　　单位：座

建设情况	河　口　区				网河区	总计
	伶仃洋	磨刀门	鸡啼门	黄茅海		
2000 年已建	99	51	4	15	88	257
2011 年已建	211	64	15	54	155	499
规划中的	23	1	0	10	0	34

表 1.1 - 2　　　　　　　　珠江河口及网河区已建桥梁分布统计表　　　　　　单位：座

年　份	河　口　区				网河区	总计
	伶仃洋	磨刀门	鸡啼门	黄茅海		
2000 年	6	5	0	1	55	67
2011 年	13	6	1	2	92	114

本书共分 9 个章节，各章内容简介如下。

第 1 章，绪论，介绍珠江三角洲及河口基本情况及防洪评价研究必要性。

第 2 章，主要介绍了珠江三角洲及河口的自然概况及经济社会现状，分析了珠江三角洲及河口水文情势的变化特征和影响因素，介绍了珠江河口治理现状以及涉及珠江河口的水利规划体系。

第 3 章，介绍防洪评价报告的编制依据，并结合防洪评价导则编制有关要求，阐述了跨河建筑物、临河建筑物、穿河建筑物、拦河建筑物等不同类型建设项目防洪评价的要点，以及主要水行政主管部门的审查程序。

第 4 章，详细介绍了水文分析、数学模型计算、物理模型试验及经验公式分析等防洪评价工作中常用的技术手段。

第 5 章，主要针对目前防洪评价报告编制中的薄弱环节，介绍了防洪评价中一些关键问题及其常用的处理方法，主要包括模型的选择、模型的率定和验证、工程概化、计算的前后处理等关键问题。

第 6 章，针对内河涌洪涝灾害不但与区间暴雨产汇流洪水密切相关，而且还会受到外江潮流顶托影响的这一较为复杂的情况，分别以跨河类建设项目——中山市古神公路（二期）工程坦洲大涌大桥和河涌整治类项目——庄头涌（工业大道—珠江口）清淤工程防洪评价为例，结合内河涌水系特点，对内河涌涉水工程防洪评价进行实例解析。

第 7 章，以临河建设项目——广州市粮食储备加工中心码头工程和穿河和穿堤工程——广佛环线穿（跨）越陈村水道隧道工程防洪评价为例，对珠江三角洲主干网河区河道管理范围内建设项目防洪评价进行实例解析和评价要点分析。

第 8 章，以珠江河口滩涂围垦工程——虎门港（太平）客运口岸搬迁工程、珠江河口大型航道整治工程——广州港出海航道三期工程，以及珠江河口大型桥梁工程——港珠澳大桥工程防洪评价为例，对珠江河口区典型涉水工程防洪评价进行实例解析和评价要点分析。

第 9 章为结语。

附录 1、附录 2 分别介绍了有关法律和法规以及建设项目大型、中型、小型规模划分标准，附录 3 介绍了河道管理范围内建设项目防洪评价报告编制导则。

本书的编制旨为珠江三角洲及河口建设项目的防洪评价提出针对性的技术指引，同时也为水行政主管部门对防洪评价报告的审查提供参考。

第 2 章
珠江河口及三角洲基本情况

2.1 自然概况

2.1.1 珠江三角洲及口门概况

珠江是我国七大江河之一，其干流、支流水系分布于云南、贵州、广西、广东、湖南、江西等 6 省（自治区）和香港、澳门特别行政区以及越南东北部，流域总面积 45.37km²。西江、北江于广东省三水思贤滘相汇后注入西江、北江三角洲，东江于东莞市石龙镇汇入东江三角洲。

珠江三角洲是复合三角洲，由西江、北江思贤滘以下，东江石龙以下河网水系和入注三角洲诸河组成，集水面积 26820km²，其中河网区面积 9750km²。入注三角洲的中小河流主要有潭江、流溪河、增江、沙河、高明河、深圳河等。

三角洲河网区内河道纵横交错，其中西江、北江水道互相贯通，形成西北江三角洲，集雨面积 8370km²，占三角洲河网区面积的 85.8%，主要水道近百条，总长约 1600km，河网密度为 0.81km/km²，思贤滘及东海与西海水道的分汊点是西北江三角洲河网区重要的分流分沙节点，其水沙分配变化将对河网区水文情势产生重大影响；东江三角洲隔狮子洋与西北江三角洲相望，基本上自成一体，集雨面积 1380km²，占三角洲河网区面积的 14.2%，主要水道 5 条，总长约 138km，河网密度为 0.88km/km²。

西江、北江、东江水沙流入三角洲后经八大口门出海，形成"三江汇流，八口出海"的格局。西江主流从上游至下游各段分别为西江干流、西海水道、磨刀门水道，最后从磨刀门出海。北江主流从上游至下游各段分别为北江干流、顺德水道、沙湾水道，最后经狮子洋出虎门入伶仃洋。东江主流经石龙以下的东江北干流、东江南支流流入狮子洋经虎门入伶仃洋。珠江河口八大口门按地理分布情况分为东、西两部分，东四口门为虎门、蕉门、洪奇门和横门，其水沙注入伶仃洋河口湾；西四口门为磨刀门、鸡啼门、虎跳门和崖门，其中磨刀门直接注入南海，鸡啼门注入三灶岛与高栏岛之间的水域，虎跳门和崖门注入黄茅海河口湾。八大口门动力特性不尽相同，泄洪纳潮情况不一，磨刀门、横门、洪奇门、蕉门、鸡啼门、虎跳门为河优型河口，以河流作用为主，其中磨刀门泄洪量居八大口门之首；位于东、西两侧的虎门和崖门属于潮优型河口，以潮汐为主，其中虎门的潮汐吞吐量排在八大口门首位。

2.1.2 气象特征

（1）气温。

根据新会、斗门、珠海、中山、广州、东莞、深圳等市气象台（站）至 2000 年的资料统计，多年平均气温一般都在 22℃ 左右，年平均气温的年际变化不大，变幅为 1℃ 左右，历年最高气温在 35℃ 以上，极端最高气温为 38.7℃（广州 1953 年 8 月 12 日、深圳 1980 年 7 月 10 日）；年最低气温一般出现在 1 月、2 月及 12 月，其中 1 月最低，平均为 13～14℃，历年最低气温一般都在 0℃ 以上，极端最低气温为 -1.3℃（中山站为 1955 年 1 月 12 日）。珠江三角洲主要气象站气温特征值统计见表 2.1-1。

表 2.1-1　　　　　　　　主要气象站气温特征值统计表

统计年份	站名	多年平均气温/℃	最高气温/℃	最高气温发生日期	最低气温/℃	最低气温发生日期
1957—1998	新会	21.9	38.2	1994 年 7 月 11 日	0.1	1963 年 1 月 16 日
1967—2000	斗门	22.0	37.3	1990 年 8 月 23 日	1.7	1975 年 12 月 4 日
1965—1997	珠海	22.4	38.5	1980 年 7 月 10 日	2.5	1976 年 12 月 29 日
1955—1998	中山	21.8	37.5	1994 年 7 月 11 日	-1.3	1955 年 1 月 12 日
1951—2000	广州	22.0	38.7	1953 年 8 月 12 日	0	1957 年 2 月 11 日
1957—1997	东莞	22.8	38.2	1994 年 7 月 2 日	-0.5	1957 年 2 月 11 日
1957—1997	深圳	22.4	38.7	1980 年 7 月 10 日	0.2	1957 年 2 月 11 日

（2）日照。

据资料统计，珠江三角洲地区的多年平均日照时数为 1600～2100h，年最长日照时数为 2449.5h（番禺 1963 年），年最短日照时数为 1507.0h（新会 1973 年）。日照时数的年内分配，一般是 7 月较长，平均为 230～250h，最短为 2 月、3 月，平均为 90～125h。

（3）霜日。

据新会、斗门、中山站资料统计，多年平均霜日分别为 2.2、0.6、20.9；最长霜日分别为 7、3、63。初霜最早新会站为 1962 年 12 月 3 日，斗门站为 1975 年 12 月 22 日，中山站为 1975 年 11 月 25 日；终霜最迟新会、中山站均为 1973 年 2 月 28 日，斗门站为 1968 年 2 月 6 日。

（4）风向、风速。

据斗门、珠海、中山、番禺、深圳气象站风向、风速资料统计，春、冬两季，斗门站以 N、NNW 风向为主，累年风向频率为 13%～19%；珠海站以 NE、ENE、E 风向为主，累年风向频率为 9%～12%；中山站以 N、NNE、NE 为主，累年风向频率为 7%～10%；番禺站以 N、NNW 风向为主，累年风向频率为 11% 左右；深圳站以 NNE、NE 为主，累年风向频率为 11%～16%。夏、秋两季，斗门站以 S、SSW 风向为主，累年风向频率为 9% 左右；珠海以 E、ESE、SE、SW 风向为主，累年风向频率为 6%～12%；中山站以 S 风向为主，累年风向频率为 9% 左右；番禺站以 SE、SSE、S 风向为主，累年风向频率为 7%～11%；深圳站以 E、ESE、SE 风向为主，累年风向频率为 8%～12%。累年最大风速为 31.4m/s（珠海站），其次为 NW 风和 N 风均为 30m/s（斗门、深圳站）。

（5）降水量。

据珠江三角洲有关气象站、雨量站截至 1998 年的资料统计，在珠江三角洲及河口地区，多年平均降水量为 1400～2500mm；最大年降水量为 4555mm（大坑站 1973 年），最小年降水量为 721.3mm（铁岗水库站 1963 年），三角洲的年降水量不但年际变化较大，而且降水量的年内分配也不均匀，通常是汛期 4—9 月的降水量占年总量的 80％以上，枯水期 1—3 月、10—12 月的降水量不足年总量的 20％，而汛期降水主要集中在 5—8 月，约占年总量的 60％以上，因此，夏秋易涝，冬春易旱。

（6）暴雨。

据天河、三灶、香洲、横门、泗盛围、赤湾等站的最大 24 小时暴雨资料统计，最大点暴雨出现在珠海市的香洲站和三灶站，香洲站为 643.5mm（2000 年 4 月 13 日），三灶站为 613.8mm（1982 年 5 月 29 日）。三角洲东部最大暴雨出现于泗盛围站，为 580.6mm（1993 年 6 月 28 日）。位于三角洲中部的天河站，最大点暴雨量为 266.1mm（1981 年 6 月 30 日），表明了暴雨量的空间分布由沿海向内陆呈递减变化。资料系列至 2000 年的部分站点各级频率的年最大 24 小时暴雨量设计值见表 2.1-2。

表 2.1-2　　　　部分站点各级频率年最大 24 小时暴雨量计算成果表

统计年限	站名	暴雨量均值 /mm	C_v	C_s/C_v	各级频率下的暴雨设计值/mm				
					频率 1％	频率 2％	频率 5％	频率 10％	频率 20％
1977—2000	天河	120	0.45	3.5	302	270	226	192	157
1965—2000	三灶	242	0.55	3.5	717	627	507	416	325
1962—2000	香洲	230	0.55	3.5	680	594	481	395	308
1971—2000	横门	172	0.45	3.5	433	386	324	275	225
1957—2000	广州	138	0.38	3.5	307	278	239	208	176
1965—2000	泗盛围	181	0.70	3.5	665	566	436	340	248
1973—2000	赤湾	191	0.53	3.5	548	481	392	324	255

（7）蒸发量。

珠江三角洲地区多年平均蒸发量（水面蒸发，下同）为 1100～1300mm；最大年蒸发量深圳为 1570.5mm（1963 年），番禺 1396.8mm（1977 年）；最小年蒸发量东莞为 1127.4mm（1963 年），中山为 972.7mm（1965 年）。蒸发量的年际变化不大，但其年内变化相对较大，7 月、8 月蒸发量最大，约占年总量的 23％左右，1—3 月蒸发量较小，约占年总量的 17％左右。

（8）相对湿度。

珠江三角洲及河口地区平均相对湿度为 80％左右，春、夏两季最大相对湿度 95％以上，秋、冬两季最小相对湿度不足 10％。

2.1.3　水文特征

2.1.3.1　径流特征

珠江流域地处热带、亚热带气候区，光照条件好，水资源相对丰富，按照《珠江流域水资源调查评价》统计成果，水资源总量 3385 亿 m³，居我国七大江河的第二位，仅次于长江流域，是我国天然的富水区之一，其中珠江三角洲年水资源总量 299 亿 m³。珠江流域多年平均年径流量为 3381 亿 m³，其中西江 2301 亿 m³、东江 274 亿 m³、北江 510 亿 m³、珠江三角洲 295 亿 m³，分别占珠江流域年径流总量的 68.1％、8.1％、15.1％、

8.7%；珠江河口入海年径流量为 3264 亿 m³。

根据水文站实测水文资料统计，西江马口站多年平均年径流量为 2322 亿 m³，北江三水站为 451 亿 m³，东江博罗站为 235 亿 m³。详见表 2.1-3。

表 2.1-3　　　　　　　　　珠江三角洲主要控制站实测径流特征值表

站名	最大年径流量/亿 m³	发生年份	最小年径流量/亿 m³	发生年份	多年平均径流量/亿 m³	最大年平均流量/(m³/s)	发生年份	最小年平均流量/(m³/s)	发生年份
马口	3154	1973	1210	1963	2322	10000	1973	3840	1963
三水	932.7	1997	94.7	1963	450.8	2960	1997	300	1963
马口+三水	3916	1994	1305	1963	2773	12400	1994	4140	1963
博罗	413	1983	89.37	1963	234.6	1310	1983	283	1963
麒麟嘴	66	1983	11.81	1963	38.14	209	1983	37.4	1963

（1）径流年际变化。

受气候变化影响，流域内降雨有丰年、枯年之分。各江最大年径流量出现的时间不一，而最小年径流量同时于 1963 年出现，最大与最小年径流量之比约为 2.6~9.8 倍。1959 年至今，进入西江、北江三角洲的水量出现了两个枯水年组和两个丰水年组，20 世纪 60 年代、80 年代为枯水年组，20 世纪 70 年代和 90 年代为丰水年组。

（2）径流年内变化。

珠江流域的降水受季风气候控制，径流年内分配不均，每年 4—9 月为洪季，马口、三水、博罗站径流量分别占其年总量的 76.9%、84.8% 和 71.7% 左右；1—3 月及 10—12 月为枯水期，马口、三水、博罗站径流量分别占年总量的 23.1%、15.2% 和 28.3% 左右。

（3）口门分配比。

珠江三角洲河网区，河道纵横交错，水沙互相灌注，流域来水来沙最后由八大口门宣泄入海。近年来各口门的径流量分配比发生了较大的变化，与 20 世纪 80 年代以前系列相比，1985—2000 年系列注入伶仃洋东四口门的分流比有所加大，占珠江河口年径流量的 61.0%，其中虎门占 24.5%，增加最多；蕉门占 16.8%，有所减小；洪奇门占 7.2%，有所增加；横门占 12.5%，有所增加。西部四个口门占珠江河口年径流量的 39.0%，有所减小，其中磨刀门占 26.6%，鸡啼门占 4.0，虎跳门占 3.9，崖门占 4.5%，各口门近年来都有所减小，崖门、鸡啼门及虎跳门的分泄量减小较多。磨刀门分泄径流量为八口之冠，其他口门按大小排列分别是虎门、蕉门、横门、洪奇门、崖门、鸡啼门及虎跳门。

2.1.3.2　潮汐特征

（1）潮位。

珠江河口的潮汐，主要是太平洋潮波经巴士海峡、巴林塘海峡传入，既受天文因素的制约，又受地形、气象及珠江径流等因素的影响。其潮汐属不正规半日混合潮型，一天中有两涨两落，半个月中有大潮汛和小潮汛，历时各三天。在一年中夏潮大于冬潮，最高、最低潮位分别出现在春分和秋分前后，且潮差最大，夏至、冬至潮差最小。

八大口门中，多年平均高潮位东部 4 个口门较西部 4 个口门高，而西部 4 个口门中磨刀门和鸡啼门较低；多年平均低潮位为东、西两端较低，中部横门和磨刀门较高。因受汛期洪水和风暴潮的影响，各口门最高潮位一般出现在6—9月，最低潮位多出现在枯水期12月至次年2月。南沙、赤湾站历年最高水位出现于9316号台风影响下的风暴潮期间，其他各站历年最高水位均出现于0814号台风影响下的风暴潮期间。

（2）潮差。

珠江八大口门平均潮差在0.85～1.62m之间，属于弱潮河口。最大潮差为虎门最高，依次为蕉门、崖门、虎跳门、磨刀门、横门、洪奇门、鸡啼门；其中虎门黄埔（三）站最大潮差3.38m、蕉门南沙站最大潮差3.27m，崖门黄冲（长乐）站最大潮差为3.21m，虎跳门西炮台站最大潮差3.08m，磨刀门灯笼山站最大潮差2.98m，横门横门站最大潮差2.97m，洪奇门万顷沙西站最大潮差2.94m，鸡啼门黄金站最大潮差2.90m。磨刀门、横门、洪奇门、蕉门等径流较强的河道型河口，潮差自口门向上游呈递减趋势，而伶仃洋、黄茅海河口湾，自湾口向内至湾顶潮差沿程增加，赤湾多年平均涨潮差为1.38m，到黄埔达到1.62m。详见表2.1-4。

表 2.1-4　　　　　　　口门站及主要站点潮位特征值统计表

站 名	高 潮 位			低 潮 位			涨 潮 差		
	多年平均/m	历年最高/m	出现日期	多年平均/m	历年最低/m	出现日期	多年平均/m	历年最大/m	出现日期
黄冲（长乐）	0.62	2.77	2008年9月24日	-0.61	-1.74	1974年10月19日	1.23	3.21	1993年9月17日
西炮台	0.63	2.86	2008年9月24日	-0.57	-1.57	1991年12月28日	1.20	3.08	1993年9月17日
黄金	0.44	2.91	2008年9月24日	-0.6	-1.57	1979年2月21日	1.03	2.90	1993年9月17日
灯笼山	0.44	2.69	2008年9月24日	-0.41	-1.12	1965年3月16日	0.85	2.98	1993年9月17日
三灶	0.36	3.14	2008年9月24日	-0.74	-1.97	1968年12月22日	1.10	3.26	1993年9月17日
横门	0.61	2.75	2008年9月24日	-0.47	-1.25	1955年2月20日	1.08	2.97	1993年9月17日
南沙	0.63	2.67	1993年9月17日	-0.69	-1.6	1971年3月23日	1.32	3.27	1993年9月17日
万顷沙西	0.64	2.74	2008年9月24日	-0.56	-1.39	1962年12月3日	1.20	2.94	1993年9月17日
黄埔（三）	0.74	2.67	2008年9月24日	-0.88	-1.93	1968年8月21日	1.62	3.38	1968年8月22日
赤湾	0.42	2.23	1993年9月17日	-0.95	-2.13	1968年12月22日	1.38	3.27	1993年9月17日

站 名	落 潮 差			涨 潮 历 时			落 潮 历 时			资料年份
	多年平均/m	历年最大/m	出现日期	多年平均/h:min	历年最大/h:min	出现日期	多年平均/h:min	历年最大/h:min	出现日期	
黄冲（长乐）	1.23	2.95	1968年12月21日	5:20	17:30(2)	1997年2月17日	7:10	14:10	1981年7月7日	1959—2008
西炮台	1.20	2.82	2000年8月1日	5:08	17:10	1985年3月15日	7:22	14:40	1993年6月27日	1957—2008
黄金	1.03	2.71	1976年12月22日	5:48	18:20	1996年2月28日	6:44	15:45	1990年7月31日	1965—2008
灯笼山	0.85	2.74	1993年9月17日	5:22	17:40	1996年2月28日	7:15	13:25	1989年2月21日	1959—2008

续表

站 名	落 潮 差			涨 潮 历 时			落 潮 历 时			资料年份
	多年平均/m	历年最大/m	出现日期	多年平均/h:min	历年最大/h:min	出现日期	多年平均/h:min	历年最大/h:min	出现日期	
三灶	1.10	3.18	1968年12月21日	6:14	18:30 (2)	1986年11月26日	6:24	18:30	1993年1月1日	1965—2008
横门	1.08	2.75	1983年9月9日	5:17	16:50	1989年10月9日	7:14	13:30	1987年9月17日	1953—2008
南沙	1.32	3.15	1983年9月9日	5:18	17:40	1960年4月5日	7:14	12:40	1998年1月22日	1953—2008
万顷沙西	1.20	2.84	1983年9月9日	5:17	17:35	1960年4月5日	7:17	13:15	1987年9月17日	1953—2008
黄埔（三）	1.62	3.19	1968年8月21日	5:26	17:15	1985年3月15日	7:02	12:39	1966年7月14日	1957—2008
赤湾	1.38	3.47	1989年7月18日	6:21	18:30	1986年11月26日	5:19	11:30	1987年9月17日	1964—2008

（3）山潮比。

表2.1-5统计了八大口门多年平均山潮比（多年平均净泄量与涨潮量之比），由表可见，除大虎和黄冲两站的山潮比小于1外，其他各站均大于1，说明虎门和崖门是强潮流弱径流的河口，为受潮流作用为主的潮汐通道。其余6个口门则以径流作用为主。

表2.1-5 　　　　　　　　　珠江八大口门多年平均山潮比统计表　　　　　　　　　单位：m

月份　　　站名	大虎（虎门）	南沙（蕉门）	冯马（洪奇门）	横门（横门）	灯笼（磨刀门）	黄金（鸡啼门）	西炮（虎跳门）	黄冲（崖门）
多年平均	0.25	1.66	2.07	2.64	5.53	2.82	3.41	0.30

2.1.3.3　泥沙特征

据1954—2008年资料，珠江三角洲上边界控制水文站泥沙特征值统计于表2.1-6、含沙量统计（分统计年段）于表2.1-7。

表2.1-6 　　　　　　珠江三角洲上边界控制水文站泥沙特征值统计表

站名	多年平均含沙量/（kg/m³）	最大年平均含沙量/（kg/m³）	发生年份	多年平均输沙量/万t	最大年输沙量/万t	发生年份
马口	0.276	0.481	1991	6377	13200	1968
三水	0.190	0.334	1988	880	1830	1994
博罗	0.096	0.171	1957	226	580	1959
高要	0.288	0.532	1991	6311	13100	1983
石角	0.122	0.309	1982	518	1400	1982

1954—2008年资料显示，珠江三角洲河流输沙主要以悬移质为主，由表2.1-6可见，含沙量较小，各主要控制站多年平均值为0.10~0.29kg/m³，西江马口站最大约为0.28kg/m³。河流含沙量虽然较小，但因径流量大，输沙量也较大，马口站年均输沙量6377万t，三水站年均输沙量880万t，博罗站年均输沙量226万t。

表 2.1-7　　　　　　　　珠江三角洲上边界控制水文站含沙量统计成果表

测站名	统计年段	多年平均含沙量 / (kg/m³)	最大年含沙量 / (kg/m³)	最大年含沙量出现年份
	1959—1969	0.309	0.421	1968
	1970—1979	0.323	0.403	1979
马口	1980—1989	0.351	0.451	1986
	1990—1999	0.271	0.479	1991
	2000—2008	0.128	0.214	2001
	1959—1969	0.188	0.251	1968
	1970—1979	0.212	0.315	1979
三水	1980—1989	0.241	0.326	1988
	1990—1999	0.195	0.269	1991
	2000—2008	0.113	0.155	2006
	1954—1969	0.137	0.170	1957
	1970—1979	0.104	0.153	1973
博罗	1980—1989	0.105	0.153	1980
	1990—1999	0.062	0.099	1992
	2000—2008	0.070	0.114	2005

由表 2.1-7 可见，在 20 世纪 90 年代前，马口、三水两站年均含沙量逐渐略有增加，但在 90 年代期间年均含沙量急剧下降，2000 年以后，含沙量继续下降，两站各年代出现的最大含沙量也基本反映出这一规律。这主要是由于 90 年代初上游水库的拦蓄、上游水土保持的实施以及采砂等综合影响的结果。博罗站各年代的多年均含沙量和最大年含沙量则以 20 世纪五六十年代最高，之后呈减少趋势，在 20 世纪 70 年代初到 80 年代末，多年平均含沙量和最大年含沙量减幅不大、且基本稳定，至 20 世纪 90 年代含沙量最少，20 世纪起略有回升。

20 世纪 90 年代后，受河网区河道分流变化的影响，三水、马口两控制断面的分沙关系也发生了较大变化，三水断面年均输沙量占西江、北江来沙量的比例由 80 年代的 9.8% 提高到 90 年代的 19.6%，马口断面的输沙量比例相应减小。

输沙量的年内分配，洪季、枯季比例悬殊，汛期河流含沙量较大，导致输沙量集中，如马口站汛期的输沙量占全年输沙量的 94.7%，三水站占 94.5%，博罗站占 89.1%；枯季的输沙量很少，仅占 5.3%～10.9%。

口门分沙比，根据珠江河口 1999 年 7 月同步实测输沙量成果分析，与 20 世纪 90 年代以前相比，东四口门输沙量有所增加，西四口门输沙量则有所减少。东四口门输沙共占八大口门的 54.0%，其中虎门占 4.7%、蕉门占 24.4%、洪奇门占 10.7%、横门占 14.2%，与 20 世纪 80 年代的成果相比增加 6.4%；西四口门输沙共占八大口门的 46.0%，其中磨刀门占 36.8%，比例有所增加，为八口之冠，鸡啼门占 4.1%，虎跳门占 3.3%，崖门占 1.8%，均有所减小。

2.1.3.4　洪水特性

珠江流域西江、北江、东江常常在6—8月发生大洪水。西江洪水多发生在6—7月，洪水峰高、量大且洪峰持续时间长，洪水过程一般呈多峰型。西江高要站多年平均最大洪峰流量为32100m³/s，实测最大洪峰流量为55000m³/s（2005年6月24日）。

北江洪水常常早于西江和东江，一般多发生在5—6月，洪水峰型尖瘦，峰高、量不大，涨潮、落潮历时较短，北江石角站多年平均最大洪峰流量为9800m³/s，实测最大洪峰流量16700m³/s（1994年6月19日）。

东江洪水兼受锋面雨和热带气旋雨影响，洪水一般呈单峰型，涨落较快，东江博罗站多年平均最大洪峰流量为4870m³/s，实测最大洪峰流量12800m³/s（1959年6月16日）。与西江、北江洪水相比量级较小，年际变化较大。

西江、北江洪水通过思贤滘后经马口、三水进入西北江三角洲网河区，洪水过程呈平缓肥胖型，相似于西江而略带北江的特征。由于汛期洪水主要是以西江经思贤滘过北江为主，因此，洪峰流量通常是马口略小于高要，三水略大于石角。实测最大洪峰流量，马口为53200m³/s（2005年6月24日），三水为16300m³/s（2005年6月24日）。

2005年6月，珠江流域出现暴雨、大暴雨、局部特大暴雨的强降水天气过程。由于暴雨区移动路径基本上与洪水传播方向一致，致使上游小到中量级的洪水组合形成下游的特大洪水，珠江流域发生了流域性大洪水。西北江下游及珠江三角洲遭遇重现期为50年一遇至100年一遇的特大洪水，高要水文站的洪峰水位12.68m，实测洪峰流量55000m³/s，达到50年一遇；东江上中游也遭遇重现期相当于100年一遇的洪水，由于上游水库的拦洪调蓄，东江下游只出现小于5年一遇的一般性洪水。西北江洪水经思贤滘沟通调节后进入珠江三角洲，西江干流遭遇近百年一遇洪水，马口水文站洪峰流量53200m³/s，北江干流遭遇近50年一遇洪水，三水水文站洪峰流量为16300m³/s。由于适逢天文大潮，洪潮相遇，各水道口门段都出现了高水位，部分站点出现历史最高潮位；西江干流和北江干流上段由于河道断面下切强度大，河道的洪水位都低于1998年洪水和1994年洪水的洪水位。

2.1.4　河床演变

2.1.4.1　三角洲河道演变特征

（1）河床普遍下切。

多年的大规模采砂活动导致三角洲河床由总体缓慢淤积转变为大范围的下切。据1985—2005年河道实测地形资料对比分析，2000年以前，西北江三角洲86%的河道都呈下切趋势，西江主要泄洪河道（西江干流—磨刀门水道）平均下切1～2m的河段占70%，东海水道加深超过3m；北江主要泄洪通道（北江干流—顺德水道—沙湾水道）下切尤甚，特别是顺德水道，平均水深增加达3m以上；2000年以后，西江干流河槽的下切速度比北江干流快。

（2）河槽变化不均衡。

受无序采砂的影响，西北江三角洲河床变化呈现出不均衡性，北江干流及以下河道的河床变化较大，容积增加了12.7%，而西江干流及以西河道变化相对较小，容积仅增加了7.6%。河槽变化的不均衡性还表现在河道的上游段下切深度较下游段大，北江水系总体表现为上中游河段比下游河段下切深度大，如上游河段容积增加22.2%，而下游河段仅增加6.6%；西江干流2000年以前中下游河段下切幅度大，2000年以后则是上游河段的下切幅度大。

（3）河道向窄深型发展。

挖砂同时导致河道形态向窄深发展，如磨刀门水道20世纪80年代的宽深比为3.9～9.36，1999年减小为3.16～7.74，洪奇门水道出口段从5.19～5.5l减小到3.84～4.52，东海水道从3.44减小为2.45。2000年以后上述河道断面比较稳定，而上游的西江干流河道形态向窄深发展。

2.1.4.2　口门区演变特征

（1）内伶仃洋水域。

20世纪80年代至90年代中期的大规模围垦造地，使内伶仃洋大量近岸浅滩水域变为陆地。据遥感信息资料，该水域面积减少近230km²，其中西部近岸减少172km²，占75%，东部近岸减少58km²，占25%。20年左右的时间，内伶仃洋水域面积减少了22%。

伶仃洋西部口门均向外发展，到2000年蕉门口已从口外水下滩槽格局转变为一主一支的河道型格局，其中，凫洲水道长约5km，与虎门直接交汇；蕉门延伸段延伸约12km，汇入伶仃洋西槽中段。洪奇门水道左岸向东南方向延伸约8.3km；横门北汊与洪奇门汇合延伸河道右岸向东南方向延伸约11km。

内伶仃洋形态变化后，三滩两槽的大格局基本保持不变，但局部区域水动力环境发生了改变，主要体现在西部各口门外从原来宽阔的水下滩槽逐步转变为河道型水道，促使落潮动力加强，其动力向东或东南移动，涨、落潮交汇区形成的滞流区明显向东、东南及南移动，导致口门淤积区域向东南和南面发展；内伶仃洋逐步形成喇叭型河口后，有利于涨潮流集中沿潮汐通道上溯，虎门至西槽一线的潮流动力加强。

（2）磨刀门口外水域。

磨刀门经过整治后，一主一支格局基本形成，口门向外延伸16.5km，直接面向南海。口外拦门沙呈扇形发育，横洲口下泄洪水径流冲破拦门沙，形成中汊（东南偏西方向）和东汊（东南向）为主的两支槽道，中汊为磨刀门下泄径流的主通道，展现出磨刀门横洲口外新的滩槽发育格局。

磨刀门已面临南海，口门外动力环境发生了较大的变化，主要表现为横洲口外径流动力明显增加，更多的径流泥沙可从横洲口经拦门沙输送至外海，拦门沙区除受径流、潮流的影响外，风浪、西南沿岸流对口门的影响作用明显加大，动力环境更趋复杂化。

（3）鸡啼门口外水域。

鸡啼门是1958年白藤堵海后形成的一个珠江分流河口。1978—2003年，鸡啼门水道东岸围垦约16.15km²，西岸围垦约11.52km²。受南水岛与高栏岛连岛大堤及鸡啼门口外滩地开发的影响，鸡啼门口外的水动力环境发生了变化，主要表现为涨潮流主流方向东偏。目前，鸡啼门涨潮流主流经青洲岛东侧上溯，以北偏西的流向汇入主槽后向北进入口门，西滩将成为缓流区，泥沙淤积加重。

（4）黄茅海水域。

20世纪80年代至本世纪初，因实施崖南垦区及其他区域的围垦工程，使黄茅海河口水域面积减少了约124km²，其中西部近岸减少了近54km²，东部近岸减少了70km²。近20年间黄茅海水域面积减少了约18%。

黄茅海湾顶原为一宽阔的水域，自崖门与虎跳门交汇水域边滩被围占和崖南围垦、雷珠围垦工程实施后，湾顶过水断面缩窄，原水下深槽已发展成为河道型槽道，使下泄水流动力加强，径流作用范围向下扩展，滞流区下移，中滩向海推进发展。虎跳门在黄茅海—崖门—银洲湖潮汐通道强大的潮汐影响下，口门基本上处于停止发展状态。黄茅海东岸（包括大海环浅水区）因滩涂开发利用变成了平直的岸线，近岸涨落潮水流上下顺畅，近岸淤积有所减缓。西滩仍为主要的淤积区，有加剧之势，且向东南快速发展。湾口东槽以涨潮流动力作用为主，南水岛—高栏岛连岛大堤兴建后，拦截了鸡啼门径流泥沙的进入，改善了周边水域的水流流态，而珠海港防波堤兴建后，防波堤对涨潮流起挑流作用，造成局部出现回流，近期高栏岛东南侧海床及东槽部分槽段出现淤积加快之势，与该水域的水动力环境变化有着较大的关系。

2.2 防洪形势

2.2.1 经济发展对防洪提出更高要求

珠江三角洲地区包括广州、深圳、珠海、佛山、江门、东莞、中山、惠州、肇庆市，面积5.47万km²，占全省面积的30.4%。珠江三角洲地区是我国改革开放的先行地区，是中国重要的经济中心区域，在全国经济社会发展和改革开放大局中具有突出的带动作用和举足轻重的战略地位。珠江三角洲地区已经成为世界知名的加工制造和出口基地，是广东省高新技术产业的主要研发基地，是全国最重要的电子信息产业基地。珠江三角洲是广东省交通运输最繁忙、最发达的地区，初步形成了以广州为中心，铁路、公路、水路、民航等多种运输方式相配合，衔接港澳、沟通全省和全国的较为发达的综合交通网络。

2010年，珠江三角洲地区总人口为5611.8万，占广东省人口总量的53.80%，全年完成GDP 37388亿元（人均GDP为66624元），占广东省GDP总量（45472亿元）的82.22%，约占全国GDP总量（39万亿元）的9.59%。2005—2010年间，珠三角GDP年均增长率为17.12%，各市GDP均以两位数快速增长，见表2.2-1。

表2.2-1　　　　珠三角各市2005—2010年GDP和GDP同比增速情况

城市	2005年		2006年		2007年		2008年		2009年		2010年	
	GDP/亿元	增速/%	GDP/亿元	增速/%	GDP/亿元	增速/%	GDP/亿元	增速/%	GDP/亿元	增速/%	GDP/亿元	增速/%
广州	3758.6	15.2	4450.6	15.0	5154.2	12.9	6073.8	14.8	7050.8	14.5	10604.5	13.0
深圳	3585.7	19.2	4282.1	17.3	4950.9	15.1	5813.6	16.6	6765.4	14.7	9510.9	12.0
珠海	476.7	17.5	551.7	14.2	635.0	13.4	747.7	16.4	886.8	16.5	1202.6	12.8
佛山	1578.5	17.4	1918.0	18.3	2383.2	19.4	2928.2	19.3	3588.5	19.2	5651.5	14.3
惠州	586.5	12.2	686.5	15.1	803.4	15.8	935.0	16.6	1085.1	14.1	1729.9	18.0

城市	2005 年		2006 年		2007 年		2008 年		2009 年		2010 年	
	GDP/亿元	增速/%	GDP/亿元	增速/%	GDP/亿元	增速/%	GDP/亿元	增速/%	GDP/亿元	增速/%	GDP/亿元	增速/%
肇庆	328.3	11.4	390.6	13.2	450.6	14.4	516.1	14.5	616.6	15.3	1065.9	17.1
江门	617.8	11.0	695.6	12.2	805.4	12.8	941.9	15.6	1095.3	15.0	1550.4	14.3
东莞	1452.5	20.5	1806.0	21.0	2181.6	19.4	2626.5	19.2	3151.0	18.1	4246.3	10.3
中山	572.1	19.7	704.3	21.5	880.2	23.2	1036.3	16.8	1210.7	14.7	1826.3	13.5
珠三角	12956.7	17.0	15485.4	19.5	18244.5	17.8	21619.0	18.5	25450.2	17.7	45472.8	12.2

随着泛珠江三角洲区域协作发展和粤、港、澳经济一体化，珠江三角洲将迎来新一轮经济快速发展时期。城市化水平的不断提高，经济总量的不断增加，国际影响力的不断增强，必将对珠江三角洲地区防洪（潮）提出更高的要求。

2.2.2 大洪水频发

因西江中下游两岸堤防加高培厚，导致洪水归槽现象显著。在上游洪水量级相近的情况下，西江梧州控制站洪水量级不断加大，注入三角洲的洪水量级也随之加大，如三角洲控制站马口断面"05·6"洪水洪峰流量达到 53200m³/s，逼近 1915 年洪水。

近几年，珠江三角洲发生大洪水越来越频繁，如"94·6""98·6""05·6""08·6"等，"94·6"洪水是西江、北江同时并发 50 年一遇的特大洪水；"98·6"洪水为近年较大的一场洪水，高要站洪峰流量达到 52600m³/s，北江三水站为超 100 年一遇洪水，最大洪峰流量为 16200m³/s，西江马口为超 50 年一遇，最大洪峰流量为 46200m³/s；"05·6"洪水是继"98·6"洪水以后出现的超 100 年一遇洪水，高要站洪峰流量为 55000m³/s，北江三水站达超 100 年一遇洪水，最大洪峰流量为 16300m³/s，西江马口站超 200 年一遇，最大洪峰流量为 53200m³/s；"08·6"洪水北江三水站、西江马口站均约为 50 年一遇洪水，最大洪峰流量分别为 14600m³/s 和 45900m³/s。珠江三角洲进口控制站"98·6""05·6""08·6"的洪水水文特征见表 2.2-2。

表 2.2-2　　　　　　　珠江三角洲进口控制站洪水水文特征

站名	"98·6"最大流量			"05·6"最大流量			"08·6"最大流量		
	日期	流量/(m³/s)	重现期/年	日期	流量/(m³/s)	重现期/年	日期	流量/(m³/s)	重现期/年
高要	6月28日	52600	<100	6月23日	55000	<200	6月15日	47200	<30
石角	6月26日	12500	>5	6月24日	12600	>5	6月15日	13400	<10
博罗	6月25日	3820	1	6月23日	7840	<5	6月15日	7620	<5
马口	6月26日	46200	>50	6月24日	53200	>200	6月16日	45900	<50
三水	6月26日	16200	>100	6月24日	16300	>100	6月16日	14600	<50
马口＋三水	6月26日	62300	>50	6月24日	69500	>200	6月16日	60400	>50

2.2.3　西江、北江入口流量分配发生变化

西北江来水在思贤滘连通，经天然平衡调节后重新分配进入西北江三角洲河网区，其中马口站是西江进入珠江三角洲河网区的控制性水文站，距思贤滘约 3km，三水站是北江进入珠江三角洲的控制性水文站距思贤滘约 2km。马口、三水的分流比变化与西、北江来水量有一定关系，然而更主要的原因是受到西江、北江主干水道河床演变的影响。1989 年后，引起分流比发生明显变化的主要原因是西江、北江片河床下切，而北江片下切幅度大于西江片，从而使西江水量更多地通过思贤滘流向北江。

马口、三水站流量占马口和三水流量和的比例变化过程见图 2.2-1 和表 2.2-3。

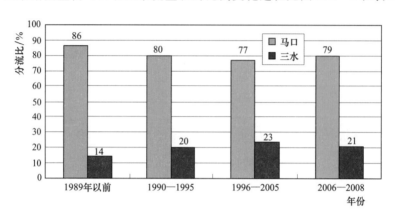

图 2.2-1　马口、三水分流比变化图

表 2.2-3　　　　马口、三水年平均流量占马口和三水总量的比例

年　份	马　口		三　水	
	年平均流量 / (m³/s)	占比重 /%	年平均流量 / (m³/s)	占比重 /%
1959—1989	7411	85.8	1230	14.2
其中 1972	5923	88.3	784	11.7
1990—1995	7093	80.2	1748	19.8
1996—2005	6932	76.6	2120	23.4
2006—2008	6860	79.3	1790	20.7
1990—2008	6972	78.1	1951	21.9
其中 1996	6990	74.3	2420	25.7

从表 2.2-3 中可以看出，1959—1989 年，三水站平均分流比为 14.2%，三水站分流比最小值出现在 1972 年，为 11.7%。1989 年以后马口站分流比下降，三水站分流比上升，1990—1995 年三水站分流比为 19.8%，到 1996 年三水站分流比达到最大 25.7%，1996 年以后三水站分流比较为稳定，在 23% 上下浮动，并有向略有减少的变化趋势，1996—2005 年三水站分流比为 23.4%，2006—2008 年为 20.7%，2006 年后马口分流比有所回升，三水分流比有所下降。

2.2.4 河网区河腹部主要站点水位异常

珠江三角洲入口水文特性、河网区河道特性的变化，导致三角洲河网区河道腹部主要站点水位异常，根据当前掌握的"08·6""05·6"洪水资料，对洪水潮水位进行比较（见表 2.2-4）。

表 2.2-4   "05·6"洪水和"08·6"洪水网河区最高潮水位统计表

站　名	"05·6"洪水 $Q_{马口+三水}=69500\text{m}^3/\text{s}$					"08·6"洪水 $Q_{马口+三水}=60400\text{m}^3/\text{s}$ $T_{重现期}=50$ 年				
	日期	时间	潮位/m	重现期/年		日期	时间	潮位/m	重现期/年	
				1982	2002				1982	2002
马口	6月24日	17：00	8.97	8	21	6月16日	10：30	8.26	<5	9
三水	6月24日	17：00	9.21	7	26	6月16日	8：00	8.47	<5	9
老鸦岗（二）	6月24日	14：20	2.86	87	49	6月19日	13：40	2.19	<5	<5
广州浮标厂（二）	6月24日	13：25	2.66	81	59	6月18日	12：15	1.98	<5	<5
中大	6月24日	13：05	2.72		253	6月18日	12：05	2.19		7
黄埔（三）	6月24日	12：50	2.51	>200	95	6月18日	11：40	2.04	5～10	5
甘竹（一）	6月24日	15：10	6.49	27	102	6月16日	13：00	5.87	5～10	18
大敖	6月24日	13：40	3.76	>200	102	6月16日	10：25	3.16	20～50	10
竹银	6月24日	12：15	2.56	56	66	6月17日	10：25	2.04	<5	5
灯笼山	6月24日	10：20	1.77	<5	4	6月19日	9：25	1.44	<5	<5
三江口	6月24日	11：40	2.00	6	5	6月18日	10：05	1.66	<5	<5
横山	6月24日	11：50	2.37	44	20	6月18日	10：00	1.94	<5	<5
西炮台	6月24日	10：35	1.88	<5	4	6月18日	9：20	1.59	<5	<5
白蕉	6月24日	10：35	1.84	7	5	6月18日	9：45	1.52	<5	<5
黄金	6月24日	10：10	1.54	<5	3	6月18日	9：10	1.36	<5	<5
三灶	6月24日	9：10	1.32							
蚬沙（南华）	6月24日	16：00	5.91	39	47	6月16日	11：45	5.31	5～10	10
小榄（二）	6月24日	14：20	5.07	>200	117	6月16日	13：45	4.31	10	10
横门	6月24日	11：05	2.11	15	8	6月18日	10：30	1.77	<5	<5
马鞍	6月24日	13：00	3.7	>200	71	6月16日	10：20	3.20	50～100	9
容奇（二）	6月24日	13：00	4.02	>200	37	6月16日	10：25	3.47	10～20	7
三多	6月24日	16：30	6.83	22	57					
三善滘	6月24日	14：20	4.00	>200	57	6月16日	11：20	3.51	100	9
板沙尾	6月24日	13：00	3.14	169	29	6月16日	10：25	2.55	<5	<5
万顷沙西（二）	6月24日	11：05	2.03	5	5	6月18日	10：30	1.69	<5	<5
紫洞	6月24日	16：50	7.22	19	57	6月16日	12：00	6.52	5	14
澜石（小布）	6月24日	15：25	5.82	12	59	6月16日	12：00	5.10	5	10
五斗	6月24日	13：45	3.33	34	79	6月19日	11：50	2.76	<5	9
勒竹	6月24日	13：45	3.80	>200	35	6月16日	6：16	3.21		6
南沙	6月23日	10：35	2.00	<5	4	6月18日	10：30	1.66	<5	<5
三沙口	6月24日	12：00	2.20	48	17	6月18日	11：00	1.81	<5	<5
大石	6月24日	13：20	2.79	>200	261	6月18日	11：55	2.29	5	8

从"05·6"和"08·6"两场洪水珠江三角洲入口流量看，"05·6"洪水中"马口＋三水"洪峰流量为 69500m³/s，重现期超 200 年一遇，对于 1982 年水面线，下游站点对应最高潮位重现期大多数在 200 年以下，少数站点在 200 年以上。这也反映了 20 世纪 90 年代以后，大量河道采砂导致河床下切，从而使得洪（潮）水位有所下降。"08·6"洪水中"马口＋三水"洪峰流量为 60400m³/s，重现期超 50 年一遇，对于 1982 年水面线，除了马鞍站和三善滘站，其他站点最高潮位均在 50 年以下，而对于 2002 年现状水面线，网河区最高潮水位均在 50 年以下，可见，进入 21 世纪以来，由于珠江三角洲网河区河床下切直接导致洪（潮）水位普遍下降，但从下降幅度来看极不平衡。主要原因一是各河道变化不均匀，东部大于西部，腹部大于河口；二是同一河道存在上游、下游河段变化不平衡现象，分汊河道也存在左、右汊河道变化不平衡现象。河道的不均匀变化改变了河网区节点的分流比，造成局部河道洪水位异常壅高，增大了部分口门的泄洪压力。

2.2.5 涉水项目增多加剧防洪压力

珠江三角洲地区是经济热点地区，大批的港口、桥梁、围垦等涉水建筑物的建设，均会对珠江三角洲地区河势稳定、行洪纳潮产生影响。

据珠江水利科学研究院统计，在 2000 年珠江河口及主干河道区有码头 257 座，其中河口区 169 座，网河区主干 88 座。至 2011 年，珠江河口及主干河道区已建码头增至 499 座，含河口区 344 座，网河区主干 155 座。具体码头数量分布见表 2.2-5。

表 2.2-5　　　　　　　珠江河口区及网河区码头分布统计表　　　　　单位：座

建设情况	河 口 区				网河区	总计
	伶仃洋	磨刀门	鸡啼门	黄茅海		
2000 年已建	99	51	4	15	88	257
2011 年已建	211	64	15	54	155	499
规划中的	23	1	0	10	0	34

2000 年珠江河口网河区及河口区主干河道上（不计围内及受闸控制水道）的特大桥（长 500m 以上）和大桥（长 100～500m）总数为 67 座，其中河口区 12 座，网河区主干 55 座。分布情况见表 2.2-6。

表 2.2-6　　　　　　　　已建桥梁数目统计表　　　　　　　　单位：座

年 份	河 口 区				网河区	总计
	伶仃洋	磨刀门	鸡啼门	黄茅海		
2000	6	5	0	1	55	67
2011	13	6	1	2	92	114

2011 年，特大桥和大桥总数增至 114 座。其中：河口区 22 座，零星分布在八大口门出口处，以澳门水道段桥梁数目最多；网河区主干桥梁数目达到 92 座，其中东江北干流河道的桥梁最多，其次是东江南支流河道，详见表 2.2-7。

表 2.2-7　　　　　　　　网河区及河口区主干桥梁密度统计表

水道名称	河道长度/km	桥梁数目/座		桥梁密度/（座/10km）	
		2000 年	2011 年	2000 年	2011 年
西江干流水道	56.3	3	5	0.53	0.89
西海水道	28.44	2	4	0.70	1.41
东海水道	14.71	1	1	0.68	0.68
磨刀门水道	42.05	2	5	0.48	1.19
虎跳门水道	42.5	1	4	0.24	0.94
鸡啼门水道	22.67	2	3	0.88	1.32
容桂水道	21.94	2	4	0.91	1.82
北江干流水道	30.77	2	4	0.65	1.30
顺德水道	41.82	7	8	1.67	1.91
潭洲水道	35.49	4	10	1.13	2.82
洪奇沥水道	30.63	3	3	0.98	0.98
鸡鸦水道	32.07	2	5	0.62	1.56
小榄水道	30.23	3	5	0.99	1.65
横门水道	10.19	1	1	0.98	0.98
沙湾水道	21.94	2	5	0.91	2.28
东江北干流	39.78	9	13	2.26	3.27
东江南支流	38.77	9	12	2.32	3.10
合　计	—	55	92	平均密度 1.00	平均密度 1.65

由表可见，网河区主干桥梁密度在 2000—2011 年间有明显增长。2000 年，网河区主干平均桥梁密度为 1 座/10km，桥梁密度较大区域集中在东江干流河道，其桥梁密度达到 2.26 座/10km 以上；2011 年，网河区主干平均桥梁密度增加至 1.65 座/10km，以潭州水道增长最快，其桥梁密度由原 1.13 座/10km 增加到 2.82 座/10km，其余主干河道桥梁密度都有不同程度增长（见表 2.2-7）。2011 年桥梁密度最大值区仍集中在东江干流，桥梁密度在 3.10 座/10km 以上。

受珠江河口地区经济发展影响，近十年来河口滩涂围垦不断增加。根据遥感调查统计结果，2000—2011 年，珠江河口围垦总面积为 119.4km²，占治导线范围内水域面积的 27%。滩涂围垦以开发建设为主，主要集中在伶仃洋的龙穴岛—横门—金星门、深圳西海岸、鸡啼门西滩、黄茅海的南水—高栏沿岸及黄茅海西滩近岸等区域。详见表 2.2-8。

表 2.2-8　　　　　2000—2011 年珠江河口滩涂工程围垦面积统计　　　　　单位：km²

滩涂工程	狮子洋	伶仃洋	磨刀门	黄茅海	鸡啼门	合计
围垦面积	0.56	64.36	7.66	20.48	26.34	119.40

2.2.6 台风暴潮活跃

受全球气候变化的影响，南海台风暴潮比较活跃，加大了珠江三角洲地区的防风暴潮压力。近十多年来，珠江河口台风暴潮影响程度加大，口门暴潮水位多次超历史最高水位，如 "9316" 号台风，横门水文站潮水位达 2.62m，磨刀门灯笼山水文站潮水位达 2.65m，分别超历史实测最高潮位 0.08m 和 0.37m；2001 年 "尤特" 台风，广州浮标厂暴潮水位达 2.62m，超历史最高潮水位 0.18m。

2.3　水利规划

2.3.1　防洪标准

根据《珠江流域防洪规划》《珠江流域综合规划（2012—2030 年）》，规划防洪标准为：近期，使国家重点防洪城市广州市具备防御西江、北江 1915 年型洪水的能力，中心城区防洪、潮堤可防御 200 年一遇洪潮水位。珠江三角洲的重点堤防保护区达到 100 年一遇至 200 年一遇，其他重要堤防保护区达到 50 年一遇至 100 年一遇的防洪标准。珠江河口区重点海堤达到 50 年一遇至 100 年一遇、重要海堤达到 20 年一遇至 50 年一遇、一般海堤达到 10 年一遇的防潮标准。流域内一般地级城市达到 50 年一遇至 100 年一遇的防洪标准，县级城市达到 20 年一遇至 50 年一遇的防洪标准，农田达到 10 年一遇至 20 年一遇的防洪标准。

2.3.2　防洪工程体系

珠江流域防洪工程体系坚持 "堤库结合，以泄为主，泄蓄兼施" 防洪方针，采用堤库结合的防洪工程措施，解决中下游及三角洲地区的防洪问题。

西江、北江中下游防洪工程体系由北江飞来峡水利枢纽、西江龙滩水电站和大藤峡水利枢纽，以及西江、北江中下游和三角洲的堤防工程组成。规划继续加高加固北江大堤和其他堤防，使北江大堤达到 100 年一遇、北江下游其他主要堤防达到 20 年一遇至 50 年一遇标准，与飞来峡水利枢纽及潖江滞洪区、芦苞涌和西南涌分洪水道联合运用，使包括广州市在内的北江大堤保护区达到防御北江 300 年一遇洪水的标准，把北江下游重点防洪保护区的防洪标准由 50 年一遇提高到 100 年一遇。

东江中下游防洪工程体系由已建成的新丰江、枫树坝、白盆珠水库和中下游堤防组成。规划加高加固中下游沿岸及三角洲堤防，并通过三库联合运行，使东莞、惠州等城市的防洪标准达到 100 年一遇，其他防洪保护区的防洪标准达到 50 年一遇至 100 年一遇。

珠江八大出海口门，是流域洪水的入海通道，也是流域防洪体系的重要组成部分，保持河道及口门的顺畅，是 "以泄为主" 的具体要求。在建设流域防洪工程体系的同时，必须加强对河道和出海口门的维护与整治，确保其泄洪功能的正常发挥。

2.3.3　重要堤围规划

北江大堤堤防标准为 100 年一遇，广州市和深圳市城区防洪（潮）堤为 200 年一遇，列为 1 级堤防；西江、北江下游及三角洲的景丰联围、樵桑联围、佛山大堤、江新联围、中顺大围、顺德第一联围、容桂联围、沙坪大堤、清东围、清城联围、清西围等，规划堤防标准为 50 年一遇，列为 2 级堤防；十三围、南岸围、新江围、南顺联安围、南顺第二联围、文明围、五乡联围、番顺石龙围、清北围、大旺围、罗格围、齐杏联围、联安围、金安围的堤防标准为 30 年一遇，列为 3 级堤防；其余经济地位较为重要或保护耕地面积在万亩以上的一般堤防为 20 年一遇标准，列为 4 级堤防。东江下游及三角洲的惠州大堤和东莞大堤等重点堤防的堤防标准采用 30 年一遇，列为 2 级堤防；增博大围、潼湖围、马安围、石龙挂影洲联围、江北大堤等较为重要的堤围，堤防标准采用 20 年一遇，列为 3 级堤防。

2.3.4 城市防洪规划

广州市为国家重点防洪城市，城市防洪堤按 50 年一遇至 200 年一遇标准建设。由飞来峡水利枢纽、潖江蓄滞洪区、北江大堤及芦苞涌和西南涌构成的北江中下游防洪工程体系，使广州市能抵御北江 300 年一遇洪水的侵袭；建设西江大藤峡水利枢纽，与已建的龙滩、飞来峡水库等一起构成完善的西江、北江中下游堤库结合的防洪工程体系，使广州市具备防御西江、北江 1915 年型（相当于 200 年一遇）洪水的能力。

深圳市属国家重要防洪城市，规划深圳市城区防洪标准为 200 年一遇，一般防洪潮保护区 50 年一遇至 100 年一遇，滨海防洪潮区按 100 年一遇标准设防。根据《深圳市防洪（潮）规划报告（修编）（2002—2020 年）》：深圳市西海堤保护机场及 83 万人口的城市，远期防洪标准为 200 年一遇，特区内海堤保护 146 万人口的城市，远期防洪标准为 200 年一遇，盐田港海堤保护重要港区陆域，远期防洪标准为 100 年一遇，大鹏湾海堤及大亚湾海堤保护少于 20 万人口的小城镇，远期防洪标准为 50 年一遇。

珠海市属国家重要防洪城市。珠海市区防洪堤规划标准为 50 年一遇，远期通过西江龙滩和大藤峡水库将其防洪标准提高至 100 年一遇。中珠联围规划防潮标准为 100 年一遇，市区其他海堤的规划标准为 50 年一遇。

肇庆市属流域重要防洪城市。肇庆市位于景丰联围保护区，规划堤防标准为 50 年一遇，近期西江干流龙滩水库建成后，可将城区的防洪标准提高到 50 年一遇至 100 年一遇；远期西江干流大藤峡水库建成后，两库联合运用，可将城区的防洪标准提高到 100 年一遇至 200 年一遇。

江门市属流域重要防洪城市。江门市位于江新联围保护区，规划堤防标准为 50 年一遇，近期西江干流龙滩水库建成后，可将城区的防洪标准提高到 50 年一遇至 100 年一遇；远期西江干流大藤峡水库建成后，两库联合调度，防洪标准可达 100 年一遇至 200 年一遇。

佛山市属流域重要防洪城市。佛山市位于佛山大堤保护区，规划堤防标准为 50 年一遇，近期西江龙滩水库建成后，可防御西江 50 年一遇至 100 年一遇的洪水；西江大藤峡水库建成后，与龙滩及北江飞来峡水库联合调度，防洪标准可达 100 年一遇至 200 年一遇。

中山市属流域重要防洪城市。中山市位于中顺大围保护区，规划堤防标准为 50 年一遇，近期西江干流龙滩水库建成后，可将城区的防洪标准提高到 50 年一遇至 100 年一遇；远期西江干流大藤峡水库建成后，与西江龙滩和北江飞来峡水库联合调度，防洪标准可达 100 年一遇至 200 年一遇。

惠州市属流域重要防洪城市。惠州市位于东江下游的惠州大堤保护区，规划按 30 年一遇（堤库结合 100 年一遇）标准加高加固堤防，并与新丰江、枫树坝、白盆珠等 3 座水库联合运用，使其防洪标准达到 100 年一遇。

东莞市属流域重要防洪城市。东莞市位于东江三角洲的东莞大堤保护区，规划按 30 年一遇（堤库结合 100 年一遇）标准加高加固堤防，并与新丰江、枫树坝、白盆珠等 3 库联合运用，使其防洪标准达到 100 年一遇。

2.3.5 珠江河口治导线规划

珠江河口规划治导线是根据出海河道演变发展的自然规律，合理确定河口延伸方向，保持河口稳定，畅通尾闾，加大泄洪、纳潮、输沙能力的河口水系总体布局控制线，是河口整治与管理的基本依据。

珠江河口治导线目的是合理控导径流作用相对较强、向外延伸较快的磨刀门、横门、洪奇门、蕉门和鸡啼门的延伸方向，并保持延伸水道多汊道的通道格局，以维持口门的排洪输沙能力；充分发挥珠江河口东、西两侧伶仃洋和黄茅海河口湾潮汐通道纳潮、排洪、通航和生态功能，加大虎门、崖门口的潮汐吞吐能力，加强潮流动力，理顺水流条件，以维护潮汐通道的稳定，充分发挥伶仃洋—虎门—狮子洋这条"黄金水道"的功能。

河口规划治导线总体布局为：河优型河口（磨刀门、横门、洪奇门、蕉门、鸡啼门、虎跳门）以控导口门合理延伸为重点，尽可能保持延伸河道呈多汊道格局。磨刀门是西江水沙的主要通道，治导线沿一主一支布置，主干道以足够的行洪河宽和合适的扩宽率向南延伸至横洲口，支汊洪湾水道以合适的分流比确定河宽后向下延伸至马骝洲；横门沿一主一支的泄洪通道布置治导线，在满足上游洪水排泄的同时，应注意合理调配主、支汊的分流比，减少横门北汊与洪奇门水道的汇流夹角；洪奇门与横门北汊汇合延伸段治导线，以足够的行洪宽度和合适的扩宽率沿深槽延伸至淇澳岛东侧；蕉门治导线采用一主一支布置方案，主干为凫洲水道，支汊为蕉门延伸段，通过控导合理调整主、支汊分流比；鸡啼门治导线以满足行洪要求的河宽和合适的扩宽率沿深槽向外延伸；虎跳门水道治导线基本沿现状岸线平顺布置。潮优型河口（虎门、崖门）应尽可能维持足够大的纳潮容积，为此，口外治导线布置为喇叭状形态，以利纳潮。广州—虎门水道两岸治导线基本沿现状岸线平顺布置；虎门水道外的内伶仃洋，东、西治导线采用河口湾大喇叭状布置方案，西治导线沿伶仃洋西滩边缘布置，控制西滩向伶仃洋深槽扩展，并与横门、洪奇门、蕉门治导线出口合理衔接；东治导线沿伶仃洋东滩边缘布置，控制东滩的开发活动对伶仃洋深槽的影响；崖门外的黄茅海，东、西治导线也沿东、西边滩布置，形成喇叭状河口形态。

2.3.6 珠江泄洪整治规划

三角洲河道泄洪整治拟采取重要分流节点控导、适度调整河网分流比及河障清理等措施，保障网河水流通畅、稳定，减轻三角洲尤其是北江三角洲的防洪压力。思贤滘位于西江、北江三角洲的顶部，是西江和北江水沙的汇流点，具备自然调节西江、北江水沙的功能；东海、西海分汊节点位于西江出海水道的中部，西江的来水通过东海水道自然向北江网河区分流水沙。两节点水沙分配直接影响西北江三角洲的洪水形势，同时也控制珠江河口东四口门与西四口门之间的水沙分配。通过节点控导工程，适度控制西江、北江水沙分配，可减轻广（州）佛（山）地区的防洪压力，改善北江三角洲水环境条件和维护伶仃洋潮汐通道和出海航道的稳定。

口门泄洪整治主要目的是巩固磨刀门在分泄流域洪水中的主导地位，维持虎门、横门、蕉门的泄洪能力，适度增强洪奇门的泄洪作用。规划采用清、退、拦、导、疏等综合措施，合理调整口门出流、支汊的分流比以及口门间的汇流角度，达到泄洪安全顺畅、减少内伶仃洋淤积的目的。

其主要规划措施为：对磨刀门，规划以东、西两侧堤岸为基础，按设计泄洪断面和中水断面，全面整治挂定角至石栏洲主干道。整治措施包括主槽疏浚、横洲口清障和修筑河道东岸丁坝等。对横门，规划横门北汊以南、北治导线作控导，修筑南、北导流堤，按照中水设计断面疏挖中水河槽，疏挖洪奇门与横门北汊的汇合延伸段河道。对洪奇门水道万顷沙西河段（大陇滘—十七涌），规划采用清障、开卡、退堤、导流等综合整治措施。对蕉门，规划按照中水设计断面，疏浚下横沥通往蕉门延伸段的深槽，疏浚蕉门延伸段至孖沙垦区南堤以南河段，对凫洲水道出口进行清障，拆除违章抛石堤，并清淤。

规划提出方案的实施顺序应是磨刀门整治工程、横门整治工程和洪奇门整治工程，最后是蕉门整治工程。实施各口门整治时，应首先安排清障工程、导流工程，利用整治工程的开卡、导流功能使水道增加流速、增加输沙动力，以减小疏浚工程量。

2.3.7 口门岸线利用规划

根据各口门区自然资源和区位条件，以及虎门港、广州港、珠海港、深圳港、中山港、江门市等港口总体规划，依据《中华人民共和国河道管理条例》，参照"全国河道岸线利用管理规划"要求，口门区规划岸线功能分为四类，分别为岸线保护区、岸线保留区、岸线控制利用区和岸线开发利用区。岸线保护区包括历史遗迹岸线、沿海基干林带保护区、红树林保护区岸线；岸线保留区为暂时不开发利用或尚不具备开发利用条件的岸线；岸线控制利用区可有条件地进行适度开发，对该区的开发利用活动需要加强指导和管理，岸线功能布局应以现状利用功能为主；岸线开发利用区可按照岸线利用规划的总体布局进行合理有序的开发利用。珠江河口岸线利用规划情况见表2.3-1。

表 2.3-1　　　　　　　珠江河口岸线利用规划情况表　　　　　单位：km

水　域	控制利用区岸线	开发利用区岸线	保护岸线	保留岸线	合计
黄埔—虎门水域	109.5		2.5	30	142
内伶仃洋	72	181		76	329
深圳湾	34	4	3		41
外伶仃洋西侧	31				31
磨刀门	70	1		75	146
鸡啼门	16	7		26	49
虎跳门		4		29	33
黄茅海	31	14		65	110
银洲湖	7	55	1	35	98
合计	370.5	266	6.5	336	979

2.3.8 采砂控制规划

规划将西北江三角洲北江片1002km河道、珠江（广州）片67.6km河道、东江三角洲77.5km河道划为禁采河道。珠江三角洲禁采河道情况见表2.3-2。珠江三角洲可采河道见表2.3-3。

表 2.3-2　　　　　　　　　　珠江三角洲禁采河道情况

序号	河道名称	起　　止	长度/km
1	北江干流水道	三水思贤滘—南海三多	24.0
2	顺德水道	顺德三多—番禺磨碟头	50.0
3	沙湾水道	番禺磨碟头—番禺小虎山	22.0
4	潭洲水道	南海紫洞—顺德西安亭	104.0
5	平洲水道	顺德登洲头—南海平洲	86.0
6	陈村水道	番禺石壁—番禺紫坭	161.0
7	容桂水道	顺德龙涌—顺德三联	319.0
8	桂洲水道	顺德细滘—中山雁企	63.0
9	鸡鸦水道	顺德莺哥嘴—中山下南	36.0
10	李家沙水道	顺德三围—顺德板沙尾	10.0
11	东海水道	顺德南华—顺德海尾	17.0
12	小榄水道	顺德海尾—中山马大丰	30.0
13	上横沥	番禺新兴—番禺庙南	10.0
14	下横沥	番禺横沥—番禺宝成围	11.0
15	横门水道	顺德南华—中山横门	59.0
16	狮子洋	广州黄埔—珠江口	23.3
17	前航道	广州白鹅潭—黄埔	19.3
18	后航道	广州白鹅潭—番禺铜鼓沙	25.0
19	东江北干流	石龙—大盛	38.0
20	东江南支流	石龙—泗盛	39.5

表 2.3-3　　　　　　　　　　珠江三角洲可采河道

序号	河道名称	起　　止	长度/km
1	西江干流水道	思贤滘—百顷头	86.0
2	磨刀门水道	百顷头—磨刀门口	44.0
3	石板沙水道	江门百顷头—中山大鳌尾	20.0
4	崖门水道	新会双水—崖门口	33.0
5	虎跳门水道	新会狗尾—斗门	20.0
6	鸡啼门水道	珠海井岸—鸡啼门口	21.5
7	洪奇沥	顺德板沙尾—番禺沥口	33.0
8	蕉门水道	番禺古老坦—番禺广兴围	16.0
9	横门水道（包括横门南汊）	中山张家围—横门口	19.5

第 3 章
河道管理范围内建设项目水行政许可指引

3.1 防洪评价报告的编制依据

3.1.1 河道管理范围内建设项目水行政许可设立依据

1992 年，为加强在河道管理范围内建设项目的管理，确保江河防洪安全，水利部、国家计划委员会（以下简称"国家计委"）联合颁发了《河道管理范围内建设项目管理的有关规定》。该规定对河道管理范围内建设项目内容进行了界定，并第一次提出河道管理范围内重要的建设项目应进行防洪评价，编制防洪评价报告。随着《河道管理范围内建设项目管理的有关规定》（水利部、国家计委水政〔1992〕7 号）的实施，各流域机构和地方水行政主管部门对河道管理范围内建设项目的水行政管理逐步规范，并要求河道管理范围内建设项目须编制防洪评价报告作为水行政审查批复的重要技术依据。之后，《中华人民共和国水法》（2002 年 8 月 29 日第九届全国人民代表大会常务委员会第二十九次会议通过，2002 年 10 月 1 日起施行）、《中华人民共和国防洪法》（中华人民共和国主席令第八十八号，1998 年 1 月 1 日起施行）、《中华人民共和国河道管理条例》（1988 年 6 月 3 日国务院第七次常务会议通过，1988 年 6 月 10 日发布施行）、《关于进一步加强和规范河道管理范围内建设项目审批管理的通知》（水利部水建管〔2001〕618 号）等法律、法规及规定对河道管理范围内建设项目的管理作了进一步的完善。

《河道管理范围内建设项目管理的有关规定》第二条规定：本规定适用于在河道（包括河滩地、湖泊、水库、人工水道、行洪区、蓄洪区、滞洪区）管理范围内新建、扩建、改建的建设项目，包括开发水利（水电）、防治水害、整治河道的各类工程，跨河、穿河、穿堤、临河的桥梁、码头、道路、渡口、管道、缆线、取水口、排污口等建筑物，厂房、仓库、工业和民用建筑以及其他公共设施（以下简称建设项目）。

第三条规定：河道管理范围内的建设项目，必须按照河道管理权限，经河道主管机关审查同意后，方可按照基本建设程序履行审批手续。

第四条规定：河道管理范围内建设项目必须符合国家规定的防洪标准和其他技术要求，维护堤防安全，保持河势稳定和行洪、航运通畅。蓄滞洪区、行洪区内建设项目还应符合《蓄滞洪区安全与建设指导纲要》的有关规定。

第五条规定：建设单位编制立项文件时必须按照河道管理权限，向河道主管机关提出申请，申请时应提供以下文件：①申请书；②建设项目所依据的文件；③建设项目涉及河道与防洪部分的初步方案；④占用河道管理范围内土地情况及该建设项目防御洪涝的设防标准与措施；⑤说明建设项目对河势变化、堤防安全、河道行洪、河水水质的影响以及拟采取的补救措施。对于重要的建设项目，建设单位还应编制更详尽的防洪评价报告。

第六条规定：河道主管机关接到申请后，应及时进行审查，审查主要内容为：①是否符合江河流域综合规划和有关的国土及区域发展规划，对规划实施有何影响；②是否符合防洪标准和有关技术要求；③对河势稳定、水流形态、水质、冲淤变化有无不利影响；④是否妨碍行洪、降低河道泄洪能力；⑤对堤防、护岸和其他水工程安全的影响；⑥是否妨碍防汛抢险；⑦建设项目防御洪涝的设防标准与措施是否适当；⑧是否影响第三人的合法水事权益；⑨是否符合其他有关规定和协议。

《中华人民共和国水法》第三十八条规定：在河道管理范围内建设桥梁、码头和其他拦河、跨河、临河建筑物、构筑物，铺设跨河管道、电缆，应当符合国家规定的防洪标准和其他有关的技术要求，工程建设方案应当依照防洪法的有关规定报经有关水行政主管部门审查同意。因建设本工程设施，需要扩建、改建、拆除或者损坏原有水工程设施的，建设单位应当负担扩建、改建的费用和损失补偿。但是，原有工程设施属于违法工程的除外。

《中华人民共和国防洪法》第二十七条规定：建设跨河、穿河、穿堤、临河的桥梁、码头、道路、渡口、管道、缆线、取水、排水等工程设施，应当符合防洪标准、岸线规划、航运要求和其他技术要求，不得危害堤防安全，影响河势稳定、妨碍行洪畅通；其可行性研究报告按照国家规定的基本建设程序报请批准前，其中的工程建设方案应当经有关水行政主管部门根据前述防洪要求审查同意。本工程设施需要占用河道、湖泊管理范围内土地，跨越河道、湖泊空间或者穿越河床的，建设单位应当经有关水行政主管部门对该工程设施建设的位置和界限审查批准后，方可依法办理开工手续；安排施工时，应当按照水行政主管部门审查批准的位置和界限进行。

第三十三条规定：在洪泛区、蓄滞洪区内建设非防洪建设项目，应当就洪水对建设项目可能产生的影响和建设项目对防洪可能产生的影响作出评价，编制洪水影响评价报告，提出防御措施。建设项目可行性研究报告按照国家规定的基本建设程序报请批准时，应当附具有关水行政主管部门审查批准的洪水影响评价报告。

在蓄滞洪区内建设的油田、铁路、公路、矿山、电厂、电信设施和管道，其洪水影响评价报告应当包括建设单位自行安排的防洪避洪方案。建设项目投入生产或者使用时，其防洪工程设施应当经水行政主管部门验收。

《河道管理条例》第十一条规定：修建开发水利、防治水害、整治河道的各类工程和跨河、穿河、穿堤、临河的桥梁、码头、道路、渡口、管道、缆线等建筑物及设施，建设单位必须按照河道管理权限，将工程建设方案报送河道主管机关审查同意后，方可按照基本建设程序履行审批手续。建设项目经批准后，建设单位应当将施工安排告知河道主管机关。

《关于进一步加强和规范河道管理范围内建设项目审批管理的通知》（水利部水建管〔2001〕618 号）要求：严格进行防洪与河势影响论证。建设项目申请时必须提出对防洪与河势影响评估报告，其报告编写须由具有水利（水电）行业相应资质的单位承担，评审工作由建设项目审批单位组织专家进行，专家评审意见作为建设项目申请书附件一并上报。凡未进行防洪影响评估工作的，水行政主管部门一律不得受理。

3.1.2 防洪评价编制资质要求

《河道管理范围内建设项目防洪评价报告编制导则》（试行）（办建管〔2004〕109号）（以下简称《导则》）1.3规定：防洪评价报告应在建设项目建议书或预可行性研究报告审查批准后、可行性研究报告审查批准前由建设单位委托具有相应资质的编制单位进行编制。《导则》只强调"具有相应资质"，但没有具体规定资质的类型、资质的等级。目前，全国不同地域、不同级别的水行政主管部门对防洪评价报告编制单位的资质类型要求也各不相同，大部分水行政主管部门要求须具备工程咨询资质或水文水资源调查评价资质，也有些水行政主管部门认为除了工程咨询资格或水文水资源调查评价资质之外，具有水利工程设计资质或者建设项目水资源论证资质也可。从目前防洪评价编制单位看，各水文局、水利规划设计院、科研单位、咨询单位以及高校均在市场上承接防洪评价业务。对于资质等级，水行政主管部门根据河道的重要性对资质等级有严格的要求，如河道堤防等级为1级，需要甲级资质，堤防等级为2级及以下，需要乙级资质。对于防洪评价单位具备的能力和防洪评价须采用的技术手段一般没做具体要求。事实上，防洪评价报告的编制内容丰富，既有综合性又有专业性，包括行洪影响、河势稳定影响、堤防安全影响等等方面，涉及水文、规划、水工、河流动力学等多个专业，报告编制者必须掌握相关河道水文、规划、河道地形等专业技术资料，对于重要的河道或者对防洪有较大影响的工程还需要采用数学模型甚至物理模型进行研究。为追求经济效益，盲目承接防洪评价项目，一些单位往往不考虑自身是否具备编制防洪评价项目的业务能力，编制报告敷衍了事。有些业主对防洪评价业务不了解，选择承担单位时在资质要求满足的情况下，片面追求低价承担经费，而忽略承担单位的业务能力。这导致不同单位编制的防洪评价，尽管编制单位具备的资质满足要求，报告的结构相似，但质量却参差不齐，难以达到防洪评价报告作为建设项目审查的主要技术支撑依据的目的，致使一些防洪评价成果评审后甚至不能通过，专家评审必须进行大量的修改工作，严重地阻碍了工程前期工作进度。目前，这一方面的问题已经逐步引起了水行政主管部门的重视，并开始采取措施，如有些部门采取入库管理，对评价编制单位资质、能力及以往的报告评审质量情况综合审查，审查通过后方可入库，入库方可承担其审批范围内的防洪评价。

按照管辖权限和范围的不同，珠江三角洲及河口区河道管理范围内建设项目审批部门主要有珠江水利委员会、广东省水利厅及地市、县级水务（利）局，各个部门对建设项目防洪评价编制单位所需资质的要求又分别有所不同。目前，珠委和广州水利局对防洪评价资质要求做了文字上的规定，其他水利部门一般要求须具备工程咨询资质或水文水资源调查评价资质。

珠委规定：凡属珠委审批权限范围内建设项目，建设单位必须委托与建设项目规模等级一致（大型、中型）的具有国家乙级以上水利工程设计、咨询或省、部级科研资质的编制单位，按照水利部《河道管理范围内建设项目防洪评价报告编制导则》（试行）（办建管〔2004〕109号）的要求编制《河道管理范围内建设项目防洪评价报告》。对工程规模较大或可能对防洪产生较大影响的建设项目，除采取数学模型研究外，还应采用物理模型以及其他方法进行比较研究。

广州市水务局对防洪评价编制单位所需资质要求见表 3.1-1。

表 3.1-1   广州市水务局对防洪评价编制单位所需资质要求

项目所在河道和堤防等级	报告编制单位资质要求（具备任意一项）
（1）由珠江委和省管理的河道 （2）市管河道 （3）1 级堤防	（1）《工程咨询单位资格证书》水利工程专业甲级 （2）《水文水资源调查评价资质证书》甲级 （3）《建设项目水资源论证资质证书》甲级
2 级或以下等级堤防	（1）《工程咨询单位资格证书》水利工程专业乙级或以上 （2）《水文水资源调查评价资质证书》乙级或以上 （3）《建设项目水资源论证资质证书》乙级或以上

3.2   防洪评价导则简介

2004 年 8 月 5 日，水利部颁布了《河道管理范围内建设项目防洪评价报告编制导则》（试行），对规范河道管理范围内建设项目防洪评价编制发挥了重要的指导性作用。

3.2.1   《导则》适用范围

导则适用范围：《导则》1.2 条规定，"本导则适用于全国河道管理范围内大、中型及对防洪有较大影响的小型建设项目防洪评价报告编制工作。"

珠江三角洲网河区及河口区的建设项目一般都是大、中型建设项目，须编制防洪评价报告；小型建设项目主要对象是内河涌河道管理范围内建设项目。对于小型项目是否"对防洪有较大影响"主要从两个方面定性判断：一是工程阻水情况，可定性分析工程对河道的行洪安全影响；二是从工程和堤防、护岸的搭接关系，可定性分析对堤防、护岸的安全和运行管理的影响。从目前管理现状看，由于不同水行政主管部门对防洪排涝重要性和建设项目项目对防洪排涝的影响认识不同，导致对防洪评价的重视程度也不相同，部分水行政主管部门从支持地方经济建设角度出发，为缩短审批周期，对管辖的河道管理范围内建设项目均不要求编制防洪评价。编者认为，从规范河道管理的角度，建议河道管理范围内建设项目均须编制防洪评价报告，对于网河区和河口区涉水项目须严格按照《导则》编写，对于内河涌管理范围内建设项目可参考《导则》编写，重点评价对河涌壅水、排涝的影响。

3.2.2   防洪评价主要内容

3.2.2.1   项目建设与有关规划的关系及影响分析

项目建设与有关规划的关系及影响分析，包括建设项目与所在河段有关水利规划关系的分析，及项目建设对规划实施的影响分析。

建设项目与有关水利规划关系分析应简述建设项目与所在河段的流域综合规划防洪规划、治导线规划、岸线规划、河道（口）整治规划等水利专业规划之间的相互关系，分析项目的建设是否符合上述水利规划的总体要求与整治目标。

项目建设对规划实施的影响分析应分析项目建设对有关水利规划的实施是否产生不利的影响，是否会增加规划实施的难度。

3.2.2.2 项目建设是否符合防洪防凌标准、有关技术和管理要求

根据建设项目设计所采用的洪水标准、结构型式及工程布置，分析项目的建设是否符合所在河的防洪防凌标准及有关技术要求，分析项目建设是否符合水行政主管部门的有关管理规定。

3.2.2.3 项目建设对河道泄洪影响分析

根据建设项目壅水的计算或试验结果，分析工程对河道行洪安全的影响范围和程度。对施工方案占用河道过水断面的建设项目，还需根据施工设计方案及工期的安排，分析工程施工对河道泄洪能力的影响。

3.2.2.4 项目建设对河势稳定影响分析

河势稳定影响分析应根据数学模型计算和（或）物理模型试验结果，结合河道演变分析成果，综合分析工程对河势稳定的影响。主要包括以下内容。

（1）分析项目实施后工程所在河道水流总体流态和工程影响区域局部流态的变化情况。

（2）对分汊河段，应分析项目建设是否会引起各汊道分流比、分沙比的变化。

（3）通过各代表断面和代表垂线流速、流向的变化情况的统计分析成果，分析项目建设对总体河势和局部河势稳定有无明显的不利影响。

（4）结合河道冲淤变化的计算或试验成果，评价项目建设是否会影响河势的稳定。

（5）对工程施工临时建筑物可能影响河势稳定的建设项目，应根据有关计算或试验成果，分析工程施工期对河势稳定的影响。

此外，对河势稳定影响较小的建设项目，可结合河道演变分析成果或采用类比分析的方法，做定性分析。

3.2.2.5 项目建设对堤防、护岸和其他水利工程及设施的影响分析

根据有关计算结果，分析项目建设对其影响范围内的各类水利工程与设施的安全和运行所带来的影响。其包括主要内容。

（1）根据工程影响范围内堤防近岸流速、流向的变化情况，分析项目建设对堤脚或岸坡是否产生冲刷的影响。

（2）根据护岸工程近岸流速、流向的变化情况，分析项目建设对已建护岸工程稳定的影响。

（3）对可能影响现有防洪工程安全的建设项目，应根据渗透稳定复核、结构安全复核、抗滑稳定安全复核等计算结果，进行影响分析。

（4）对临近水文观测断面和观测设施的建设项目，应分析对测报、水文资料的连续性和代表性的影响，以及对观测设施的安全运行影响。

（5）对可能影响现有引水、排涝设施引排能力的建设项目，应根据有关计算结果，分析项目建设对引水、排涝的影响。

（6）对其他水利设施的影响分析。

3.2.2.6 项目建设对防汛抢险的影响分析

对跨堤、临堤以及需临时占用防汛抢险道路或与防汛抢险道路交叉的建设项目，应进行防汛抢险影响分析。其包括主要内容。

（1）根据建设项目跨堤、临堤建（构）筑物的平面布置、断面结构及主要设计尺寸，分析是否会影响汛期的防汛抢险车辆、物资及人员的正常通行。

（2）根据建设项目的施工平面布置、施工交通组织及工期安排情况，分析工程施工期对防汛抢险带来的影响。

（3）分析项目建设是否会影响其他防汛设施（如通信设施、汛期临时水尺等）的安全运行。

3.2.2.7　项目建设防御洪涝的设防标准与措施是否适当

分析建设项目运行期和施工期的设防标准是否满足现状及规划要求，并对其所采用的防洪、排涝措施是否适当进行分析评价。

3.2.2.8　项目建设对第三人合法水事权益的影响分析

根据建设项目的布置及施工组织设计，分析工程施工期和运行期是否影响附近取水口的正常取水、临近码头的正常靠泊等第三人的合法水事权益。

3.2.2.9　项目建设对第三人合法水事权益的影响分析

建设项目影响的防治措施（含运行期与施工期）应包括以下 8 方面内容。

（1）对水利规划的实施有较大影响的建设项目，应对建设项目的总体布置、方案、建设规模、有关设计、施工组织设计等提出调整意见，并提出有关补救措施。

（2）对河道防洪水位、行洪能力、行洪安全、引排能力有较大影响的建设项目，应对其布置、结构型式与尺寸、施工组织设计等提出调整意见，并提出有关的补救措施。

（3）对现有堤防、护岸工程安全影响较大的建设项目，应对其布置、结构型式与尺寸、施工组织设计等提出调整意见，并提出有关的补救措施。

（4）对防汛抢险、工程管理有较大影响的建设项目，应对其工程布置、施工组织、工期安排等提出调整意见，并提出有关补救措施。

（5）对河势稳定有较大影响的建设项目，应对其工程布置、结构形式、施工方案及施工临时建筑物设计等提出调整意见，并提出有关补救措施。

（6）对其他水利工程及运用有较大影响的建设项目，应对其工程布置、结构形式及施工组织设计等提出调整意见，并提出有关补救措施。

（7）其他影响补救措施，包括对第三人的合法水事权益影响的补救措施等。

（8）对防洪工程的影响须提出明确的影响内容和范围，采取防治与补救措施，并对工程量进行初步估算。

3.2.3　防洪评价技术路线

基础资料的采用：《导则》1.5 条规定，防洪评价报告中的各项基础资料应尽可能使用最新数据，并具有可靠性、合理性和一致性，水文资料要经相关水文部门认可，所在河流或流域的规划资料一般应经上一级单位批准或审查。建设项目所在地区缺乏基础资料时，建设单位应根据防洪评价需要，委托具有相应资质的勘测、水文等部门进行基础资料的测量、收集、推算。

技术路线的采用：《导则》1.6 条规定，"在编制防洪评价报告时，应根据流域或所在地区的河道特点和具体情况，采用合理的评价手段和技术路线。对防洪可能有较大影响、所在河段有重要防洪任务或重要防洪工程的建设项目，应进行专题研究（数学模型计算、物理模型试验或其他试验等）。"

3.2.4 参考目录

河道管理范围内建设项目防洪评价报告编制参考目录如下。

1 概述
  1.1 项目背景
  1.2 评价依据
  1.3 技术路线及工作内容
2 基本情况
  2.1 建设项目概况
  2.2 河道基本情况
  2.3 现有水利工程及其他设施情况
  2.4 水利规划及实施安排
3 河道演变
  3.1 河道历史演变概况
  3.2 河道近期演变分析
  3.3 河道演变趋势分析
4 防洪评价计算
  4.1 水文分析计算
  4.2 壅水分析计算
  4.3 冲刷与淤积分析计算
  4.4 河势影响分析计算
  4.5 排涝影响计算（如有）
  4.6 其他有关计算（如有）（专题研究如有可另附）
5 防洪综合评价
  5.1 与现有水利规划的关系与影响分析
  5.2 与现有防洪防凌标准、有关技术要求和管理要求的适应性分析
  5.3 对行洪安全的影响分析
  5.4 对河势稳定的影响分析
  5.5 对现有防洪工程、河道整治工程及其他水利工程与设施影响分析
  5.6 对防汛抢险的影响分析
  5.7 建设项目防御洪涝的设防标准与措施是否适当
  5.8 对第三人合法水事权益的影响分析
6 工程影响防治措施与工程量估算
7 结论与建议

3.3 建设项目水行政审查要点

3.3.1 技术参数标准研究成果

河道管理范围内建设项目类型，大体上可分为跨河建筑物（如桥梁工程）、临河建筑

物（如围垦工程、码头工程、取水口、排污口等）、穿河（堤）建筑物（如隧道工程）等，项目类型不同，对防洪影响不同，审查要点不同。

防洪评价报告的编制和审查是申请河道管理范围内建设项目水行政许可的重要环节。2004 年水利部印发的《导则》对防洪评价报告编制进行了规范。进行防洪评价审查，则是规范水行政管理的重要手段。近年来，根据依法管水和科学治水的要求，不少水行政主管部门和科研单位从防洪的角度，对建设项目有关技术参数标准进行了研究探讨，并制定颁布了相关技术规定或技术指引。黄河水利委员会于 2007 年 12 月出台了《黄河河道管理范围内建设项目技术审查标准（试行）》，浙江省水利厅、浙江省发展和改革委员会于 2008 年 1 月出台了《浙江省涉河桥梁水利许可技术规定（试行）》，浙江省水利厅于 2010 年 5 月出台了《浙江省涉河码头水利许可技术规定（试行）》，广东省水利水电技术中心于 2012 年 8 月制定了《广东省水利水电工程技术审查要点》，广州市水务局于 2010 年 11 月制定了《广州市河道管理范围内建设项目行政许可技术指引（试行）》。这些规定对规范河道管理范围内建设项目管理，提高建设项目水行政审查的科学性起到了积极的作用。

珠江水利科学研究院自 1979 年 10 月成立以来，致力于珠江的规划、治理和开发方面的研究。30 多年运用水文资料分析、潮汐物理模型试验、数学模型模拟计算及遥感技术应用等多种手段进行研究，取得了丰硕的研究成果，对珠三角及河口区河道的水文特征、潮流泥沙特性、河道演变及治理规划等有较为深刻的认识。截止到 2012 年，珠江水利科学研究院已完成珠江三角洲及河口区防洪评价项目 700 余项，在防洪评价业务方面也积累了丰富的经验。2012 年，珠江水利科学研究院承担了水利部前期重大课题——珠江河口已建和规划建设项目防洪影响综合评价。该报告总结了珠江水利科学研究院承担的 700 余项防洪评价报告的技术成果，调查了珠江三角洲及河口主要河道涉水建设项目（珠江河口及三角洲主干河道区共有码头 499 座，大桥和特大桥 114 座）的分布情况、阻水情况、与堤防的搭接情况及岸线开发利用情况；同时采用数学模型和物理模型手段，分别计算分析了跨河项目、临河项目、航道整治对珠江三角洲防洪的影响。最后，从兼顾支持地方经济建设和防洪要求出发，综合考虑珠江三角洲及河口区的防洪水情形势、综合治理规划，并参考了近年来防洪评价审查有关技术标准的研究成果，按照以下三个原则：①不同河段，不同要求；②不同类型，不同要求；③既要考虑个体影响，又要考虑已建项目的叠加后的整体影响，提出了珠江三角洲及河口区防洪评价审查技术指引。

以下是珠江水利科学研究院总结的对于各类河道管理范围内建设项目防洪评价技术审查要点部分成果。

3.3.2　跨河建筑物

跨河建筑物是河道管理范围内最常见的建设项目之一，是指跨越河道的固定结构建筑物，包括桥梁、管桥、渡槽及输电铁搭等。其中桥梁工程是跨河建设项目的主要类型，其防洪评价审查要点如下。

（1）桥位。

桥位应选在河道顺直稳定、河床地质条件良好的地段。

桥位布置应避开治涝、灌溉、供水等工程设施的河段，以保证工程设施的安全运行。

桥位布置不得影响水文测验，应避开水文观测断面，以免影响水文资料的连续性。

（2）防洪标准。

桥梁防洪标准应不低于堤防规划的防洪标准。

（3）桥墩轴线。

桥梁（主）桥墩顺水流方向的轴线应与所在河道发生堤防设计标准相应涉及洪水时的主流方向基本一致；当斜交不可避免时，一般情况下，桥梁墩台顺水流方向的轴线与洪水主流流向夹角应控制在 5°以内，最大不超过 10°，且应结合所在水域的流速控制桥墩轴线与水流夹角，即流速越大，允许的夹角越小。

（4）梁底高程。

桥梁梁底高程应满足行洪畅通、防汛抢险、堤防管理维护、船舶通航、管理维修及今后堤防加高加固的要求，桥梁梁底高程应高于设计洪（潮）水位，且不影响通航，桥梁跨堤部分与相应规划堤防堤顶间的净空高度应不小于 4.5m。当桥梁梁底与堤顶的净高不能满足防汛抢险车辆通行的净高要求时，应在堤防背水坡一侧设置防汛通道及上下堤的交通坡道。

（5）桥墩布置。

桥梁的桥跨布设应顺应河势，桥墩布设宜避开主槽，尽可能使主槽在桥孔内。

一般情况下，承台顶高程应布置在河床以下，特殊情况下，出露河床的承台顶高程也不宜高于平均低潮（水）位。

在水流与桥轴线正交时，桥墩边壁与堤脚应不少于 3 倍桥墩宽度距离。在桥墩轴线与水流夹角为 10°，桥墩边壁与堤脚应不少于 4 倍桥墩宽度距离。

桥梁支墩不应布置在堤身设计断面以内。当桥墩需要布置在堤身背水坡时，必须满足堤身抗滑和渗流稳定的要求。同时，桥墩的布置要综合考虑桥墩的施工工艺，根据边墩与堤防的距离尽量采用合理的施工工艺，不能因为施工、开挖而导致堤防的破坏。

（6）桥梁阻水比。

重点评价桥梁的阻水比是否合适，跨越 1 级、2 级堤防桥梁的阻水比（含防撞设施）一般不超过 6%；跨越 3 级及以下堤防以及无堤防河道的桥梁的阻水比一般不超过 7%。

（7）桥面排水。

桥面集中排水应避开堤身（岸），以免雨水排放造成堤身（岸）冲刷，影响堤防（岸）安全。

3.3.3　临河建筑物

临河建筑物也是河道管理范围内最常见的建设项目之一，是指沿河道两岸修筑的固定结构建筑物，包括码头、渡口、取水口、排水口、护岸、临河道路及景观工程等。其中码头工程是近几年临河建筑物的主要类型，其防洪评价审查要点如下。

（1）码头选址。

码头选址应符合岸线利用规划、港口规划。

码头布置不得影响水文测验，应避开水文观测断面，以免影响水文资料的连续性。在国家基本水文测站上下游建设影响水文监测的工程，建设单位应当采取相应措施，在征得对该站有管理权限的水行政主管部门同意后方可建设。

码头布置应尽量避开灌溉、排涝、供水等工程设施。

（2）码头前沿线。

一般情况下，重力式码头前沿线严禁超出治导线。高桩码头前沿线原则上不应超出治导线，如特殊原因码头前沿线超出治导线应进行充分论证，并采取相应措施。

码头前沿线应尽可能与洪水主流向一致，其前沿线布置与水流方向夹角不宜超过 5°。

（3）与堤防搭接。

码头引桥桥墩不宜布置在堤身设计断面以内，当需要布置在堤身时，必须对堤身进行防渗处理。

码头不得影响堤防的管理和防汛运用，不得影响防汛安全。

码头与堤防平交时，不得阻断防汛抢险通道，相交部分的堤顶高程宜与堤防的近期规划标准一致，且交叉部分堤防及上下游衔接段宜按堤防的规划标准与拟建工程同步实施。

码头建设应注意与上游、下游堤防的衔接，码头建成后方案能够形成闭合的防洪体系。

（4）码头梁底高程。

码头梁底高程一般情况下应高于设计洪水位，若特殊原因梁底高程低于设计洪水位时，应进行充分论证，采取必要的补救措施方案。

（5）堤防稳定。

港池与航道的开挖不得影响堤防稳定。修建码头应该避免引起堤岸冲刷，高桩码头栈桥边墩离堤脚距离宜为边墩宽度（直径）的 3～4 倍，以减少边墩冲刷坑对堤防稳定的影响。如果有冲刷，应采取相应的防护措施，并进行论证。

3.3.4   穿河、穿堤建筑物

穿河、穿堤建筑物是指从河底或堤防穿越河道的固定结构建筑物，主要有管道、隧道、涵闸等。其运行期对河道影响相对较小，防洪评价审查要点如下。

（1）穿越位置。

穿河、穿堤工程布置应尽量避开灌溉、排涝、供水等工程设施。

（2）出、入土点布置。

出、入土点应布置在堤防管理和保护范围以外，与堤防背水坡坡脚应有足够的安全距离。

（3）埋深。

工程埋深应在规划疏浚河道底高程和相应防洪标准洪水极限冲刷后河床高程以下，预留一定尺度的安全埋深。

3.4   珠江三角洲及河口区河道管理范围内建设项目审查程序

按照管辖权限和范围的不同，珠江三角洲及河口区河道管理范围内建设项目审批部门主要有珠江水利委员会、广东省水利厅及地市、县级水利（务）局，各个部门对建设项目审批的程序和要求又分别有所不同。

3.4.1   珠江委审批程序及具体要求
3.4.1.1   审批流程

珠江委管辖范围内建设项目审批程序为：申请人→提交申请材料→材料审查→正式受

理→征求地方水行政主管部门意见→专家评审→修改论证报告→审批决定→申请人。

3.4.1.2 具体程序和要求

（1）提交申请材料。

项目建设单位需按要求准备申请材料，并填写审批预受理单。申请材料清单如下。

1）业主或项目责任单位的申请函1份（原件）。需简要说明项目建设的必要性、建设项目所处的地理位置、工程规模、主体工程的结构型式、工程建设总投资、计划建设工期、前期工作及其立项情况、是否符合相关规划（城市总体规划、国土规划、岸线利用规划、航运规划、港口总体布局规划、防洪规划、河道治理规划等）、有关主管部门意见等。

2）工程建设方案（项目建议书、可行性研究报告或初步设计文件）一式6份（含文字报告和附图、附表）。

3）《防洪评价报告》一式25份。

4）防洪评价报告编制单位资质复印件1份。

5）工程所在省（自治区）、市水行政主管部门初步审查意见复印件各一份（如果没有，可由珠江委视实际情况发函征求意见）。

6）工程项目地理位置示意图（A4或A3纸，需标明工程所在河道水系及名称）一式15份。

7）工程平面布置图一式15份（A4或A3纸，需标明工程位置坐标以及与堤防的关系等，坐标一律采用1954年北京坐标系，高程系统应采用珠江基面、国家1985统一高程基面或黄海基面）。

8）工程断面图一式15份（A4或A3纸，高程系统应采用珠江基面）。

9）有关主管部门的审查或审批文件（或意见）复印件1份。

10）其他需要说明的材料。

（2）材料审查。

珠江水利委员会在收到申请材料起5个工作日内对申请材料进行审查，材料不齐全的通知业主补齐材料。

（3）正式受理。

珠江委对申请材料审查，材料齐全，符合要求后，自受理之日起20个工作日内作出审批决定，其中征求省、市水行政主管部门意见时间（约20个工作日）、专家评审时间（约10个工作日）、业主组织方案调整及修改论证报告时间除外。

（4）征求地方水行政主管部门意见。

正式受理后由珠江水利委员会发文征求广东省水利厅和地市水行政主管部门的初审意见，约20个工作日。

（5）专家评审。

珠江水利委员会组织召开专家评审会或以函审的形式对防洪评价报告进行审查，并出具专家评审意见，从发会议通知到召开会议约10个工作日。

（6）修改论证报告。

项目业主根据专家评审意见和地方水行政主管部门的意见组织防洪评价编制单位修改防洪评价报告，若方案不合适的需对工程建设方案进一步调整，所需时间由业主方决定。

（7）审批决定。

根据地方水行政主管部门意见、专家评审意见及防洪综合评价结论，出具河道管理范围内建设项目审查同意书。自作出审批决定之日起 10 个工作日内向申请人送达审批文件。

3.4.2　广东省水利厅审批程序及具体要求

3.4.2.1　审批流程

广东省水利厅管辖范围内建设项目审批程序为：申请人提交申请材料→窗口接受材料形式审查→受理与否→材料审查→组织技术审查→补充材料、修改论证报告→技术审查意见移交政务中心→主办处室办理行政审批→窗口送达文书。

3.4.2.2　具体程序和要求

（1）提交申请材料。

项目建设单位需按要求准备申请材料，并填写省管河道管理范围内工程建设方案审批申请表，到行政许可服务大厅窗口提交申请材料。申请材料清单如下。

1）建设项目所在地县级以上人民政府和建设单位上报主管部门的文件或意见。

2）项目所在地县级以上水行政主管部门的初审意见。

3）可行性研究阶段的建设项目设计资料和文件清单。

4）防洪评价报告。

以上材料一式 2 份。

（2）受理与否。

根据建设项目类型和所处位置判断是否属广东省水利厅审批权限范围，若不是，则不予受理，退回申请材料；若是，则受理。

（3）材料审查。

在收到申请材料起 5 个工作日内对申请材料进行审查，对材料不齐全和不符合法定格式的通知业主补正材料。

（4）组织技术审查。

根据建设项目的类型、影响程度和重要性等，判断是否需要组织技术审查。若需要组织技术审查，则委托技术审查单位进行审查。若不需要，则直接移交政务中心。

（5）补充材料、修改论证报告。

项目业主根据技术审查结果组织防洪评价编制单位修改防洪评价报告，对材料需要补充的，需要补充材料。

（6）技术审查意见移交政务中心。

技术审查单位将技术审查意见移交政务中心。

（7）主办处室办理行政审批。

主办处室根据技术审查意见和工程方案，办理行政审批。

（8）窗口送达文书。

将审批文件由窗口送达至项目建设申请人。

3.4.3　地市级水行政主管部门审批程序及具体要求

由于各个市、县水行政主管部门审批程序和要求不尽一致，无法一一列举，这里以广州市水务局为例，介绍地市级水行政主管部门的审批程序及具体要求。

3.4.3.1 审批流程

广州市水务局管辖范围内建设项目审批程序为：申请人提交申请材料→窗口接受、材料形式审查→受理与否→内部办理→窗口出具申请批复决定。

3.4.3.2 具体程序和要求

（1）提交申请材料。

项目建设单位需按要求准备申请材料，到广州市政务服务中心市水务局窗口提交申请材料。申请材料清单及要求如下。

1）《广州市河道及水工程管理范围内建设项目申报表》（原件，1式3份）。

2）申请人出具的项目建设申请书（原件，1式2份）。须说明项目建设的理由、地点、时间，期限、规模、内容、占用河道管理范围内土地情况，加盖申请人单位公章，打印。

3）建设项目涉及河道与防洪部分的初步设计方案（原件，1式5份）。须由具备相应设计资质的设计单位出具，具体按项目类型有所不同。

4）建设项目防洪影响评价报告（原件，1式3份）。

5）1/500（或1/1000）河道管理范围现状地形图（非水深图，原件，1式5份）。在建设项目及其上、下游各1000m范围内河道管理范围［含河道、左右岸堤防及其背水侧30m（河涌为6～10m）宽护堤地］，必须由具备相应测量资质的测量单位出具。

6）对建设项目影响防洪（如河势变化、堤防安全、河道行洪）所采取的补救措施方案及设计说明（原件，1式5份），须由具有与堤防工程级别相应水利资质的设计单位出具。

7）申请人落实对建设项目影响防洪所采取的补救措施方案的承诺书（原件，1式5份）。

8）其他资料（1份）：①区（县级市）水行政主管部门及河道管理部门对该项目建设的初审意见（原件）；②建设项目所依据的文件（有关部门的批文，复印件）；③对可能引起水土流失的项目，应提交经批准的水土保持方案（原件）；④对取（排）水口工程，应提交经批准的取水（排水）许可文件；⑤对水环境影响的项目，应提交经审查的环境影响评价报告（原件）；⑥对报计划主管部门审批的项目，应提交建设项目可行性研究报告（原件）；⑦如对第三者合法的水事权益有影响，应说明影响情况和协商处理结果（原件）；⑧其他必需资料。

9）注意事项。①以上1）至7）项为基本资料，需同时提交电子文档。②资料中坐标需采用广州坐标，高程须采用珠基（或广州城建高程）；纸张规格为A4，或者按A4纸折叠装订整齐。③设计（咨询）资料必须盖有申请人和设计（咨询）单位的印章，附具其相关资质（格）及其许可业务范围的法定证明文件；符合国家有关法律、法规、规范、标准要求。④对临时性工程，其首次申请建设时申报材料同永久性工程；申请续期使用的，如项目所在河道的地形、水文、邻近地理环境等相关条件无较大变化的，经办处室同意可适当简化申报材料。

（2）窗口接收材料、形式审查。

政务服务中心窗口接受材料后对申请材料形式审查，判断是否受理，对于不需要申请水行政许可或者不在广州市水务局审批权限范围内的，出具不予受理通知书。

（3）受理与否。

对于属于广州市审批权限范围，且需要办理水行政许可手续的，自收到申请材料之日起 5 个工作日内审查材料是否齐全和符合要求，对于材料齐全和符合要求的，正式受理，出具受理通知书；反之，出具补齐补证材料通知书，通知申请人补齐补证。

（4）内部办理。

正式受理后，广州市水务局主办处室组织有关专家和代表进行现场查勘、专家评审，评审后由项目业主组织防洪评价报告编制单位对防洪评价报告进行修改完善，若方案不合适的则需要调整方案。防洪评价报告修改完善后，主办处室作出行政许可或不予许可决定。

（5）窗口出具行政审批决定。

自受理之日起 20 个工作日内（不包含专家审查时间）出具申请批复决定，由政务服务中心窗口将申请批复决定送达至申请人。

3.5　小结

本章详细介绍了珠江三角洲及河口地区不同审批部门对河道管理范围内建设项目审批的程序及相关资质、编制要求，同时归纳和提出了防洪评价审查的要点和注意事项，供相关项目建设单位和防洪评价报告编制单位参照。

第 4 章
防洪评价计算主要技术手段

4.1 防洪评价计算主要内容及要求

根据《河道管理范围内建设项目防洪评价报告编制导则（试行）》要求，防洪评价计算主要内容包括：水文分析、壅水高度及长度、冲刷与淤积、河势影响分析、排涝分析、防洪工程安全稳定分析。

建设项目防洪影响的计算条件一般应分别采用所在河段的现状防洪、排涝标准或规划标准，建设项目本身的设计（校核）标准以及历史上最大洪水。对没有防洪、排涝标准和防洪规划的河段，应进行有关水文分析计算。

一般情况下壅水计算可采用规范推荐的经验公式进行计算；壅水高度和壅水范围对河段的防洪影响较大的开展数学模型计算或物理模型试验。

对河道的冲淤变化可能产生影响的建设项目，应进行冲刷与淤积分析计算。一般情况下可采用规范推荐的经验公式结合实测资料，进行冲刷和淤积分析计算；所在河段有重要防洪任务或重要防洪工程的，还应开展动床数学模型计算或动床物理模型试验研究。

在选用数学模型时，可根据实际情况，在满足工程实际需要的条件下结合模型的优点，选用一维、二维数学模型，或者联合采用。在进行壅水分析计算时，考虑河道实际情况，可选用一维数学模型或二维数学模型用于分析计算。关于冲刷与淤积分析计算，对于长系列条件下的预测分析计算，建议用一维数学模型，二维数学模型可用于局部、典型场次洪水条件。

对可能影响已有水利工程安全运行的建设项目，应进行工程施工期和运行期已有水利工程的稳定复核计算。

当建设项目建在排涝河道管理范围内或附近有重要排涝设施，且项目建设可能引起现有排涝设施附近内、外水位较大变化时，应进行排涝影响分析计算。

4.2 水文分析

4.2.1 水文分析常用方法

水文分析计算主要针对没有防洪、排涝标准和防洪规划的河道，如果工程所在河道已有批准设计防洪、排涝标准和防洪规划，则一般可以直接引用或者内插计算。

水文站一般有较长实测水文资料时，可直接用频率分析方法按以下步骤计算：①收集、整理、考证所需的基本水文资料，分析水文资料系列的代表性；②对水文资料系列进行频率分析；③由频率分析求出符合设计标准的水文特征值；④选择符合设计要求的时空分布作为典型，按设计值放大或缩小，求得设计条件下的水文特征值的时空分布；⑤计算成果合理性分析论证。

珠江三角洲网河区内河涌分布较多，内河涌一般缺流量资料，无法直接由流量资料推求设计洪水，可根据《广东省暴雨参数等值线图》和《广东省暴雨径流查算图表使用手册》查取各历时暴雨参数（均值、变差系数等），采用暴雨资料推求设计洪水，分以下情况考虑。①对于集水面积小于 $1000km^2$ 的工程，建议采用广东省综合单位线法和推理公式法计算设计洪水，在对参数结合工程集水区域下垫面条件合理调整、协调两种方法的设计洪峰流量相差不超过 20% 后，原则上采用广东省综合单位线方法计算的设计洪水成果。②对于集水面积小于 $10km^2$ 的工程（水库除外），建议采用经验公式法（广东省洪峰流量经验公式）计算设计洪水。有条件的可采用综合单位线法和推理公式法进行验证。③工程上游有对设计洪水产生较大影响的蓄水工程（如水库），应考虑水库的洪水调节作用，工程设计洪水须考虑区间设计洪水和水库调洪后的下泄流量进行组合。洪水组合时考虑上游水库下泄流量的汇流时间。内河涌设计流量和设计洪水推求案例可见本书第 6 章。

4.2.2 水文分析常用水文组合

4.2.2.1 珠江三角洲洪、潮遭遇分析

狮子洋及东江三角洲河口区主要受北江、东江及流溪河洪水及外海风暴潮威胁，间接受西江洪水影响。西江、北江洪水在思贤滘遭遇，经过对 1915—2000 年实测洪水资料的统计分析，遭遇类型有三种，①两江洪峰遭遇，经统计西北两江最大洪峰在思贤滘遭遇的有 15 年，占统计年数的 17.7%，如 1915 年、1968 年、1994 年洪水；②西主北从，这种类型的洪水有 54 次，占统计年数的 63.5%，如 1947 年、1949 年、1998 年洪水；③北主西从，这种类型的洪水有 16 次，占统计年数的 18.8%，如 1931 年、1982 年洪水。

据资料统计，北江、流溪河洪水遭遇机会甚少。两江同时出现最大洪峰的仅有 1 次（1974 年 6 月 27 日洪水），约占统计年数的 3%。若以三水站出现年最大洪峰与牛心岭站出现年最大洪峰进行遭遇统计，则在 32 年资料中，没有发生遭遇的情况。

东江洪水自成系统，与西江、北江洪水遭遇的机会极小，据统计，仅 1966 年 6 月 24 日博罗洪峰与思贤滘峰现时间相同。但是，2005 年 6 月几乎同时出现三江大洪水，根据报道，本次洪水，西江梧州出现超百年一遇洪水，最大洪峰流量为 53900m³/s，北江石角站最大洪峰流量为 13500m³/s，思贤滘马口分流 52100m³/s（频率为 0.4%），三水分流 16400m³/s（频率超 1%），东江河源洪水达 400 年一遇，说明三江洪水遭遇的几率是存在的（但不是洪峰遭遇）。

以牛心岭代表流溪河，三水、马口代表西江、北江洪水控制站，博罗为东江出口控制站，舢舨洲站代表潮汐站。若各代表站出现年最大洪峰流量的当天，舢舨洲也出现年最高潮位，称之为洪、潮遭遇，反之为不遭遇。根据资料统计，牛心岭、三水、马口、博罗四站洪峰流量与舢舨洲年最高潮位均没有发生遭遇。但西江、北江、东江发生较大洪水时，常遇到珠江河口是大潮期，洪、潮互相顶托，洪水不能畅泄入海，使洪（潮）水位升高，如 1915 年洪水和 2005 年 6 月洪水。

4.2.2.2 珠江三角洲及河口区常用水文组合

根据《河道管理范围内建设项目防洪评价报告编制导则（试行）》要求，常见的需要根据水文分析成果进行防洪评价计算的内容主要包括壅水高度及长度计算、网河区分流比计算、潮排潮灌计算（主要针对珠江三角洲地区）、流速流态变化计算等，各个计算内容采用的水文组合也有所侧重，常用的洪、潮水文组合主要包括设计洪、潮组合和典型洪、潮组合两种。一般情况下，壅水和分流比采用设计洪、潮组合计算，流速流态采用典型洪、潮组合计算，潮排潮灌是珠江三角洲潮汐地区的主要现象，潮灌需要利用短时间的涨潮带来的淡水进行引水，往往采用典型枯水组合进行计算，分析工程对枯水高高潮位的影响；潮灌需要利用低潮位时段进行抢排，大多采用典型中水组合进行计算，分析工程对中水低低潮位的影响。

受自然地理、水系特征的不同，各区域通常采用的洪、潮组合也有所不同，对于珠江三角洲及河口区域内常用的洪、潮组合分别介绍如下。

1. 设计洪、潮组合

珠江三角洲设计洪、潮水文成果较为丰富，已有批准过的设计洪、潮水文成果包括《西、北江下游及其三角洲网河道设计洪潮水面线》（广东省水利厅）、《东江干流及三角洲河段设计洪潮水面线计算报告》（广东省水利水电科学研究院）、《珠江流域防洪规划水文分析报告》（水利部珠江水利委员会）、《珠江河口水文分析专题报告》（水利部珠江水利委员会）等。

引自《西、北江下游及其三角洲网河道设计洪潮水面线》，珠江三角洲主要控制站设计洪、潮水文成果见表 4.2-1。

表 4.2-1　　　　　　　　以洪为主上边界流量在各级频率下的设计值　　　　　单位：m³/s

站　名	流 量 设 计 值					
	频率 0.5%	频率 1%	频率 2%	频率 5%	频率 10%	频率 20%
老鸦岗	1200	1200	1200	1200	1200	1200
三水	18260	17306	16455	15226	14076	12116
马口	50040	47894	45945	43074	40324	35484
石嘴	1930	1930	1930	1930	1930	1930
大盛	2290	2290	2290	2290	2290	2290
麻涌	266	266	266	266	266	266
漳澎	1738	1738	1738	1738	1738	1738
泗盛围	3726	3726	3726	3726	3726	3726

表 4.2-2　　　　　　　以洪为主相应下边界在各级频率下的潮位值　　　　　　单位：m

频率	大虎	南沙	万顷沙	横门	灯笼山	黄金	西炮台	官冲
0.5%	2.03	2.00	2.07	2.25	1.91	1.60	1.87	1.90
1%	2.00	1.98	2.04	2.21	1.86	1.59	1.85	1.88
2%	1.97	1.96	2.02	2.18	1.81	1.58	1.84	1.87

频率	大虎	南沙	万顷沙	横门	灯笼山	黄金	西炮台	官冲
5%	1.93	1.93	1.98	2.13	1.75	1.57	1.82	1.85
10%	1.89	1.90	1.95	2.09	1.68	1.56	1.80	1.83
20%	1.83	1.86	1.89	2.00	1.57	1.53	1.77	1.79

表 4.2-3　　　　　　　以洪为主内边界在各级频率下的下泄流量　　　　　　单位：m³/s

水 闸	下 泄 流 量					
	频率 0.5%	频率 1%	频率 2%	频率 5%	频率 10%	频率 20%
北街水闸	600	600	600	400	400	400
睦洲水闸	800	800	800	600	600	600
磨碟头水闸	1400	1400	1400	1200	1000	800
甘竹溪电站	3486	3340	3140	2880	2680	2420
沙口闸	300	300	300	300	300	300

表 4.2-4　　　　　　　　　　以潮为主上边界流量取值　　　　　　　　　　单位：m³/s

站名	麻涌	大盛	漳澎	泗盛围	老鸦岗	三水	马口	石嘴
流量	266	2290	1738	3726	1200	9121	27679	1930

表 4.2-5　　　　　　以潮为主下边界在各级频率下的最高潮位设计值　　　　　　单位：m

频率	大虎	南沙	万顷沙	横门	灯笼山	黄金	西炮台	官冲
0.5%	2.52	2.83	2.78	2.77	2.62	2.48	2.60	2.92
1%	2.42	2.69	2.65	2.63	2.48	2.36	2.48	2.76
2%	2.31	2.56	2.52	2.49	2.34	2.23	2.37	2.59
5%	2.17	2.38	2.34	2.30	2.14	2.06	2.22	2.35
10%	2.05	2.23	2.20	2.15	1.99	1.92	2.09	2.17
20%	1.91	2.08	2.04	1.99	1.83	1.78	1.95	1.98

表 4.2-6　　　　　　以潮为主内边界在各级频率下的主要下泄流量　　　　　　单位：m³/s

水 闸	下 泄 流 量					
	频率 0.5%	频率 1%	频率 2%	频率 5%	频率 10%	频率 20%
北街水闸	400	400	400	400	400	400
睦洲水闸	600	600	600	600	600	600
磨碟头水闸	800	800	800	800	800	800
甘竹溪电站	2060	2060	2060	2060	2060	2060
沙口闸	300	300	300	300	300	300

2. 典型洪、潮组合

珠江三角洲为感潮河网，不仅受上游径流洪水的影响，而且还受沿河道上涨潮流作用，而珠江河口更是濒临外海，潮汐作用明显。珠江口外潮流每天两涨两落，水流无恒定状态，水面比降正负交替，若采用恒定流设计洪水组合，则与实际情况相差较大。因此，在珠江三角洲及河口防洪评价研究中除了采用设计洪、潮组合外，通常还应采用典型洪、潮组合进行计算。选取近年具有代表性的典型洪、潮过程计算工程对相关水域洪、潮水位及流速的影响，更能反映工程实际影响。考虑水文测验的同步性和数据的完整性，通常所选取的典型洪水、中水、枯水及风暴潮组合水文过程分别如下。

（1）洪水组合。

"2005·6"大洪水组合：为近年最大的一场洪水，北江三水站达100年一遇洪水，最大洪峰流量为16400m³/s，峰现时间为2005年6月24日17：00—19：00；西江马口站超200年一遇（按照《珠江流域防洪规划》成果确定），最大洪峰流量为52100m³/s，峰现时间为2005年6月24日11：00—21：00；两江洪峰相碰，恰逢下游珠江口大潮，遭遇恶劣；计算时段为208h（起止时间6月22日18：00至7月1日10：00），合计8.67d洪水过程线，包括了整个洪水涨、退过程。其中，马口站实测洪峰流量在历史系列中与1915年洪水并列第一位，三水站实测洪峰流量在历史系列中排第二位，仅次于1915年大洪水。该组合相当于珠江口200年一遇洪水，对应外海桂山岛大潮、中潮、小潮。

"98·6"大洪水组合：为近年较大的一场洪水，北江三水站约为100年一遇洪水，最大洪峰流量为16200m³/s，峰现时间为1998年6月27日14：00—20：00；西江马口站约为50年一遇，最大洪峰流量为46200m³/s，峰现时间为1998年6月27日0：00—14：00；两江洪峰刚好错过，北江洪峰滞后西江，计算时段为75h（起止时间6月25日20：00至6月28日21：00），合计约3d洪水过程线，包括了整个洪水涨、退过程。其中，马口站实测洪峰流量在历史系列中排第五位，三水站实测洪峰流量在历史系列中排第三位。该组合可相当于珠江口100年一遇洪水，对应外海桂山岛大潮潮型。

"2008·6"大洪水组合：为近年较大的一场洪水，北江三水站约为50年一遇洪水，最大洪峰流量为15200m³/s，峰现时间为2008年6月16日6：00—14：00；西江马口站约为50年一遇，最大洪峰流量为46800m³/s，峰现时间为2008年6月16日5：00—10：00；两江洪峰相碰，恰逢下游珠江河口大潮，遭遇恶劣。计算时段为313h（起止时间6月10日23：00至6月24日0：00），合计约13d洪水过程线，包括了整个洪水涨、退过程。其中，马口站实测洪峰流量在历史系列中排第四位，三水站实测洪峰流量在历史系列中排第六位。该组合相当于珠江口50年一遇洪水，对应外海桂山岛大潮、中潮、小潮。

"94·7"洪水组合：为20世纪90年代较大的一场洪水，北江三水站约为20年一遇洪水，最大洪峰流量为13600m³/s，峰现时间为1994年7月25日16：00—19：00；西江马口站超10年一遇，最大洪峰流量为42100m³/s，峰现时间为1994年7月25日17：00—19：00；两江洪峰几乎同时产生，峰峰相碰，计算时段为150h（起止时间7月23日14：00至7月29日20：00），合计约6d洪水过程线，包括了整个洪水涨、退过程。其中，马口站实测洪峰流量在历史系列中排第六位，三水站实测洪峰流量在历史系列中排第七位。该组合相当于珠江口10年一遇至20年一遇洪水，对应外海桂山岛大潮、中潮、小潮。

"99·7"中洪水组合（包括大潮、中潮、小潮）：北江三水站最大洪峰流量为9200m³/s，接近多年平均流量9640m³/s；西江马口站最大洪峰流量为26800m³/s，接近多年平均洪峰流量27600m³/s；计算时段186h，合计7.75d洪水过程线（起止时间7月15日23：00至7月23日17：00），为珠江口近年典型常遇洪水组合，可称中洪水组合。该组合可以相当于珠江口2年一遇洪水，对应外海桂山岛大潮、中潮、小潮。

以上几组合洪水的选取注重了洪水规模、西江和北江洪水遭遇、洪水持续时间等因素。

（2）中水组合。

中水组合主要选取了"2003·7"，接近珠江口"1992·7"中水组合，具有较好的代表性。

"2003·7"中水组合计算时段为119h，合计4.96d过程线（起止时间为7月26日0：00至7月30日23：00），北江干流三水站最大洪峰流量为3420m³/s，西江干流马口站最大洪峰流量为10000m³/s，此组合为分析拟建工程对珠江河口区上游地区潮排、潮灌能力影响的代表组合（考虑工程对水闸、泵站等取排水设施运行的影响），也是伶仃洋水域较新、资料较全的实测水文组合。对应外海桂山岛大潮、中潮、小潮。

（3）枯水组合。

选取"2001·2"枯水组合，计算时段为198h，合计8.25d过程线（起止时间为2月7日17：00至15日23：00），为分析拟建工程对珠江河口区上游地区枯季潮灌影响的代表枯水组合（考虑工程在枯季对潮排、潮灌等影响）。对应外海桂山岛大潮、中潮、小潮。

（4）风暴潮组合。

选取"9316"风暴潮组合，珠江口接近100年一遇风暴潮，赤湾高高潮位为2.22m，舢舨洲高高潮位为2.57m，最大风速为35m/s，计算时段为92h（起止时间为9月16日0：00至9月19日20：00），合计3.8d的台风暴潮过程线，为分析拟建工程对珠江口及上游地区防御风暴潮能力影响的代表组合，计算时主要考虑径流、潮流及风场三种因素的综合作用，风场以阻力形式概化到流场中去。

4.2.2.3 内河涌常用水文组合

内河涌防洪评价计算采用的水文组合主要依据河涌两岸的规划防洪排涝标准，例如河涌两岸规划防洪标准为20年一遇，则一般计算5年一遇、10年一遇、20年一遇等几种频率设计洪、潮组合。

在选择内河涌设计洪、潮组合时，需要对内河涌暴雨洪水与外江潮位的遭遇进行相关分析，根据遭遇相关情况确定合适的洪、潮组合方案。一般情况下，内河涌洪、潮组合可选取以洪为主和以潮为主两组水文组合，其中，以洪为主组合可采用内河涌上游设计频率暴雨洪峰流量遭遇外江多年平均高潮位，以潮为主组合可采用内河涌上游多年平均暴雨洪峰流量遭遇外江设计频率高潮位。

对于已有设计洪水成果的内河涌，其设计频率洪水可以直接引用；对于没有设计洪水成果的内河涌，其设计频率洪水需要进行设计暴雨和设计洪水的推求计算。

设计暴雨计算可采用1991年《广东省暴雨径流查算图表》及2003年颁用的水文图集。《广东省暴雨径流查算图表》资料基础较好，精度较高，实践证明在珠江三角洲地区采用水文图集来进行工程地区的防涝计算的暴雨设计是可靠的。

根据水文图集，在求得工程集水区域的24h年最大设计点暴雨量以后，还要换算成设计面暴雨量，设计点暴雨量转换为设计面雨量采用间接计算方法，间接计算设计面暴雨量的方法指采用设计点暴雨量配以适当的暴雨点面关系计算设计面暴雨量，即设计点雨量 H_{tP} 乘暴雨点面系数 A 求得设计面暴雨量 λ_l。

$$H_{tP\text{面}} = H_{tP}A$$

当集水面积小于 $10\,\text{km}^2$ 时不须作点面折减，即 $A=1$。

产流计算是将设计毛雨过程扣除损失后得出设计净雨过程，采用初损后损法计算设计净雨过程。"初损后损法"是将损失过程分为两个阶段，即降雨初期产流开始前的初损阶段，历时为 t_0，损失量为初损 I_0，初损 I_0 很小，为简化计算，不扣 I_0；产流开始后的后损阶段，其平均后损率为 $\overline{f}$。

$$\overline{f} = (P - h - I_0 - P_{t-t_0-t_c})/t_c$$

式中：P 为一次降雨总量，mm；h 为净雨总量，等于地表径流深 R，包括地面径流 R_s 和表层径流 R_{ss}，mm；$P_{t-t_0-t_c}$ 为降雨后期不产流时段的降雨量，mm；t 和 t_c 分别为降雨历时和产流历时。

根据广东省暴雨径流查算图表，三角洲平均后损率 $\overline{f}$ 为 4.5mm/h，考虑到三角洲地区城市化水平较高，下垫面硬化，从偏安全角度，取后损为 0。

三角洲地区大多属Ⅷ₁ 分区，采用第七分区的设计雨型；惠州属第四分区，肇庆属第八分区，根据不同分区选择合适的设计雨型。

4.3 潮流泥沙数学模型

4.3.1 概述

现代高速电子计算机出现以后，以河流动力学为基础的河流水沙数学模型得到迅速发展，并成为预测河道水沙运动和河床演变的重要工具之一。水沙数值模拟依据圣维南方程组和河床演变控制方程，以数值方法和计算机为手段，通过对河流水沙的数值模拟计算，解决河流工程所关心的问题。随着计算机科学的迅猛发展，使数值模拟有了强大的生命力，它以经济、省时、高效、灵活性大且不受场地限制等优点，在众多河流工程问题上被广泛应用，取得良好的效果。根据所需研究问题精细程度，可选用一维、二维数学模型甚至三维数学模型，为兼顾高效，还可采用一维、二维联解或一维、三维联解。

数学模计算主要内容包括以下 7 方面。

（1）模型的基本原理：阐述模型的基本方程、计算网格型式、数值计算方法、边界处理等基本原理。

（2）计算范围及计算边界条件。阐述数学模型的计算范围、计算网格尺寸、开边界的控制条件等。

（3）模型的率定与验证。阐明模型率定与验证所采用的基本资料，模型率定所选定的有关参数，模型率定与验证的误差统计结果，在此基础上分析模型的可靠性。

一维水流数学模型率定与验证的主要内容包括水（潮）位及流量，水沙模型还要验证含沙量、输沙率和河道冲淤变化。二维水流数学模型模型率定与验证的主要内容包括水（潮）位、垂线平均流速、流向，二维水沙模型还要验证含沙量、输沙率和河道冲淤分布。

模型的率定和验证应采用不同的水文测验资料分别进行，模型率定和验证的误差应满足有关规范的要求。

（4）计算水文条件。阐述工程影响计算所采用的水文条件及依据。所采用的计算水文条件应根据防洪评价的主要任务有针对性地选取，对径流河段应采用设计洪水流量和相应水位；对潮流河段应包括大、中、小等典型潮和与设计频率相应潮型等水文条件；进行冲刷与淤积分析计算时，要选取能反映冲刷和淤积的不利水、沙条件组合。

（5）工程概化。阐述建设项目涉河建筑物在模型中的概化处理方法，工程概化的合理性分析等。

（6）工程计算方案。阐明模型的各种计算方案及其条件。

（7）计算结果统计分析。主要包括：最大壅水高度和壅水范围、主要汊道分流比、流速、流向的变化、主流线的变化、冲淤总量、冲淤厚度、冲淤时空分布等内容。

潮流泥沙数学模型是防洪评价中应用最常见的数学模型，包括潮流数学模型和泥沙数学模型，在防洪评价计算中，可根据实际需要选择只采用潮流数学模型或者采用潮流泥沙数学模型。本书以珠江水利科学研究院开发的珠江三角洲及河口区潮流泥沙数学模型为例对数学模型进行介绍。

4.3.2 一维潮流泥沙数学模型

4.3.2.1 一维潮流泥沙模型控制方程

河网方程组的基本形式包括水流和泥沙的河段方程、汊点方程以及边界方程等。在计算时对水流和泥沙采用非耦合解法，即先单独求解水流，然后再求解泥沙分布和河床变形。

（1）水流连续方程：

$$B \frac{\partial Z}{\partial t} + \frac{\partial Q}{\partial x} = q \qquad (4.3-1)$$

（2）水流运动方程：

$$\frac{\partial Q}{\partial t} + \frac{\partial}{\partial x}\left(\beta \frac{Q^2}{A}\right) + gA\left(\frac{\partial Z}{\partial x} + S_f\right) + u_1 q = 0 \qquad (4.3-2)$$

式中：Z 为断面平均水位；Q、A、B 分别为断面流量、过水面积、水面宽度；x、t 分别为距离和时间；q 为旁侧入流，负值表示流出；β 为动量修正系数；g 为重力加速度；S_f 为摩阻坡降，采用曼宁公式计算，$S_f = g/C^2$，$C = h^{1/6}/n$；u_1 为单位流程上的侧向出流流速在主流方向的分量。

（3）泥沙输移对流扩散方程：

$$\frac{\partial(AS_n)}{\partial t} + \frac{\partial(QS_n)}{\partial x} - \frac{\partial}{\partial x}\left(AD_{Kn} \frac{\partial S_n}{\partial x}\right) - B(\gamma_n \Phi_n - \beta_n S_n) = 0 \qquad (4.3-3)$$

式中：D_{Kn} 为第 n 组物质的扩散系数；S_n 为第 n 组输移物质的断面平均含量；$B(\gamma_n \Phi_n - \beta_n S_n)$ 为源汇项，对于一维泥沙模型：$\gamma_n = \beta_n = \alpha_n \omega_n$，其中 α_n 为第 n 组泥沙恢复饱和系数，Φ_n 为冲淤函数，ω_n 为第 n 组输移物质的沉速。

4.3.2.2 汊口连接条件

网河区内汊口点是相关支流汇入或流出点，汊口点水流、泥沙要满足下列连接条件。

（1）流量连接条件：
$$\sum_{i=1}^{m} Q_i = 0 \qquad\qquad (4.3-4)$$

（2）水位连接条件：
$$Z_{i,\,j} = Z_{m,\,n} = \cdots = Z_{l,\,k} \qquad\qquad (4.3-5)$$

式中：Q_i 为流入汉口节点第 i 条支流流量，流入为正，流出为负；$Z_{i,j}$ 等表示汉口节点第 i 条支流第 j 号断面的平均水位。

（3）泥沙输移连接条件：
$$S_j = \sum_{i=1}^{m_\text{入}} Q_i S_i \Big/ \sum_{i=1}^{m_\text{入}} Q_i \qquad\qquad (4.3-6)$$

式中：S_i 为汉口节点第 i 条入注支流输移物质浓度；S_j 为汉口节点流出的所有支流泥沙输移平均浓度；$m_\text{入}$ 为流入汉口的支流数。

4.3.2.3　控制方程的离散

在无支流的单一河道中（图 4.3-1），从河流断面 i 流向（$i+1$）河段的有限差分方程组可通过 Preissmann 四点隐式差分格式得到。

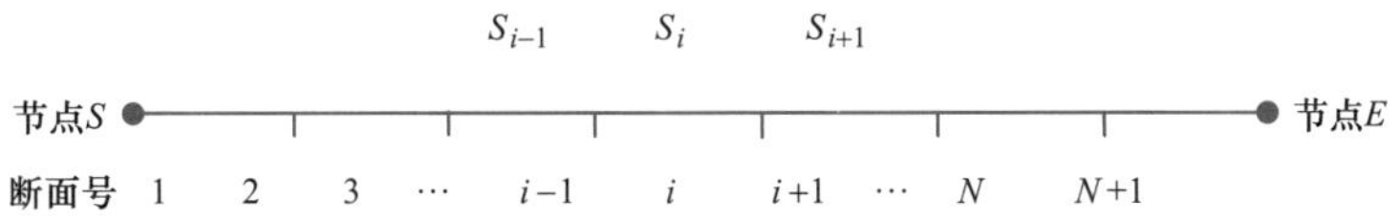

图 4.3-1　网格变量布置

若以 S 代表流量 Q 和水位 Z，则 S 在河段 Δx、时段 Δt 内的加权平均量及相应偏导数可分别表示为：

$$
\begin{cases}
\dfrac{\partial S}{\partial t} \approx \dfrac{S_{i+1}^{n+1} + S_i^{n+1} - S_{i+1}^n - S_i^n}{2\Delta t} \\[2ex]
\dfrac{\partial S}{\partial x} \approx \theta\,\dfrac{S_{i+1}^{n+1} + S_i^{n+1}}{\Delta x_i} + (1-\theta)\,\dfrac{S_{i+1}^n - S_i^n}{\Delta x_i} \\[2ex]
S_{i+1/2} = \dfrac{1}{4}(S_{i+1}^{n+1} + S_i^{n+1} + S_{i+1}^n + S_i^n)
\end{cases}
$$

式中：θ 为差分系数，$\theta=0$ 时为中心差分，$\theta=1$ 时为迎风差分。

1. 水流连续方程的离散

水流从 i 断面流向 $i+1$ 断面有：

$$B\,\frac{\partial Z}{\partial t} = \bar{B}_{i+1/2}\,\frac{Z_{i+1}^{n+1} + Z_i^{n+1} - S_{i+1}^n - S_i^n}{2\Delta t}$$

$$\frac{\partial Q}{\partial x} = \theta\,\frac{Q_{i+1}^{n+1} - Q_i^{n+1}}{\Delta x_i} + (1-\theta)\,\frac{Q_{i+1}^n - Q_i^n}{\Delta x_i}$$

$$q_{i+1/2} = \frac{1}{4}(q_{i+1}^{n+1} + q_i^{n+1} + q_{i+1}^n + q_i^n)$$

式中：$\bar{B}_{i+1/2} = \dfrac{1}{2}(B_{i+1} + B_i)$，则水流连续方程离散为：

$$a_1 Z_i^{n+1} + b_1 Q_i^{n+1} + c_1 Z_{i+1}^{n+1} + d_1 Q_{i+1}^{n+1} = e_1 \qquad\qquad (4.3-7)$$

式中：a_1、b_1、c_1、d_1、e_1 为差分方程的已知系数。

2. 水流运动方程的离散

水流运动方程（4.3-2）可以化为：

$$\frac{\partial Q}{\partial t} + \left(gA - \beta\frac{Q^2}{A^2}\right)\frac{\partial Z}{\partial x} + \frac{2Q}{A}\frac{\partial Q}{\partial x} + gAS_f + u_1 q = 0$$

按上述同样方法，上式可离散为：

$$a_2 Z_i^{n+1} + b_2 Q_i^{n+1} + c_2 Z_{i+1}^{n+1} + d_2 Q_{i+1}^{n+1} = e_2 \tag{4.3-8}$$

式中：a_2、b_2、c_2、d_2、e_2 为差分方程的已知系数。

略去未知数的上标 $n+1$，就方程（4.3-7）和（4.3-8）求解变量 Z_i 与 Q_i 得：

$$\begin{aligned} Z_i + A_1 Z_{i+1} + B_1 Q_{i+1} &= E_1 \\ Q_i + A_2 Z_{i+1} + B_2 Q_{i+1} &= E_2 \end{aligned} \tag{4.3-9}$$

式中：

$$A_1 = \frac{1}{|AB|}(c_1 b_2 - c_2 b_1), \qquad A_2 = \frac{1}{|BA|}(c_1 a_2 - c_2 a_1)$$

$$B_1 = \frac{1}{|AB|}(d_1 b_2 - d_2 b_1), \qquad B_2 = \frac{1}{|BA|}(d_1 a_2 - d_2 a_1)$$

$$E_1 = \frac{1}{|AB|}(e_1 b_2 - e_2 b_1), \qquad E_2 = \frac{1}{|BA|}(e_1 a_2 - e_2 a_1)$$

$$|AB| = -|BA| = (a_1 b_2 - a_2 b_1)$$

设全河段有 i 个计算断面，未知量共 $2i$ 个。每一计算河段上均有如式（4.3-9）的一对方程，则共有 $2(i-1)$ 个方程，加上两个边界方程 $Z_i = Z(t)$，$Q_i = Q(t)$ 或 $Z = f(Q)$，其中 $Z(t)$、$Q(t)$、$f(Q)$ 为边界上的已知函数，构成有定解的方程组，用高斯消去法，使系数化为上三角矩阵，然后回代求出各变量。方程（4.3-9）中各系数与右端项也是未知数的函数，在求解时采用迭代法，求其收敛解。

3. 泥沙输移对流扩散方程的离散

泥沙输移对流扩散方程为：

$$\frac{\partial(AS_n)}{\partial t} + \frac{\partial(QS_n)}{\partial x} - \frac{\partial}{\partial x}\left(AD_{Kn}\frac{\partial S_n}{\partial x}\right) - B(\gamma_n \Phi_n - \beta_n S_n) = 0$$

泥沙输移对流扩散方程（4.3-3）的离散格式推导如下：

$$\text{ing}(Q) = \begin{cases} 1 & Q \geqslant 0 \\ -1 & Q < 0 \end{cases}$$

$$\frac{\partial(AS_n)}{\partial t} = \frac{1}{2}\left[\frac{(AS_n)_i^{n+1} - (AS_n)_i^n}{\Delta t} + \frac{1-\text{ing}(Q)}{2}\frac{(AS_n)_{i+1}^{n+1} - (AS_n)_{i+1}^n}{\Delta t}\right.$$

$$\left. + \frac{1+\text{ing}(Q)}{2}\frac{(AS_n)_{i-1}^{n+1} - (AS_n)_{i-1}^n}{\Delta t}\right]$$

$$\frac{\partial(QS_n)}{\partial x} = \left(\frac{1-\text{ing}(Q_i)}{2}\frac{(QS_n)_{i+1}^{n+1} - (QS_n)_i^{n+1}}{\Delta x} + \frac{1+\text{ing}(Q_i)}{2}\frac{(QS_n)_i^{n+1} - (QS_n)_{i-1}^{n+1}}{\Delta x}\right) \times$$

$$\frac{\partial}{\partial x}\left(AD_{Kn}\frac{\partial S}{\partial x}\right) = \frac{2}{\Delta x_{iS} + \Delta x_{iE}}\left(\frac{(AD_K)_{iS}(S_{i+1}^{n+1} - S_i^{n+1})}{\Delta x_{iS}} - \frac{(AD_K)_{iE}(S_i^{n+1} - S_{i-1}^{n+1})}{\Delta x_{iE}}\right)$$

$$B(\gamma_n \Phi_n - \beta_n S_n) = B \frac{(\gamma_n \Phi_n - \beta_n S_n)_i^{n+1} + (\gamma_n \Phi_n - \beta_n S_n)_i^n}{4}$$
$$+ B \frac{1 - \mathrm{ing}(Q_i)}{2} \frac{(\gamma_n \Phi_n - \beta_n S_n)_{i+1}^{n+1} + (S - S_*)_{i+1}^n}{4}$$
$$+ B \frac{1 + \mathrm{ing}(Q_i)}{2} \frac{(\gamma_n \Phi_n - \beta_n S_n)_{i-1}^{n+1} + (\gamma_n \Phi_n - \beta_n S_n)_{i-1}^n}{4}$$

式中：$\Delta x_{iS} = x_{i+1} - x_i$；$\Delta x_{iE} = x_i - x_{i-1}$；$(AD_K)_{iS} = \dfrac{(AD_K)_{i+1} + (AD_K)_i}{2}$；$(AD_K)_{iE} = \dfrac{(AD_K)_i + (AD_K)_{i-1}}{2}$。

经整理，式（4.3-10）离散格式的简单表达式如下：

$$\alpha S_{i-1} + \beta S_i + \gamma S_{i+1} = \varphi \tag{4.3-10}$$

式中：α、β、γ、φ 等为推导的已知系数。

一维模型沿河道网格布置有交错法（即水位、流量点交叉布置）和水位、流量同一网格布置法。本模型采用水位、流量同一网格布置法。

4.3.2.4 控制方程的求解过程

水动力基本方程三级联解法。式（4.3-8）、式（4.3-9）的求解一般采用河网非恒定流三级联解。"三级联解法"的本质是利用河段离散方程的递推关系，建立汊点的离散方程并求解，其算法的基本原理为：首先将河段内相邻两断面之间的每一微段上的圣维南方程组离散为断面水位和流量的线性方程组（可直接求解，称为一级解法）；通过河段内相邻断面水位和流量的线性关系和线性方程组的自消元，形成河段首末断面以水位和流量为状态变量的河段方程（其求解称为二级解法）；再利用汊点相容方程和边界方程，消去河段首末断面的某一个状态变量，形成节点水位（或流量）的节点方程组，求出各节点水位和流量后，再求解各断面的水力要素，称之为网河三级算法。

4.3.3 二维潮流泥沙数学模型

目前常用数值计算方法有：有限差分法、有限元法、边界元法，等等。这些方法都有各自的优点和不足之处，具有一定的适用范围和局限性。其中有限差分法是数值解法中最经典、应用最广的方法。本书仅介绍贴体正交曲线坐标系下的有限差分法。

4.3.3.1 二维正交曲线坐标系

1. 贴体坐标的概述

在计算天然水域时，利用规则矩形网格阶梯近似边界不仅改变了原始物理边界附近的流态，形成虚假的曲折水流，而且增加了边界条件设置的复杂性，在近边界区域计算精度因此也大受影响。为了使计算网格与边界能很好地贴合，提高计算的精度，引入了贴体曲线网格。贴体曲线网格是在物理区域内通过某种数学变换生成贴体曲线网格，并且要求网格曲线与所求解物理区域的边界尽量重合，然后利用坐标变换将复杂的物理域变换到规则的计算域内；在规则计算域的基础上对基本方程进行离散、求解，再将计算结果投影至物理区域，得到数值解；或者在曲线网格上直接应用原始因变量求解。正是由于拟合坐标的出现，使有限差分法的实用性大为提高，各类计算方法的计算精度也有了明显的改善。

从数值计算的观点，对生成的拟合坐标有以下几个要求：①物理平面上的节点应与计算平面上的节点一一对应，同一族中的曲线不能相交，不同族中的两曲线仅能相交一次。

②在拟合坐标系中的节点应当是一系列曲线坐标轴交点，而不是一群三角形元素的顶点或一群无序的点群，以便设计有效、经济的算法及程序，而要做到这一点，只要在计算平面中采用矩形网格即可。③易于控制物理区域内部的网格疏密程度。④在拟合坐标的边界上，网格线最好与边界线正交或接近于正交，以便边界条件的离散化。

目前常用的生成曲线网格的方法有微分方法和代数方法。微分方法常用来求解椭圆型方程或双曲型方程。其中尤以 Thompson 为代表提出的利用 Poisson 方程生成贴体曲线网格的方法最为著名和流行。该类型方法可通过调整源项控制网格的分布，在梯度大的区域采用人工或自动加密网格；而后，Thomas 和 Middlecoff 又对 Thompson 方法中调整源项控制网格分布进行了研究，提出了一种利用源项自动进行网格加密的方法，简化了了手工调整源项的工作。曲线网格的应用也存在缺点，在对极不规则水域边界的正交拟合办法不多，如果放弃正交性又将对计算带来不利。

2. 网格生成技术

利用微分方程建立贴体坐标系的网格生成方法是在 20 世纪 70 年代初提出来的，如 J. F. Thompson 等人提出的椭圆型方程的生成方法。由于该方法适用范围广，便于处理各种复杂流动，故发展很快。下面简要介绍该方法。

考虑要将物理坐标内计算域 D 的网格变换到计算域 D∗ 的网格。对于域 D，变换函数可写为：

$$\begin{cases} \xi = \xi(x, \ y) \\ \eta = \eta(x, \ y) \end{cases} \tag{4.3-11}$$

式中：ξ、η 为独立变量；x、y 为因变量。

用上述方程可以把物理平面上的不规则区域变换成计算平面上的规则区域，见图 4.3-2。对一定的不规则区域，计算平面上规则区域形式的选择有固定的自由度，一般采用正方形均匀网格。

由于物理平面上不规则区域的边界条件较难确定，因此常常把坐标变换问题转化为计算平面上的边值问题。

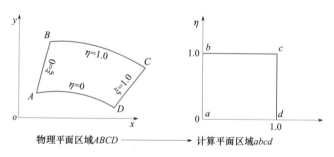

图 4.3-2　坐标变换示意图

若要求物理坐标前后的坐标都是正交的，则 $(x, \ y)$ 与 $(\xi, \ \eta)$ 之间的变换应满足的必要条件是柯西—黎曼条件：

$$\frac{\partial \xi}{\partial x} = \frac{\partial \eta}{\partial y}, \ \frac{\partial \xi}{\partial y} = -\frac{\partial \eta}{\partial x} \quad \text{简写为 } \xi_x = \eta_y, \ \xi_y = -\eta_x \tag{4.3-12}$$

由此可得关系式：

$$\begin{cases} \dfrac{\partial^2 \xi}{\partial x^2} + \dfrac{\partial^2 \xi}{\partial y^2} = 0 \\[2mm] \dfrac{\partial^2 \eta}{\partial x^2} + \dfrac{\partial^2 \eta}{\partial y^2} = 0 \end{cases} \quad 可简写为 \begin{cases} \xi_{xx} + \xi_{yy} = 0 \\ \eta_{xx} + \eta_{yy} = 0 \end{cases} \tag{4.3-13}$$

求解以上方程可得坐标变换关系式(4.3-11)，称为椭圆型方程网络生成方法。应当指出，微分方程（4.3-13）的解不一定满足柯西—黎曼条件，所以坐标线不一定正交。J. F. Thompsion 等选用了以下方程(4.3-14)代替方程(4.3-13)为确定变换关系式的方程：

$$\begin{cases} \xi_{xx} + \xi_{yy} = P(\xi, \eta) \\ \eta_{xx} + \eta_{yy} = Q(\xi, \eta) \end{cases} \tag{4.3-14}$$

其中 P、Q 为已知函数，利用函数 P 和 Q 可调节网格的疏密和网格的正交性。在实际应用中，由于在(x, y)物理平面内区域 D 是一不规则区，在计算域 $D^*(\xi, \eta)$ 平面内是规则区。因此，如果将基本方程转变到 (ξ, η) 坐标内将更为方便。

坐标变换和反变换之间存在以下微分关系式：

$$\frac{\partial x}{\partial x} = x_\xi \xi_x + x_\eta \eta_x = 1, \quad \frac{\partial x}{\partial y} = x_\xi \xi_y + x_\eta \eta_y = 0 \tag{4.3-15}$$

$$\frac{\partial y}{\partial x} = y_\xi \xi_x + y_\eta \eta_x = 0, \quad \frac{\partial y}{\partial y} = y_\xi \xi_y + y_\eta \eta_y = 1 \tag{4.3-16}$$

由此解出：

$$\xi_x = y_\eta / J, \quad \xi_y = -x_\eta / J$$
$$\eta_x = -y_\xi / J, \quad \eta_y = x_\xi / J \tag{4.3-17}$$

其中：

$$J = \frac{\partial(x, y)}{\partial(\xi, \eta)} = x_\xi y_\eta - y_\xi x_\eta = (\xi_x \eta_y - \eta_x \xi_y)^{-1} \tag{4.3-18}$$

由式 （4.3-15）中两个方程可得：

$$\frac{\partial^2 x}{\partial x^2} = x_{\xi\xi}(\xi_x)^2 + 2x_{\xi\eta}\xi_x \eta_x + x_{\eta\eta}(\eta_x)^2 + x_\xi \xi_{xx} + x_\eta \eta_{xx} = 0$$

$$\frac{\partial^2 x}{\partial y^2} = x_{\xi\xi}(\xi_y)^2 + 2x_{\xi\eta}\xi_x \eta_x + x_{\eta\eta}(\eta_y)^2 + x_\xi \xi_{yy} + x_\eta \eta_{yy} = 0$$

上两式相加，考虑到式 （4.3-14）并利用坐标转换关系式 （4.3-17）可得：

$$\begin{cases} C_\eta x_{\xi\xi} - 2\beta x_{\xi\eta} + C_\xi x_{\eta\eta} + J^2(x_\xi P + x_\eta Q) = 0 \\ C_\eta y_{\xi\xi} - 2\beta y_{\xi\eta} + C_\xi y_{\eta\eta} + J^2(y_\xi P + y_\eta Q) = 0 \\ \beta = 0 \end{cases} \tag{4.3-19}$$

式中：$C_\xi = x_\xi^2 + y_\xi^2$，$C_\eta = x_\eta^2 + y_\eta^2$，$\beta = x_\xi x_\eta + y_\xi y_\eta$，$J = x_\xi y_\eta - x_\eta y_\xi$。

为了得到正交性良好、疏密易于控制的网格，这里采用微分方程法来生成网格，即生成网格的方程和控制函数是在正交曲线坐标系 ζ、η 下（取势流中的势函数和流函数生成坐标系，二者必然正交）推导而得。生成正交曲线网格的方程和控制函数为式 （4.3-19）。

3. 二维正交曲线坐标系中一些基本量的表达式

以 ξ、η 表示曲线坐标。任意一曲线方程为：$r = \mathbf{r}(\xi, \eta)$。

任一微小曲线段在曲线坐标系中的表达式为：

$$dr = C_\xi d\xi e_1 + C_\eta d\eta e_2$$

式中：C_ξ、C_η 为拉梅系数；e_1、e_2 为曲线坐标上的单位矢量。

已知拉梅系数为：

$$C_\xi = \left| \frac{\partial r}{\partial \xi} \right| = \sqrt{\left(\frac{\partial x}{\partial \xi} \right)^2 + \left(\frac{\partial y}{\partial \xi} \right)^2}$$

$$C_\eta = \left| \frac{\partial r}{\partial \eta} \right| = \sqrt{\left(\frac{\partial x}{\partial \eta} \right)^2 + \left(\frac{\partial y}{\partial \eta} \right)^2}$$

另外，在曲线坐标系中单位矢量对坐标的偏导数为：

$$\frac{\partial e_1}{\partial \xi} = -\frac{1}{C_\eta} \frac{\partial C_\xi}{\partial \eta} e_2, \qquad \frac{\partial e_2}{\partial \xi} = \frac{1}{C_\eta} \frac{\partial C_\xi}{\partial \eta} e_1$$

$$\frac{\partial e_1}{\partial \eta} = \frac{1}{C_\xi} \frac{\partial C_\eta}{\partial \xi} e_2, \qquad \frac{\partial e_2}{\partial \eta} = -\frac{1}{C_\xi} \frac{\partial C_\eta}{\partial \xi} e_1$$

若某一曲线 $\mathbf{a}(a_1, a_2)$，则随其导数在曲线坐标系中的形式为：

$$\frac{D\mathbf{a}}{Dt} = \frac{Da_1}{Dt} e_1 + \frac{Da_2}{Dt} e_2 + a_1 \frac{De_1}{Dt} + a_2 \frac{De_2}{Dt}$$

而

$$\frac{Da_i}{Dt} = \frac{\partial a_i}{\partial t} + \frac{a_1}{C_\xi} \frac{\partial a_1}{\partial \xi} + \frac{a_2}{C_\eta} \frac{\partial a_i}{\partial \eta}$$

$$\frac{De_i}{Dt} = \frac{a_1}{C_\xi} \frac{\partial e_i}{\partial \xi} + \frac{a_2}{C_\eta} \frac{\partial e_i}{\partial \eta}$$

则有：

$$\left(\frac{D\mathbf{a}}{Dt} \right)_1 = \frac{\partial a_1}{\partial t} + \frac{a_1}{C_\xi} \frac{\partial a_1}{\partial \xi} + \frac{a_2}{C_\eta} \frac{\partial a_1}{\partial \eta} + \frac{a_1 a_2}{C_\xi C_\eta} \frac{\partial C_\xi}{\partial \eta} - \frac{a_2^2}{C_\xi C_\eta} \frac{\partial C_\eta}{\partial \xi}$$

$$\left(\frac{D\mathbf{a}}{Dt} \right)_2 = \frac{\partial a_2}{\partial t} + \frac{a_1}{C_\xi} \frac{\partial a_2}{\partial \xi} + \frac{a_2}{C_\eta} \frac{\partial a_2}{\partial \eta} + \frac{a_1 a_2}{C_\xi C_\eta} \frac{\partial C_\eta}{\partial \xi} - \frac{a_1^2}{C_\xi C_\eta} \frac{\partial C_\xi}{\partial \eta}$$

梯度的表达式为：

$$\nabla \phi = \frac{1}{C_\xi} \frac{\partial \varphi}{\partial \xi} e_1 + \frac{1}{C_\eta} \frac{\partial \varphi}{\partial \eta} e_2$$

散度的表达式为：

$$\nabla \cdot \mathbf{a} = \frac{1}{C_\xi C_\eta} \left[\frac{\partial (a_1 C_\eta)}{\partial \xi} + \frac{\partial (a_2 C_\xi)}{\partial \eta} \right]$$

拉普拉斯算子的表达式为：

$$\Delta \phi = \frac{1}{C_\xi C_\eta} \left[\frac{\partial}{\partial \xi} \left(\frac{C_\eta}{C_\xi} \frac{\partial \phi}{\partial \xi} \right) + \frac{\partial}{\partial \eta} \left(\frac{C_\xi}{C_\eta} \frac{\partial \phi}{\partial \eta} \right) \right]$$

$$\Delta \mathbf{a} = \left\{ \frac{1}{C_\xi} \frac{\partial}{\partial \xi} \left[\frac{1}{C_\xi C_\eta} \left(\frac{\partial (a_1 C_\eta)}{\partial \xi} + \frac{\partial (a_2 C_\xi)}{\partial \eta} \right) \right] - \frac{1}{C_\eta} \frac{\partial}{\partial \eta} \left[\frac{1}{C_\xi C_\eta} \left(\frac{\partial (a_2 C_\eta)}{\partial \xi} - \frac{\partial (a_1 C_\xi)}{\partial \eta} \right) \right] \right\} e_1$$

$$+ \left\{ \frac{1}{C_\eta} \frac{\partial}{\partial \eta} \left[\frac{1}{C_\xi C_\eta} \left(\frac{\partial (a_1 C_\eta)}{\partial \xi} + \frac{\partial (a_2 C_\xi)}{\partial \eta} \right) \right] - \frac{\partial}{\partial \xi} \left[\frac{1}{C_\xi C_\eta} \left(\frac{\partial (a_2 C_\eta)}{\partial \xi} - \frac{\partial (a_1 C_\xi)}{\partial \eta} \right) \right] \right\} e_2$$

4.3.3.2　正交曲线坐标系下的二维潮流泥沙基本方程

考虑不可压缩流体，ρ＝常数，黏性系数 ν_t 取常数，并忽略很小的压力功，则流体力学微分方程组退化为：

连续方程：
$$\nabla \cdot \mathbf{V} = 0 \qquad (4.3-20)$$

动量方程：
$$\rho \frac{D\mathbf{V}}{Dt} = \rho \mathbf{F} - \nabla p + \nu_t \Delta \mathbf{V} \qquad (4.3-21)$$

1. 潮流连续方程

水流连续方程为：

$$\frac{\partial \rho}{\partial t} + \nabla \cdot \rho \mathbf{V} = H\left(\frac{\partial \rho}{\partial t} + \nabla \cdot \rho \mathbf{V}\right) = \rho\left(\frac{\partial H}{\partial t} + \nabla \cdot H\mathbf{V}\right) = 0$$

则有：
$$\frac{\partial H}{\partial t} + \nabla \cdot H\mathbf{V} = 0$$

故有：
$$\frac{\partial h}{\partial t} + \frac{1}{C_\xi C_\eta}\left[\frac{\partial(C_\eta H u)}{\partial \xi} + \frac{\partial(C_\xi H v)}{\partial \eta}\right] = 0 \qquad (4.3-22)$$

2. 水流动量方程

若取水流密度 $\rho=1$，则动量方程变为：
$$\frac{D\mathbf{V}}{Dt} = \mathbf{F} - \nabla p + \nu_t \Delta \mathbf{V}$$

对动量方程（4.3-21）有（u 方向）：

$$\left(\frac{D\mathbf{V}}{Dt}\right)_1 = \frac{\partial u}{\partial t} + \frac{u}{C_\xi}\frac{\partial u}{\partial \xi} + \frac{v}{C_\eta}\frac{\partial u}{\partial \eta} + \frac{uv}{C_\xi C_\eta}\frac{\partial C_\xi}{\partial \eta} - \frac{v^2}{C_\xi C_\eta}\frac{\partial C_\eta}{\partial \xi}$$

$$(\nu_t \Delta \mathbf{V})_1 = \frac{1}{C_\xi}\frac{\partial}{\partial \xi}\left[\frac{1}{C_\xi C_\eta}\left(\frac{\partial(uC_\eta)}{\partial \xi} + \frac{\partial(vC_\xi)}{\partial \eta}\right)\right] - \frac{1}{C_\eta}\frac{\partial}{\partial \eta}\left[\frac{1}{C_\xi C_\eta}\left(\frac{\partial(vC_\eta)}{\partial \xi} - \frac{\partial(uC_\xi)}{\partial \eta}\right)\right]$$

$$= \frac{1}{C_\xi C_\eta}\left[\frac{\partial(C_\eta \sigma_{\xi\xi})}{\partial \xi} + \frac{\partial(C_\xi \sigma_{\xi\eta})}{\partial \eta} + \sigma_{\xi\eta}\frac{\partial C_\xi}{\partial \eta} - \sigma_{\eta\eta}\frac{\partial C_\eta}{\partial \xi}\right]$$

$$(\mathbf{F})_1 = fv - gu\frac{\sqrt{u^2+v^2}}{Hc^2}$$

$$(\nabla p)_1 = \frac{1}{C_\xi}\frac{\partial p}{\partial \xi} = \frac{g}{C_\xi}\frac{\partial h}{\partial \xi}$$

故动量方程（4.3-21）u 方向为：

$$\frac{\partial u}{\partial t} + \frac{u}{C_\xi}\frac{\partial u}{\partial \xi} + \frac{v}{C_\eta}\frac{\partial u}{\partial \eta} + \frac{uv}{C_\xi C_\eta}\frac{\partial C_\xi}{\partial \eta} - \frac{v^2}{C_\xi C_\eta}\frac{\partial C_\eta}{\partial \xi} - fv + gu\frac{\sqrt{u^2+v^2}}{Hc^2}$$

$$= -\frac{g}{C_\xi}\frac{\partial h}{\partial \xi} + \frac{1}{C_\xi C_\eta}\left[\frac{\partial(C_\eta \sigma_{\xi\xi})}{\partial \xi} + \frac{\partial(C_\xi \sigma_{\xi\eta})}{\partial \eta} + \sigma_{\xi\eta}\frac{\partial C_\xi}{\partial \eta} - \sigma_{\eta\eta}\frac{\partial C_\eta}{\partial \xi}\right] \qquad (4.3-23)$$

同理，动量方程（4.3-21）v 方向为：

$$\frac{\partial v}{\partial t} + \frac{u}{C_\xi}\frac{\partial v}{\partial \xi} + \frac{v}{C_\eta}\frac{\partial v}{\partial \eta} + \frac{uv}{C_\xi C_\eta}\frac{\partial C_\eta}{\partial \xi} - \frac{u^2}{C_\xi C_\eta}\frac{\partial C_\xi}{\partial \eta} - fu + gv\frac{\sqrt{u^2+v^2}}{Hc^2}$$

$$= -\frac{g}{C_\eta}\frac{\partial h}{\partial \eta} + \frac{1}{C_\xi C_\eta}\left[\frac{\partial(C_\eta \sigma_{\xi\eta})}{\partial \xi} + \frac{\partial(C_\xi \sigma_{\eta\eta})}{\partial \eta} + \sigma_{\xi\eta}\frac{\partial C_\eta}{\partial \xi} - \sigma_{\xi\xi}\frac{\partial C_\xi}{\partial \eta}\right] \qquad (4.3-24)$$

其中：
$$\sigma_{\xi\xi} = 2\nu_t\left[\frac{1}{C_\xi}\frac{\partial u}{\partial \xi} + \frac{v}{C_\xi C_\eta}\frac{\partial C_\xi}{\partial \eta}\right]$$

$$\sigma_{\eta\eta} = 2\nu_t\left[\frac{1}{C_\eta}\frac{\partial v}{\partial \eta} + \frac{u}{C_\xi C_\eta}\frac{\partial C_\eta}{\partial \xi}\right]$$

$$\sigma_{\xi\eta} = \sigma_{\eta\xi} = \nu_t\left[\frac{C_\eta}{C_\xi}\frac{\partial}{\partial \xi}\left(\frac{v}{C_\eta}\right) + \frac{C_\xi}{C_\eta}\frac{\partial}{\partial \eta}\left(\frac{u}{C_\xi}\right)\right]$$

式中：ν_t 为紊动黏性系数，即 $\upsilon_t = au_* fH$。

3. 泥沙输移方程

泥沙输移方程为：

$$\frac{\partial(HS_n)}{\partial t} + \frac{1}{C_\zeta C_\eta}\left[\frac{\partial}{\partial \zeta}(C_\eta HuS_n) + \frac{\partial}{\partial \eta}(C_\zeta HuS_n)\right]$$

$$= \frac{1}{C_\zeta C_\eta}\left[\frac{\partial}{\partial \zeta}H\left(\frac{\varepsilon_\zeta}{\sigma_s}\frac{C_\eta}{C_\zeta}\frac{\partial S_n}{\partial \zeta}\right) + \frac{\partial}{\partial \eta}\left(\frac{\varepsilon_\eta}{\sigma_s}H\frac{C_\zeta}{C_\eta}\frac{\partial S_n}{\partial \eta}\right)\right] + \alpha_n\omega_n(\Phi_n - S_n) \qquad (4.3-25)$$

式中：ε_ζ、ε_η 为泥沙扩散系数；α_n 为第 n 组泥沙恢复饱和系数；Φ_n 为第 n 组粒径泥沙冲淤函数；S_n 为第 n 组泥沙含沙量；ω_n 为第 n 组粒径泥沙的沉速。

4.3.3.3　二维潮流泥沙方程的离散和求解

采用曲线网格模拟研究区域，并利用坐标变换技术将计算区域变换成新坐标系下的规则区域，同时利用隐、显格式交替离散（ADI 法离散）基本方程。

1. 交替方向法（ADI 法）

交替方向法（ADI 法）是 Placeman、Rachford 和 Douglas 于 1955 年提出的，其主要技术路线是：设 t、x、y 分别为时间步长和 x、y 方向的空间步长，n、i、j 分别为时层数和 x、y 的步长数，H 为实际水深，h 为水位；在 x—y 平面上采用交错网格，并给定各变量（H，u，v，h）的计算点；在时间上采用将 t 分成两个半步长，计算则采用隐、显格式交替隐、显进行，在 $n\Delta t \rightarrow (n+1/2)\Delta t$ 半步长上用隐格式离散连续方程和 x 方向上的动量方程，并用追赶法求得 $(n+1/2)\Delta t$ 时层上的 H 和 u，对 y 方向上的动量方程则用显格式离散，并求得 $(n+1/2)\Delta t$ 时层上的 v，然后在 $(n+1/2)\Delta t \rightarrow (n+1)\Delta t$ 半步长上用隐格式离散连续方程和 y 方向上的动量方程，并用追赶法求得 $(n+1)\Delta t$ 时层上的 H 和 v，对 x 方向上的动量方程则用显格式离散，并求得 $(n+1)\Delta t$ 时层上的 u。

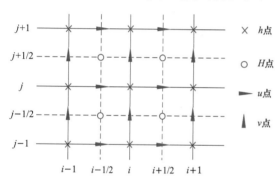

图 4.3-3　ADI 法物理量位置图

× h点
○ H点
▶ u点
▲ v点

采用的网格见图 4.3-3。

2. 基本方程的离散

基本方程的离散是在图 4.3-3 所示的交错网格内进行。对于潮波运动方程组，将一个时间步长分为两个半步长。

（1）前半个时间步长的离散求解。

在前半个时间步长 $n\Delta t \rightarrow \left(n + \frac{1}{2}\right)\Delta t$ 内（即前半个时间步长），将式（4.3-30）～式（4.3-23）离散为下述形式的差分方程。

1）连续方程在 (i, j) 点展开。

$$\frac{h_{i,j}^{n+1/2} - h_{i,j}^n}{\Delta t/2} + \frac{C_{i+1/2}H_{i+1/2,j}^n u_{i+1/2,j}^{n+1/2} - C_{i-1/2,j}H_{i-1/2,j}^n u_{i-1/2,j}^{n+1/2}}{(C_\zeta C_\eta)_{i,j}}$$

$$+ \frac{(C_\zeta Hv)^n_{i,\,j+1/2} - (C_\zeta Hv)^n_{i,\,j-1/2}}{(C_\zeta C_\eta)_{i,\,j}} = 0$$

经整理可得：

$$A_i u^{n+1/2}_{i-1/2,\,j} + B_i h^{n+1/2}_{i,\,j} + C_i u^{n+1/2}_{i+1/2,\,j} = D_i \qquad (4.3-26)$$

其中：

$$A_i = -\frac{(C_\eta H)^n_{i-1/2,\,j}\Delta t}{2}, \qquad B_i = (C_\zeta C_\eta)_{i,\,j}, \qquad C_i = \frac{(C_\eta H)^n_{i+1/2,\,j}\Delta t}{2}$$

$$D_i = (C_\zeta C_\eta h)^n_{i,\,j} - \frac{\left[(C_\zeta Hv)^n_{i,\,j+1/2} - (C_\zeta Hv)^n_{i,\,j-1/2}\right]\Delta t}{2}$$

2）动量方程在（$i+1/2$，j）点展开。

曲线坐标系下 v 方向上动量方程为：

$$C_\xi C_\eta \frac{\partial u}{\partial t} + C_\eta u \frac{\partial u}{\partial \xi} + C_\xi v \frac{\partial u}{\partial \eta} + uv\frac{\partial C_\xi}{\partial \eta} - v^2 \frac{\partial C_\eta}{\partial \xi} + C_\xi C_\eta gu\frac{\sqrt{u^2+v^2}}{Hc^2} + C_\eta g \frac{\partial h}{\partial \xi}$$

$$= C_\xi C_\eta fv + \left[\frac{\partial(C_\eta \sigma_{\xi\xi})}{\partial \xi} + \frac{\partial(C_\xi \sigma_{\xi\eta})}{\partial \eta} + \sigma_{\xi\eta}\frac{\partial C_\xi}{\partial \eta} - \sigma_{\eta\eta}\frac{\partial C_\eta}{\partial \xi}\right] \qquad (4.3-27)$$

令： $$F_1(\xi,\eta) = \left[\frac{\partial(C_\eta \sigma_{\xi\xi})}{\partial \xi} + \frac{\partial(C_\xi \sigma_{\xi\eta})}{\partial \eta} + \sigma_{\xi\eta}\frac{\partial C_\xi}{\partial \eta} - \sigma_{\eta\eta}\frac{\partial C_\eta}{\partial \xi}\right]$$

在（$i+1/2$，j）点展开，经整理可得：

$$A_{i+1/2} h^{n+1/2}_{i,\,j} + B_{i+1/2} u^{n+1/2}_{i+1/2,\,j} + C_{i+1/2} h^{n+1/2}_{i+1,\,j} = D_{i+1/2} \qquad (4.3-28)$$

其中：

$$A_{i+1/2} = (C_\eta g)_{i+1/2,\,j}$$

$$B_{i+1/2} = \frac{(C_\zeta C_\eta)_{i+1/2}}{\Delta t} + \frac{C_\eta}{2}\left[(1+\alpha \cdot ing_u)u^n_{i+3/2,\,j} - 2\alpha \cdot ing_u \cdot u^n_{i+1/2,\,j}\right.$$
$$\left. - (1-\alpha \cdot ing_u)u^n_{i-1/2,\,j}\right]v^n_{i+1/2,\,j}(C_{\zeta i+1/2,\,j+1/2} - C_{\zeta i,\,j-1/2})$$
$$+ \left(\frac{C_\xi C_\eta g}{Hc^2}\right)_{i+1/2,\,j}\sqrt{(u^n_{i+1/2,\,j})^2 + (v^n_{i+1/2,\,j})^2}$$

$$C_{i+1/2} = -(C_\eta g)_{i+1/2,\,j}$$

$$D_{i+1/2} = \frac{(C_\zeta C_\eta)_{i+1/2,\,j}}{\Delta t}u^{n-1/2}_{i+1/2,\,j} + \frac{C_\xi}{2}\left[(1+\alpha \cdot ing_u)u^n_{i+1/2,\,j+1} - 2\alpha \cdot ing_u \cdot u^n_{i+1/2,\,j}\right.$$
$$\left. - (1-\alpha \cdot ing_u)u^n_{i+1/2,\,j-1}\right] \cdot v^n_{i+1/2,\,j} + (v^n_{i+1/2,\,j})^2(C_{\eta i+1,\,j} - C_{\eta i,\,j})$$
$$+ (C_\zeta C_\eta fv)^n_{i+1/2,\,j} + \{F_1(\xi,\eta)\}^n_{i+1/2,\,j}$$

（2）后半个时间步长的离散求解。

在 $(n+1/2)\Delta t \to (n+1)\Delta t$ 内（即后半个时间步长），将式（4.3-22）和式（4.3-24）离散为下述形式的差分方程。

1）连续方程在（i，j）点展开。

$$\frac{h^{n+1}_{i,\,j} - h^{n+1/2}_{i,\,j}}{\Delta t/2} + \frac{(C_\eta H)^{n+1/2}_{i+1/2,\,j}u^{n+1/2}_{i+1/2,\,j} - (C_\eta H)^{n+1/2}_{i-1/2,\,j}u^{n+1/2}_{i-1/2,\,j}}{(C_\zeta C_\eta)_{i,\,j}}$$

$$+ \frac{(C_\zeta H)^{n+1/2}_{i,\,j+1/2}v^{n+1}_{i,\,j+1/2} - (C_\zeta H)^{n+1/2}_{i,\,j+1/2}v^{n+1}_{i,\,j-1/2}}{(C_\zeta C_\eta)_{i,\,j}} = 0$$

经整理可得：

$$A_j v_{i,\,j-1/2}^{n+1} + B_j h_{i,\,j}^{n+1} + C_j v_{i,\,j+1/2}^{n+1} = D_j \qquad (4.3-29)$$

其中：

$$A_j = -\frac{(C_\xi H)_{i,\,j-1/2}^{n+1/2} \Delta t}{2}, \quad B_j = (C_\xi C_\eta)_{i,\,j}, \quad C_j = \frac{(C_\xi H)_{i,\,j+1/2}^{n+1/2} \Delta t}{2}$$

$$D_j = (C_\xi C_\eta)_{i,\,j} h_{i,\,j}^{n+1/2} - \frac{\Delta t}{2}\big[(C_\eta H)_{i+1/2,\,j}^{n+1/2} u_{i+1/2,\,j}^{n+1/2} - (C_\eta H)_{i-1/2,\,j}^{n+1/2} u_{i-1/2,\,j}^{n+1/2}\big]$$

2）动量方程在（i，$j+1/2$）点展开。

曲线坐标系下 v 方向上动量方程为：

$$C_\xi C_\eta \frac{\partial v}{\partial t} + C_\eta u \frac{\partial v}{\partial \xi} + C_\xi v \frac{\partial v}{\partial \eta} + uv \frac{\partial C_\eta}{\partial \xi} - u^2 \frac{\partial C_\xi}{\partial \eta} + C_\xi g \frac{\partial h}{\partial \eta} + C_\xi C_\eta g v \frac{\sqrt{u^2 + v^2}}{Hc^2}$$

$$= -C_\xi C_\eta f u + \left[\frac{\partial(C_\eta \sigma_{\xi\eta})}{\partial \xi} + \frac{\partial(C_\xi \sigma_{\eta\eta})}{\partial \eta} + \sigma_{\xi\eta}\frac{\partial C_\eta}{\partial \xi} - \sigma_{\xi\xi}\frac{\partial C_\xi}{\partial \eta}\right]$$

令：

$$F_2(\xi,\eta) = \frac{1}{C_\xi C_\eta}\left[\frac{\partial(C_\eta \sigma_{\xi\eta})}{\partial \xi} + \frac{\partial(C_\xi \sigma_{\eta\eta})}{\partial \eta} + \sigma_{\xi\eta}\frac{\partial C_\eta}{\partial \xi} - \sigma_{\xi\xi}\frac{\partial C_\xi}{\partial \eta}\right]$$

在（i，$j+1/2$）点展开，经整理可得：

$$A_{j+1/2} h_{i,\,j}^{n+1} + B_{j+1/2} v_{i,\,j+1/2}^{n+1} + C_{j+1/2} h_{i,\,j+1}^{n+1} = D_{j+1/2} \qquad (4.3-30)$$

其中：

$$A_{j+1/2} = (C_\xi g)_{i,\,j+1/2}$$

$$B_{j+1/2} = \frac{(C_\xi C_\eta)_{i,\,j+1/2}}{\Delta t} + \frac{C_\xi}{2}\big[(1+\alpha \cdot ing_v)v_{i,\,j+3/2}^{n} - 2\alpha \cdot ing_v \cdot v_{i,\,j+1/2}^{n} - (1-\alpha \cdot ing_v)v_{i,\,j-1/2}^{n}\big]$$
$$+ u_{i,\,j+1/2}^{n+1/2}(C_{\eta+1/2,\,j+1/2} - C_{\eta-1/2,\,j+1/2}) + \left(\frac{C_\xi C_\eta g}{Hc^2}\right)_{i,\,j+1/2}\sqrt{(u_{i,\,j+1/2}^{n+1/2})^2 + (v_{i,\,j+1/2}^{n})^2}$$

$$\cdot\ C_{i+1/2} = -(C_\eta g)_{i+1/2,\,j}$$

$$D_{j+1/2} = \frac{(C_\xi C_\eta)_{i,\,j+1/2} v_{i,\,j+1/2}^{n}}{\Delta t} + \frac{C_\eta}{2}\big[(1+\alpha \cdot ing_u)v_{i+1,\,j+1/2}^{n} - 2\alpha \cdot ing_u \cdot u_{i,\,j+1/2}^{n}$$
$$- (1-\alpha \cdot ing_u)v_{i-1,\,j+1/2}^{n}\big]u_{i,\,j+1/2}^{n+1/2} + (u_{i,\,j+1/2}^{n})^2(C_{\xi,\,j+1} - C_{\xi,\,j})$$
$$+ (C_\xi C_\eta f u)_{i,\,j+1/2}^{n+1/2} + \{F_2(\xi,\,\eta)\}_{i,\,j+1/2}^{n+1/2}$$

同样将泥沙方程式（4.3-25）离散为：

$$\alpha_I S_{I-1,\,J}^{n+1} + \beta_I S_{I,\,J}^{n+1} + \gamma_I S_{I+1,\,J}^{n+1} = \psi_I \qquad (4.3-31)$$

式中：系数 α_I、β_I、γ_I、ψ_I 为差分后已知系数。

3. 基本方程的求解

（1）基本方程的联立求解。

将式（4.3-29）和式（4.3-31）联立可写成以下简单形式：

$$A_i u_{i-1/2,\,j}^{n+1/2} + B_i h_{i,\,j}^{n+1/2} + C_i u_{i+1/2,\,j}^{n+1/2} = D_i \qquad (4.3-32)$$

$$A_{i+1/2} h_{i,\,j}^{n+1/2} + B_{i+1/2} u_{i+1/2,\,j}^{n+1/2} + C_{i+1/2} h_{i+1,\,j}^{n+1/2} = D_{i+1/2} \qquad (4.3-33)$$

式中：$i=1$，2，…，n。式（4.3-34）和式（4.3-33）可用如下的追赶法求得 $u^{n+1/2}$、$h^{n+1/2}$。

同样，将式（4.3-37）和式（4.3-39）联立可写成以下简单形式。

$$A_j v_{i,\,j-1/2}^{n+1} + B_j h_{i,\,j}^{n+1} + C_j v_{i,\,j+1/2}^{n+1} = D_j \qquad (4.3-34)$$

$$A_{j+1/2}h_{i,\ j}^{n+1} + B_{j+1/2}v_{i,\ j+1/2}^{n+1} + C_{j+1/2}h_{i,\ j+1}^{n+1} = D_{j+1/2} \qquad (4.3-35)$$

式中：$i = 1，2，\cdots，n$。式（4.3-34）和式（4.3-35）可用如下的追赶法求得 v^{n+1}、h^{n+1}。

（2）追赶法求解方法。

对于式（4.3-32）、式（4.3-33）的求解，采用追赶法步骤如下。

消去中间变量，引入边界条件，即将上边界流速 $u_{1/2,\ j}^{n+1/2}$（令 $=u_0$）和下边界水位 $h_{N+1,\ j}^{n+1/2}$（令 $=h_{N+1}$）代入方程组。

式（4.3-32）、式（4.3-33）可以变为：

$$\begin{bmatrix} B_1 & C_1 & & & & & \\ A_{1+1/2} & B_{1+1/2} & C_{1+1/2} & & & 0 & \\ \cdots & \cdots & \cdots & & & & \\ & A_i & B_i & C_i & & & \\ & & A_{i+1/2} & B_{i+1/2} & C_{i+1/2} & & \\ 0 & & \cdots & \cdots & \cdots & & \\ & & & A_N & B_N & C_N & \\ & & & & A_{N+1/2} & B_{N+1/2} \end{bmatrix} \begin{Bmatrix} h_1 \\ u_{1+1/2} \\ \vdots \\ h_i \\ u_{i+1/2} \\ \vdots \\ h_N \\ u_{N+1/2} \end{Bmatrix} = \begin{Bmatrix} D_1^* \\ D_{1+1/2} \\ \vdots \\ D_i \\ D_{i+1/2} \\ \vdots \\ D_N \\ D_{N+1/2}^* \end{Bmatrix} \quad i=1，2，\cdots，N$$

其中：$D_1^* = D_1 - A_1 u_0$；$D_{N+1/2}^* = D_{N+1/2} - C_{N+1/2}h_{N+1}$

将上述方程组进行消元，可得：

$$\begin{bmatrix} 1 & \alpha_1 & & & & & \\ & 1 & \alpha_{1+1/2} & & & 0 & \\ \cdots & \cdots & \cdots & & & & \\ & & 1 & \alpha_i & & & \\ & & & 1 & \alpha_{i+1/2} & & \\ 0 & & \cdots & \cdots & \cdots & & \\ & & & & 1 & \alpha_N & \\ & & & & & 1 \end{bmatrix} \begin{Bmatrix} h_1 \\ u_{1+1/2} \\ \vdots \\ h_i \\ u_{i+1/2} \\ \vdots \\ h_N \\ u_{N+1/2} \end{Bmatrix} = \begin{Bmatrix} \varphi_1 \\ \varphi_{1+1/2} \\ \vdots \\ \varphi_i \\ \varphi_{i+1/2} \\ \vdots \\ \varphi_N \\ \varphi_{N+1/2} \end{Bmatrix} \qquad (4.3-36)$$

其中：

$$\alpha_1 = C_1/B_1；\qquad \alpha_{1+1/2} = C_{1+1/2}/(B_{1+1/2} - \alpha_1 A_{1+1/2})$$
$$\alpha_i = C_i/(B_i - \alpha_{i-1/2}A_i)；\qquad \alpha_{i+1/2} = C_{i+1/2}/(B_{i+1/2} - \alpha_i A_{i+1/2})$$
$$\varphi_1 = D_1^*/B_1；\qquad \varphi_{1+1/2} = (D_{1+1/2} - \alpha_{1+1/2}\varphi_1)/(B_{1+1/2} - \alpha_1 A_{1+1/2})$$
$$\varphi_i = (D_i - \alpha_i\varphi_{i-1/2})/(B_i - \alpha_{i-1/2}A_i)$$
$$\varphi_{i+1/2} = (D_{i+1/2} - \alpha_{i+1/2}\varphi_i)/(B_{i+1/2} - \alpha_i A_{i+1/2})$$

上述消元过程的计算顺序是 $\alpha_1 \to \alpha_{1+1/2} \to \cdots \to \alpha_i \to \cdots \to \alpha_N$ 和 $\varphi_1 \to \varphi_{1+1/2} \to \cdots \varphi_i \to \cdots \to \alpha_N$；这个过程称为追的过程。显然从回代过程可以很容易求出未知数：

$$u_{N+1/2} = \varphi_{N+1/2}；\qquad h_N = \varphi_N - \alpha_N u_{N+1/2}$$
$$u_{i+1/2} = \varphi_{i+1/2} - \alpha_{i+1/2}h_{i+1}；\qquad h_i = \varphi_i - \alpha_i u_{i+1/2}$$
$$u_{1+1/2} = \varphi_{1+1/2} - \alpha_{1+1/2}h_2；\qquad h_1 = \varphi_1 - \alpha_1 u_{1+1/2}$$

回代过程的计算顺序恰与计算 u_i、h_i 顺序相反，下标由大到小，$u_{N+1/2} \to h_N \to \cdots \to$ $u_{3/2} \to h_1$；这个过程称为赶的过程。

同理，对于方程组 （4.3-33）、（4.3-34） 的求解，采用追赶法，消去中间变量，同样引入上边界流速 $v_{i,j-1/2}^{n+1}$ 和下边界水位 $h_{i,j+1}^{n+1}$ 进行求解。

4.3.3.4　泥沙模型辅助方程及参数的确定

1. 辅助方程

若不考虑推移质，河床变形方程：

$$\frac{\partial Z_b}{\partial t} = \sum_{n=1}^{L} \alpha_n \omega_n \frac{S_n - \Phi_n}{\gamma_s'} \tag{4.3-37}$$

式中：Z_b 为断面平均河床高程；γ_s' 泥沙平均干容重；α_n 为泥沙恢复饱和系数；Φ_n 为冲淤函数；ω_n 为第 n 粒径组沉降速度；S_n 为断面平均含沙量。

不考虑推移质，床沙级配调整方程为：

$$\gamma_s' \frac{\partial E_L p_{bm1}}{\partial t} + a_n \omega_n (S_n - \Phi_n) + \left[\varepsilon_1 p_{bm1} + (1 - \varepsilon) p_{bm0} \right] \gamma_s' \left(\frac{\partial E_0}{\partial t} - \frac{\partial E_L}{\partial t} \right) = 0 \tag{4.3-38}$$

式中：E_0 为初始河床床沙厚度；E_L 为混合层厚度；p_{bm1} 为混合层级配；p_{bm0} 为床沙级配；ε_1 为系数，取值如下：

$$\varepsilon_1 = \begin{cases} 0 & \text{混合层在冲刷过程中涉及到原始河床} \\ 1 & \text{否} \end{cases}$$

2. 泥沙冲淤基本参数的确定

（1）泥沙沉速按式 （3.3-39） 计算：

$$\omega = \sqrt{\left(13.95 \frac{\nu}{d}\right)^2 + 1.09 \frac{\gamma_s - \gamma}{\gamma} gd} - 13.95 \frac{\nu}{d} \tag{4.3-39}$$

式中：ν 为运动黏滞系数；d 为泥沙粒径，mm；γ 为水的容重；γ_s 为泥沙的容重。

（2）泥沙平均干容重采用式 （4.3-40） 计算：

$$\gamma_s' = 1750 d_{50}^{0.183} \tag{4.3-40}$$

式中：d_{50} 为中值粒径，mm。

（3）挟沙力级配按下式计算：

$$p_n = \frac{p_{nb} \cdot \max\left((S_* - \sum_{n=1}^{L} S_n), \ 0\right) + S_n}{\max(S_*, \ S)} \tag{4.3-41}$$

式中：L 为可悬浮泥沙的粒径号；S_* 水流挟沙力；p_{nb} 为无悬沙条件下底沙的挟沙力级配，用李义天公式计算：

$$p_{nb} = \frac{a_n p_{bm}}{\sum_{n=1}^{m} \alpha_n p_{bm}}$$

式中：$\alpha_n = (1 - A_n) \dfrac{1 - e^{-R_n}}{\omega_n}$；　$A_n = \dfrac{\omega_n}{\dfrac{u_*}{\sqrt{2\pi}} e^{\frac{\omega_n^2}{2u_*}} + \omega_n \Psi\left(\dfrac{\omega_n}{u_*}\right)}$；　$R_n = \dfrac{6\omega_n}{k u_*}$　$\Psi(x) =$

$\int_{-\infty}^{x}\dfrac{1}{\sqrt{2\pi}}e^{-\frac{t_2}{2}}\mathrm{d}t$，$p_{bn}$ 第 n 粒径组所占百分比；u_* 摩阻流速；k 为卡门常数。

（4）水流挟沙力公式选用窦国仁公式计算：

$$S_* = \alpha\frac{\gamma\gamma_s}{(\gamma_s-\gamma)c^2}\frac{V^3}{h\,\overline{\omega_L}} \tag{4.3-42}$$

式中：$\overline{\omega_L}$ 为 L 组悬浮泥沙平均沉降速度，$\overline{\omega_L}=\sum\limits_{n=1}^{L}(p_n\omega_n)$；$V$ 为断面平均速度；h 为断面平均水深；c 为河床阻力。

（5）泥沙模型计算成功与否关键在于泥沙冲淤函数 Φ_n 的研究与设定，泥沙冲淤函数是反映水流在当地的挟沙能力及底沙补充条件所构成的允许挟沙力。当水流的挟沙力小于水中的悬移质泥沙时，泥沙产生淤积，而在无底沙补充条件时，水流的最大允许挟沙力是水中的悬移质沙量[14]。

$$\Phi_n=\begin{cases}\min(s_{*n},\ s_n) & \text{当}\ u<u_c\\ \min(s_{*n},\ s_n)+\max\left(1-\dfrac{s_n}{s_{*n}},\ 0\right)p_{bms}s_{*n} & \text{当}\ u>u_c\end{cases} \tag{4.3-43}$$

式中：u_c 为泥沙起动速度；p_{bms} 为可悬粒径沙所占百分比；s_{*n} 是水流的分组挟沙能力，它由水流的强度、床面泥沙级配及悬移质级配所控制，$s_{*n}=p_n s_*$。

（6）泥沙起动速度公式采用张瑞瑾公式：

$$U_c=1.34\left(\frac{h}{d}\right)^{0.14}\left(\frac{\gamma_s-\gamma}{\gamma}gd+0.00000496\left(\frac{d_1}{d}\right)^{0.72}g(h_a+h)\right)^{0.5} \tag{4.3-44}$$

式中：h_a 为表示与大气压力相应的水柱高度；d_1 为任意选定的与泥沙粒径 d（变量）作对比的参考粒径，mm；其余符号同前。

（7）可悬浮泥沙控制条件：

$$u>u_s \tag{4.3-45}$$

式中：u_s 为泥沙扬动速度，$u_s=0.812d^{0.4}\omega^{0.2}h^{0.2}$。

（8）在泥沙模型计算中，$\alpha_n\omega_n(S_n-\Phi_n)$ 项是反映河床中泥沙冲淤的源汇项。该项是在输沙处于平衡状态时，床面形态将不再发生变化的条件下得出，并假定这一规律在输沙不平衡状态时，仍然成立。当水流中泥沙产生淤积时，该项中 ω_n 反映泥沙在水中的沉降过程。用 $\alpha_n\omega_n(S_n-\Phi_n)$ 表达泥沙的淤积是合理的；而当水流强度达到一定的量级时，河床产生冲刷，该项的合理性就存在一定的问题，因河床中粗颗粒泥沙的沉速往往是细颗粒泥沙的几十倍，用该式计算时，河床会产生细化现象，这是非常不符合自然规律的现象，因此，在计算中当床沙普遍产生悬浮时，ω_n 用 $\overline{\omega_L}$ 进行计算。

4.3.4 一维、二维潮流泥沙数学模型联解
4.3.4.1 连接条件
整体模型在一维、二维模型连接点上的水位、流量和输移物质满足以下连接条件：

水位连接条件：
$$Z_1=Z_2 \tag{4.3-46}$$

流量连接条件：
$$Q_1=\int U_\zeta H_\zeta\mathrm{d}\zeta \tag{4.3-47}$$

输移物质连接条件：
$$Q_1 S_1=\int U_\zeta H_\zeta S_\zeta\mathrm{d}\zeta \tag{4.3-48}$$

式中：Z_1 为一维模型在内边界断面上的水位；Z_2 为二维模型在内边界上各节点的平均水位；Q_1 为一维模型在一维、二维模型连接断面上的流量；U_ξ 为二维模型在一维、二维模型连接断面法向上的流速。

4.3.4.2 一维、二维模型联解

一维、二维模型联解基本思想是一维模型以流量传递给二维模型，二维模型以水位传递给一维模型。联解条件推导如下。

假设一维模型下边界 A 断面的流量为 Q_1，过水面积为 A_1，水力半径为 R_1，谢才系数为 C_1，水力坡降为 J_1。按谢才公式，有：$Q_1 = A_1 C_1 \sqrt{R_1 J_1}$

变换为如下形式：$\sqrt{J_1} = \dfrac{Q_1}{A_1 C_1 \sqrt{R_1}}$

A 断面同时又是二维模型的上边界，是一维、二维模型的联解断面，A 断面刚好是二维模型网格中的第 i_1 行，一维模型和二维模型的搭接情况如图 4.3-4 所示。

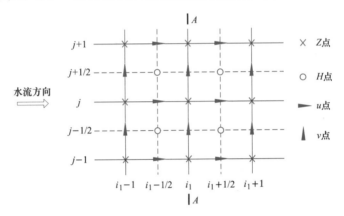

图 4.3-4　一维模型和二维模型的搭接

假设 A 断面上第 j 条垂线的流速为 $U_{i1-\frac{1}{2},j}$，谢才系数为 $C_{i1,j}$，水力坡降为 J_2，水力半径为 $R_{i1,j}$，按谢才公式，有

$$U_{i1-\frac{1}{2},j} = C_{i1.j} \sqrt{R_{i1,j} J_2}$$

变换为如下形式：$\sqrt{J_2} = \dfrac{U_{i1-\frac{1}{2},j}}{C_{i1.j} \sqrt{R_{i1,j}}}$

对于同一断面，$J_1 = J_2$，所以

$$\frac{U_{i1-\frac{1}{2},j}}{C_{i1.j} \sqrt{R_{i1,j}}} = \frac{Q_1}{A_1 C_1 \sqrt{R_1}}$$

则

$$U_{i1-\frac{1}{2},j} = \frac{C_{i1.j} \sqrt{R_{i1,j}}}{A_1 C_1 \sqrt{R_1}} Q_1$$

对于 A 断面，又因

$$Q_1 = \sum_{j=1}^{n} Q_{i1,j} = \sum_{j=1}^{n} B_{i1,j} H_{i1,j} C_{i1,j} \sqrt{R_{i1,j} J_2}$$

所以

$$A_1 C_1 \sqrt{R_1} = \sum_{j=1}^{n} B_{i1,j} H_{i1,j} C_{i1,j} \sqrt{R_{i1,j}}$$

故

$$U_{i1-\frac{1}{2},j} = \frac{C_{i1,j} \sqrt{R_{i1,j}}}{\sum\limits_{j=1}^{n} B_{i1,j} H_{i1,j} C_{i1,j} \sqrt{R_{i1,j}}} Q_1$$

又因珠江河口区水域宽阔，水力半径 R 可近似用水深 H 来代替，则上式变为：

$$U_{I1-\frac{1}{2},J}^{n+1} = \frac{\sqrt{H_{I1,J}} C_{I1,J}}{\sum\limits_{j=1}^{n} B_{I1,J} H_{I1,J}^{1.5} C_{I1,J}} Q_1 = \beta_{I1,J} Q_1 \qquad (4.3-49)$$

式（4.3-49）即为一维、二维模型水力要素的传递公式。

根据方程（4.3-32）、（4.3-33）通过消元可导出二维水动力模型的控制方程：

$$Z_{I1,J}^{N+1/2} = \psi_{I1,J} + \alpha_{I1,J} U_{I1-1/2,J}^{N+1/2} + \lambda_{I1,J} U_{In+1/2,J}^{N+1/2} + \sigma_{I1,J} Z_{In+1,J}^{N+1/2} \qquad (4.3-50)$$

左边界为流量边界条件时 $\sigma_{I1,J} = 0$，左边界为水位边界条件时 $\lambda_{I1,J} = 0$。

根据式（4.3-46）、式（4.3-49）、式（4.3-50）通过消元可导出二维水动力模型对一维模型的控制方程：

$$Z_1 = \Gamma Q_1 + \Phi \qquad (4.3-51)$$

$$\Gamma = \frac{1}{N} \sum_{J=1}^{N} \alpha_{I1,J} \beta_{I1,J} \qquad \Phi = \frac{1}{N} \sum_{J=1}^{N} (\psi_{I1,J} + \lambda_{I1,J} U_{In+1/2,J}^{N+1/2} + \sigma_{I1,J} Z_{In+1,J}^{N+1/2})$$

将式（4.3-51）作为一维模型的边点方程，通过河网非恒定流三级联解即可解出一维、二维模型连接断面上的水位及流量，利用连接断面上的水位及流量，分别回代给一维、二维模型即可计算所有各计算点上的物理量。

4.3.5 珠江三角洲及河口区整体数学模型介绍

珠江三角洲及河口地区网河交错，水流受潮汐影响显著，在径流与潮汐的共同作用下，河网的分水、分沙规律复杂。为了模拟珠江三角洲及河口区的复杂的河网，本书以珠江水利科学研究院数学模型为例建立了珠江三角洲及河口地区潮流泥沙整体数学模型。模型包括珠江三角洲网河区一维潮流泥沙数学模型和口门浅海区潮流泥沙数学模型，通过一维、二维耦合联解方法，使网河区的一维模型和八大口门及浅海区的二维模型构成了珠江三角洲及河口区整体数学模型。

一维网河区水沙数学模型的研究范围为：上边界取自西江马口站、北江三水站、广州水道老鸦岗站、增江麒麟嘴站、东江博罗站、潭江石嘴水文站，下边界取至虎门大虎站、蕉门南沙站、洪奇门冯马庙站、横门口横门站、磨刀门灯笼山站、鸡啼门黄金站、虎跳门西炮台站及崖门官冲站，模拟河道长度约 1750km，网河区面积约 9750km²。

二维口门区水沙数学模型研究范围包括：大亚湾、大鹏湾、香港水域、伶仃洋浅海区、深圳湾、澳门浅海区、磨刀门浅海区、鸡啼门浅海区、黄茅海浅海区、广海湾及镇海湾。模型研究区域宽约 300km，长约 125km，控制水域面积约 67500km²。

珠江三角洲及河口地区潮流泥沙整体数学模型研究范围及断面、网格划分分别如图 4.3-5 和图 4.3-6 所示。

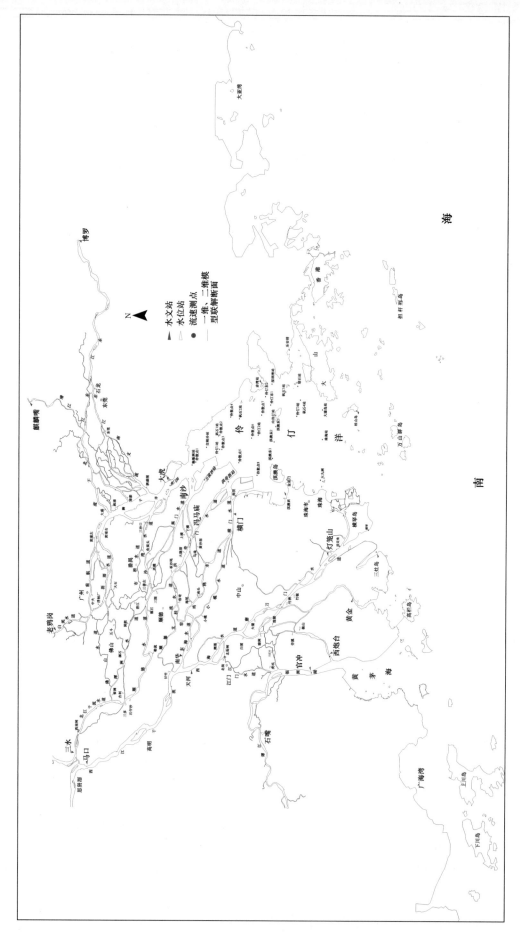

图 4.3-5　珠江三角洲及河口区整体数学模型研究范围及水文站点布置示意图

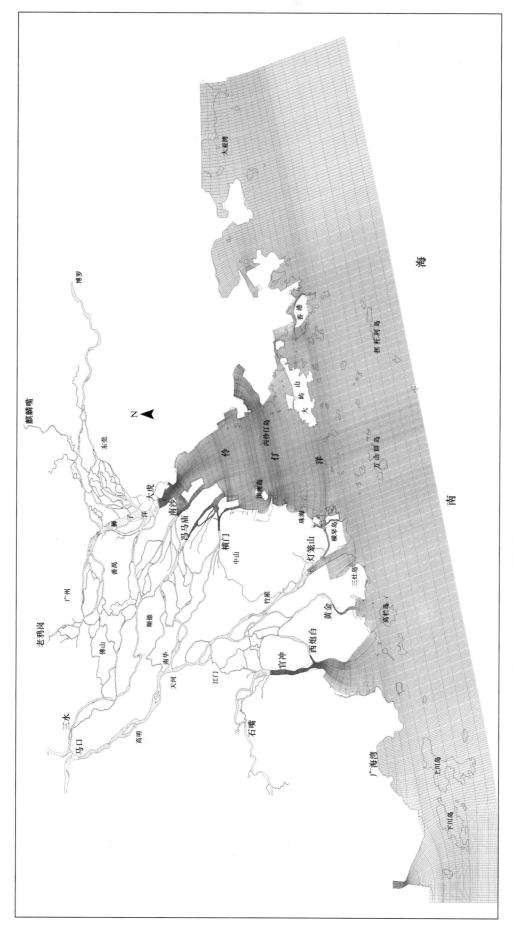

图 4.3－6 珠江三角洲及河口区一维、二维联解整体数学模型断面及网格划分图

4.4　潮流泥沙物理模型试验

4.4.1　概述

潮流泥沙物理模型的理论基础是相似理论，是将河道地形、潮流（包括径流和潮汐水流）、泥沙及河床冲淤过程按相似原理缩小成模型，在模型上复演原型特定时段的潮流泥沙运动过程，得出河床演变的相似情况，用以分析河床冲淤变化及其对相关工程的影响。

潮流泥沙物理模型的理论基础相对比较成熟，加上近 30 多年来计算机和自动化技术的应用，潮流泥沙物理模型已成为研究河口水沙运动和治理开发工程的一种重要手段，特别是对于重大项目和重要工程，已是必不可少的重要研究途径。潮流泥沙物理模型的缺点是试验的周期较长和试验的成本较高，但是，其相似论的理论基础相对比较成熟，尽管泥沙运动的理论至今还不大成熟，可以采用物理模型试验的办法绕过其不掌握严谨理论公式的缺陷，根据所研究问题有关的因素，从相似论出发分析出恰当的相似准则，就能将原型现象在缩小的模型上预演，并经模型上验证取得成功以后，就可以获得模型上的相似结果，这是很难通过数学模型求解可以解决的。因此，对于重大项目和重大工程，即使研究费用较高，仍有必要采用潮流泥沙物理模型开展研究工作，其重要原因就在于此。

潮流泥沙物理模型试验是防洪评价中经常用到的另一主要技术手段，同样也包括潮流物理模型和泥沙物理模型，在防洪评价试验中，可根据实际需要选择只采用潮流物理模型或者采用潮流泥沙物理模型。本书以珠江水利科学研究院开发制作的珠江三角洲及河口区潮流泥沙物理模型为例对物理模型进行介绍。

4.4.2　物理模型分类

4.4.2.1　按照研究对象的侧重点分

水工模型：指主要针对水工建筑物的工程水力学及工程设计等问题进行研究的模型，包括水工常规模型和水工专题模型。

河工模型：是用以研究河道的水流和泥沙运动状态、河道冲淤变化规律及河道治理工程效果等方面的模型。

4.4.2.2　按照模型结构组成分

定床模型：指模型地形在水流等动力条件作用下不发生变形的模型。

动床模型：指模型床面铺有适当厚度的模型沙，其地形在波浪、潮流、水流等动力条件作用下发生冲淤变化的模型。如研究河床演变、水工建筑物下游局部冲刷等，需按照相似条件将模型床面做成活动河床进行研究。

动床模型根据动床的范围又分为全动床和局部动床；根据模拟原型泥沙运动情况又可分为推移质泥沙模型、悬移质泥沙模型和全沙模型。推移质泥沙模型是指模拟原型推移质（底沙）泥沙运动的模型；悬移质泥沙模型是指模拟原型悬移质（悬沙）泥沙运动的模型；全沙模型是指同时模拟原型推移质和悬移质泥沙运动的模型。

4.4.2.3　按照模型比尺关系分

正态模型：指将原型的长、宽、高三个方向尺度按照同一比例缩制的模型。水工模型一般要求采用正态模型。

变态模型：有时因受各种条件的限制，如粗糙度、水流流态、场地条件等限制，采用垂直几何比尺与平面几何比尺不同来缩制模型，即变态模型。水工模型一般不能采用变态模型，而河工模型一般可采用变态模型。

此外，还可以按照模拟原型的完整性分为：整体模型、半整体模型、局部模型、概化模型、断面模型等。

4.4.3 模型设计

在物理模型试验研究中，模型设计是至关重要的环节，关系到试验成果的可靠性和精度。以下将讨论模型相似律、模型边界的确定、模型边界的处理、模型各种比尺的确定、模型的相似条件以及模型设计中几个限制条件的考虑。

4.4.3.1 模型相似律

（1）水流运动相似。

根据 JTS/T-231-2—2010《海岸与河口潮流泥沙模拟技术规程》，要使模型的水流运动原型相似，必须满足下列相似条件：

重力相似条件：
$$\lambda_v = \lambda_h^{1/2} \tag{4.4-1}$$

阻力相似条件：
$$\lambda_n = \frac{\lambda_h^{2/3}}{\lambda_l^{1/2}} \tag{4.4-2}$$

水流运动时间相似条件：
$$\lambda_{t1} = \frac{\lambda_l}{\lambda_h^{1/2}} \tag{4.4-3}$$

式中：λ_v 为流速比尺；λ_h 为垂直比尺；λ_n 为糙率比尺；λ_l 为平面比尺；λ_{t1} 为水流时间比尺。

（2）泥沙运动及河床变形相似。

目前，由于缺乏各海区同步的水文、泥沙及河道地形资料，不具备条件同时进行动床模型验证，通常进行口门区的局部动床模型试验。为了保证试验成果在定性上相似，有关泥沙方面物理量的确定和模型沙的选择，应尽可能满足泥沙运动的相似条件。

由于珠江河口泥沙主要以悬移质运动为主，故模型设计主要考虑悬沙运动相似性问题。根据 JTS/T-231-2—2010《海岸与河口潮流泥沙模拟技术规程》，模型要实现模型的泥沙运动与原型相似，除了要满足水流运动相似要求外，还必须满足下列相似条件：

泥沙沉降速度相似：
$$\lambda_\omega = \frac{\lambda_h \lambda_v}{\lambda_l} \tag{4.4-4}$$

泥沙起动相似：
$$\lambda_{v_K} = \lambda_v \tag{4.4-5}$$

挟沙能力相似：
$$\lambda_s = \lambda_{s_*} = \frac{\lambda_{r_s}}{\lambda_{r_s-r}} \tag{4.4-6}$$

河床变形相似：
$$\lambda_{t2} = \frac{\lambda_{r_0} \lambda_l}{\lambda_v \lambda_s} \tag{4.4-7}$$

式（4.4-4）～式（4.4-7）中：λ_ω 为泥沙沉速比尺；λ_h 为垂直比尺；λ_v 为流速比尺；λ_l 为平面比尺；λ_{v_K} 为起动流速比尺；λ_s 为含沙量比尺；λ_{s_*} 为挟沙力比尺；λ_{r_s} 为泥沙容重比尺；λ_{r_s-r} 为相对容重比尺；λ_{t2} 为冲淤时间比尺；λ_{r_0} 为干容重比尺。

4.4.3.2 几何比尺的选择

模型的平面比尺应根据试验研究的目的、要求，试验场地面积以及供水、供电能力综合确定。

垂直比尺的确定必须考虑层流与紊流的界限、阻力平方区的界限、表面张力起作用的界限、变率的限制,以及变态模型糙率实现的可能性等。

采用如下李昌华的模型水流处于紊流阻力平方区的水深比尺判据条件:

$$\lambda_h \leqslant 4.22 \left(\frac{V_p H_p}{\nu_m} \right)^{2/11} \lambda_p^{8/11} \lambda_l^{8/11}$$

式中:V_p 为原型水流流速;H_p 为原型河道水深;λ_l 为模型的平面比尺;λ_p 为原型的阻力系数;ν_m 为模型水流运动黏滞系数。

4.4.3.3　模型沙的选择

有关泥沙方面物理量的确定和模型沙的选择,应尽可能满足泥沙运动的相似条件,即泥沙沉速比尺为:$\lambda_\omega = \lambda_h \lambda_v \lambda_l$

其他比尺需待模型沙选定后确定。

根据试验研究的目的和内容,模型沙应能满足泥沙沉降相似、挟沙能力相似和起动流速相似,具体泥沙沉速、起动流速等根据实测资料分析获得。

4.4.3.4　模型加糙

根据实测资料及数模计算成果获得模型区域的原型糙率数据,然后按糙率比尺计算出相应的模型糙率。较小的糙率通常可通过梅花加糙容易达到阻力相似,较大的糙率则需要采用特殊加糙方法,如采用小号不锈钢线绑上小木块来增加河道糙率,当河道需要较大糙率时,将线糙悬在水中,通过调整线糙小木块的个数,来满足不同河道的糙率要求。

4.4.4　珠江三角洲及河口区整体物理模型介绍

物理模型试验在珠江水利科学研究院已建的珠江河口整体潮汐物理模型进行。该模型的范围包括珠江三角洲网河区和浅海区,模型模拟了网河区66条河道,包括珠江八大出海口门,涵盖了外海−25m等深线以内的浅海水域,模型占地面积约 $30000m^2$,是目前国内乃至世界最大、最为复杂的潮汐物理模型。模型自1995年开始进行设计、制作及验证试验,2000年开始进行工程生产研究,模型控制以交通部 JTL/T 233—98《海岸与河口潮流泥沙模拟技术规程》和水利部 SL 99—95《河工模型试验规程》为准。在该模型上已先后完成了西北江三角洲洪水流量分配比变化试验研究、珠江河口治导线规划模型试验研究、珠江河口泄洪整治总体规划试验研究、珠江口门区岸线滩涂资源利用规划试验研究、深圳港大铲湾集装箱码头区规划及第一期工程对珠江口河势和排洪影响研究、深圳港铜鼓航道选线物理模型试验研究、十字门水道北口整治规划研究、东海水道(南华河段)适度恢复分流比控导工程物理模型试验研究、广州港南沙港区规划方案(一期工程)潮汐物理模型试验研究、广州港南沙港区二期工程规划方案对防洪、防潮影响研究、广州港南沙港区二期工程后方仓储用地陆域形成工程对防洪影响研究、深圳孖洲岛修船基地工程规划方案对珠江口河势、排洪纳潮影响评价及工程泥沙回淤研究、中船集团龙穴造船基地建设对珠江口防洪、纳潮影响评价、深圳机场扩建工程对珠江口防洪影响研究、港珠澳大桥防洪影响论证等项目的研究工作。

4.4.4.1　模型范围

珠江河口整体潮汐物理模型下边界选在珠江八大出海口门外海区−25m等深线,并延长5km左右的过渡段。模型的上边界为:西北江上游至两江交汇处思贤滘附近,广州水道上游至老鸦岗,并分别向上游延伸 2km 作为过渡段;东江至石龙,向上游延伸 2km 作为过渡段。上边界以上用扭曲水道与量水堰连接,用以模拟潮区界段纳潮的长度和容积。所有上边界、下边界的过渡段都按实测地形模拟,以保证模型水流与原型相似。模拟的原型长度约 140km,模拟的原型宽度约 120km。如图 4.4-1 所示。

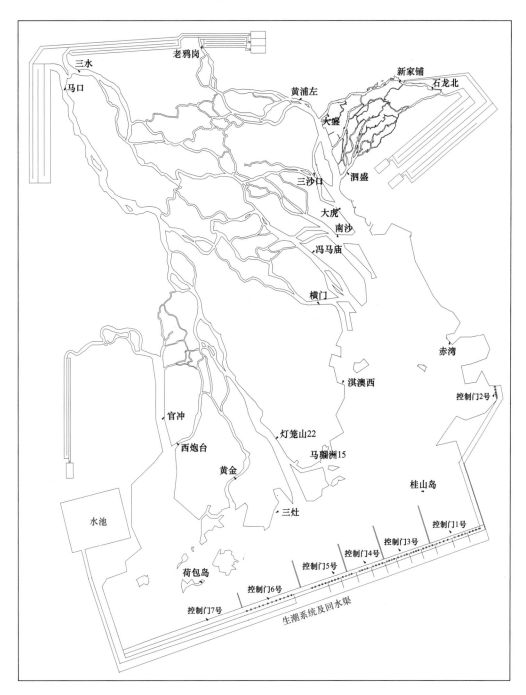

图 4.4-1 整体潮汐物理模型布置图

4.4.4.2　模型比尺选择

1. 模型平面比尺

根据试验场地面积、供水能力，选定模型的平面比尺 α_l 为700。

2. 模型垂直比尺

垂直比尺的确定必须考虑层流与紊流的界限、阻力平方区的界限、表面张力起作用的界限、变率的限制，以及变态模型糙率实现的可能性等。采用如下李昌华的模型水流处于紊流阻力平方区的水深比尺判据条件来确定模型垂直比尺。

$$\alpha_h \leqslant 4.22 \left(\frac{V_p H_p}{\nu_m}\right)^{2/11} \lambda_p^{8/11} \alpha_l^{8/11}$$

式中：V_p 为原型水流流速；H_p 为原型河道最小平均水深；α_l 为模型的平面比尺；λ_p 为原型的阻力系数；ν_m 为模型水流运动黏滞系数。

计算结果表明，垂直比尺为100，模型能满足水流雷诺数大于1000，保证模型水流处于阻力平方区内。

根据 JST/T 231—2—2010《海岸与河口潮流泥沙模拟技术规程》中潮流定床模型试验模型设计的要求，模型水流应避免表面张力的影响，模型上最小水深应大于2cm。根据实测资料，原型滩地最小水深为2m，则模型最小水深为2cm，模型水流能满足避免表面张力影响的要求。

通过以上分析，确定模型垂直比尺 $\alpha_h = 100$，模型变率为7。

3. 其他比尺的确定

要使模型水流和原型相似，模型设计必须满足水流运动相似。根据重力相似条件，得流速比尺为：

$$\alpha_v = \alpha_h^{1/2} = 10$$

根据阻力相似条件，得糙率比尺为：

$$\alpha_n = \alpha_h^{2/3} / \alpha_l^{1/2} = 0.81$$

根据实测资料，原型糙率为0.012~0.038，则模型糙率为0.015~0.047，口门区以下能满足小于0.03要求，符合交通部技术规程规定，模型通过加糙较容易达到阻力相似；网河区局部河段大于0.03，须采用特殊加糙方法才能达到阻力相似的要求。

水流时间比尺为：

$$\alpha_{t1} = \alpha_l / \alpha_h^{1/2} = 70$$

流量比尺为：

$$\alpha_Q = \alpha_l \alpha_h^{3/2} = 700000$$

潮量比尺为：

$$\alpha_w = \alpha_l^2 \alpha_h = 49000000$$

4.4.4.3　模型测试、控制仪器设备

模型控制系统采用本所研制的分布式工业控制系统，中央监控机主要存储模型试验的各种参数、发布命令、显示实时监控图表、过程曲线、历史试验数据、打印相关参数和报警等；通过 RS232′串行通信线与现场机连接。现场机依据中央监控机的命令，自动完成数据采集和生潮设备的控制等任务。

模型的上边界通过量水堰控制径流流量，下边界生潮方式采用多口门变频器控制。模

型上采用变频调速器直接调节水泵提供给模型的供水量，系统根据给定的潮位控制曲线调控每个变频器的输出频率，从而满足边界分段潮位控制的需要。

模型潮位的量测采用珠江水利科学研究院研制的 GS-3B 光栅式跟踪水位仪，精度可达到 0.1mm。流速的量测采用 LS-3C 光电流速仪。流速场应用流体示踪粒子和高清晰度数码相机进行记录。

4.5 经验公式

防洪评价中经验公式主要用于壅水分析、冲淤分析和排涝计算。

4.5.1 壅水计算经验公式

对于简单的由于建筑物阻水影响洪水下泄的情况，一般可采用经验公式计算壅水。

4.5.1.1 主要内容

当采用经验公式进行壅水计算时，其主要内容应包括以下 5 方面：

（1）采用的经验公式及其适用性分析。应根据建设项目的工程结构型式、河道特性选用合适的经验公式，并对其适应性进行分析。

（2）有关参数的选用及其依据。应根据阻水建筑物的结构型式、附近流速流态、河道边界条件等具体情况，合理选取或计算有关参数，并分析其依据。

（3）选用的计算水文条件。

（4）计算方案及其条件。阐明各种计算方及其条件。对工程施工临时建筑物占用河道过水断面的建设项目，除需工程运行期的壅水计算外，还需进行工程施工期壅水计算。

（5）壅水高度及长度的计算结果。

4.5.1.2 典型工程壅水计算公式

1. 桥墩壅水高度计算公式

（1）方法一：

$$\Delta Z = \frac{\alpha v^2}{2g} \left[\left(\frac{B}{\varepsilon \sum b} \right)^2 - \left(\frac{h}{h + \Delta Z} \right)^2 \right] \qquad (4.5-1)$$

式中：ΔZ 为桥壅水高度，m；α 为动能修正系数；v 为桥墩下游为正常水深时的断面平均流速，m/s；B 为无桥墩时的截面宽度，m；ε 为过水断面收缩系数，$\varepsilon = 0.85 - 0.95$；$b$ 为两墩间的净宽，m；h 为建桥前桥墩下游正常水深，m；g 为重力加速度，m/s²。

（2）方法二：

$$\Delta Z = \xi \left[\left(\frac{Q}{h \sum b} \right)^2 - \left(\frac{Q}{hB} \right)^2 \right] \qquad (4.5-2)$$

式中：Q 为流量；ξ 为系数，取 0.1；其余同式（4.5-1）。

2. 码头等阻水建筑物壅水高度计算公式

$$\Delta Z = \frac{\alpha}{2g} (v'^2 - v^2) \qquad (4.5-3)$$

式中：v 为桥墩上游最大壅水处的断面平均流速，m/s；v' 为桥墩下游正常水深时扣除建桥引起的阻水面积后的断面平均流速，m/s，$v' = \dfrac{Q}{\varepsilon w}$；$w'$ 为分析断面下游正常水深时扣除建墩引起的阻水面积后的有效过水面积，m^2；其余参数同式（4.5-1）。

应根据建筑物的布置情况及河道的特点采用对应的公式。

4.5.2　冲淤计算经验公式

4.5.2.1　主要内容

（1）计算公式的选用及其适用性分析。

（2）水文条件。

（3）有关参数的选取值及其依据。

（4）冲刷计算结果。

4.5.2.2　河床冲刷常用经验公式

较常采用冲淤经验公式进行计算的河床冲刷主要有一般冲刷和局部冲刷。

1．非黏性土河床冲刷计算

（1）一般冲刷计算。

1）河槽部分。简化式：

$$h_p = 1.04 \left(A_d \frac{Q_2}{Q_c} \right)^{0.90} \left(\frac{B_c}{(1-\lambda)\mu B_{cg}} \right)^{0.66} h_{cm} \qquad (4.5-4)$$

式中：h_p 为桥下一般冲刷后的最大水深，m；h_{cm} 为河槽最大水深，m；Q_2 为河槽部分通过的设计流量，m^3/s，$Q_2 = \dfrac{Q_c}{Q_c + Q_{t1}} Q_p$，当桥下河槽能扩宽至全桥时取用河槽设计流量 Q_p；Q_p 为频率为 $P\%$ 的设计流量，m^3/s；Q_c 为天然状态下河槽部分设计流量，m^3/s；Q_{t1} 为天然状态下桥下河滩部分设计流量，m^3/s；A_d 为单宽流量集中系数，$A_d = \left(\dfrac{\sqrt{B_z}}{H_z} \right)^{0.15}$；$B_c$ 为天然河槽宽度，m；B_z 为造床流量下的河槽宽度，m，对复试河床可取平摊水位时河槽宽的；B_{cg} 为桥下河槽部分桥孔过水净宽，m，当桥下河槽能扩宽至全桥时，即为全桥桥孔过水净宽；λ 为设计水位下，桥墩阴水总面积与桥下过水面积的比值；μ 为桥墩水流侧向压缩系数，按表 4.5-1 确定。

表 4.5-1　　　　　　　　　　桥墩水流侧向压缩系数表

设计流速 V_v /（m/s）	标准净径 / m								
	10	13	16	20	25	30	35	40	45
1.0	1.00	1.00	1.00	1.00	1.00	1.00	1.00	1.00	1.00
1.5	0.96	0.96	0.97	0.97	0.98	0.98	0.98	0.99	0.99
2.0	0.93	0.94	0.95	0.97	0.97	0.98	0.98	0.98	0.98
2.5	0.90	0.93	0.94	0.96	0.96	0.97	0.97	0.98	0.98
3.0	0.89	0.91	0.93	0.95	0.96	0.96	0.97	0.97	0.98
3.5	0.87	0.90	0.92	0.94	0.95	0.96	0.96	0.97	0.97
4.0	0.85	0.88	0.91	0.93	0.94	0.95	0.96	0.96	0.97

注　1．桥墩水流侧向压缩系数 μ 是指桥墩台侧而因漩涡形成滞淀区而减小过水面积的折减系数。

　　2．$\mu = 1 - 0.375 \dfrac{V_v}{L_c}$，其中 L_c 为单孔净跨径。对不等式跨的桥孔可采用各孔 μ 值的平均值，对于净跨径大于 50m 的桥梁，$\mu = 1.0$。

修正式：
$$h_p = \left[\frac{A_d \dfrac{Q_2}{\mu B_{cj}} \left(\dfrac{h_{cm}}{h_{cq}} \right)^{5/3}}{E \overline{d}^{1/6}} \right]^{3/5} \tag{4.5-5}$$

式中：B_{cj} 为桥下河槽部分桥孔过水净宽，m；h_{cq} 为桥下河槽平均水深，m；$\overline{d}$ 为河槽泥沙平均粒径，mm；E 为与汛期含沙量有关的系数，按表 4.5-2 查用；其余符号意义同前。

表 4.5-2   **E 值 表**

含沙量 ρ/（kg/m³）	<1.0	1~10	>10
E	0.46	0.65	0.86

注   含沙量 ρ 采用历年汛期月最大含沙量平均数。

2）河滩部分。

$$h_p = \left[\frac{\dfrac{Q_1}{\mu B_{tj}} \left(\dfrac{h_{tm}}{h_{tq}} \right)^{5/3}}{V_{H1}} \right]^{5/6} \tag{4.5-6}$$

式中：Q_1 为桥下河滩部分通过的设计流量，m³/s，$Q_1 = \dfrac{Q_{t1}}{Q_c + Q_{t1}} Q_p$；$h_{tm}$ 为桥下河滩最大水深，m；h_{tq} 为桥下河滩平均水深，m；B_{tj} 为河滩部分桥孔净长，m；V_{H1} 为河滩水深 1m 时非黏性土不冲刷流速，m/s；其余符号意义同前。

（2）桥墩局部冲刷计算。

修正式：
$$h_b = 0.46 K_\xi B_1^{0.60} h_p^{0.15} \overline{d}^{-0.088} \left(\frac{V - V_0'}{V_0 - V_0'} \right)^{n_1} \tag{4.5-7}$$

式中：h_b 为桥墩局部部刷深度，m；K_ξ 为墩形系数；B_1 为桥墩计算宽度，m；h_p 为一般冲刷后水深，m；$\overline{d}$ 为河床泥沙平均粒径；V 为一般冲刷后墩前行近流速，m/s，$V = E \overline{d}^{1/8} h_p^{2/3}$；$V_0$ 为河床泥沙起动流速，m/s，$V_0 = \left(\dfrac{h_p}{\overline{d}} \right)^{0.14} \left(29\overline{d} + 6.05 \times 10^{-7} \dfrac{10 + h_p}{\overline{d}^{0.72}} \right)^{0.5}$；$V_0'$ 为墩前泥沙始冲流速，m/s，$V_0' = 0.645 \left(\dfrac{\overline{d}}{B_1} \right)^{0.058} V_0$；$n_1$ 为指数，清水冲刷（$V \leqslant V_0$）时，$n_1 = 1.0$；动床冲刷（$V > V_0$）时，$n_1 = \left(\dfrac{V_0}{V} \right)^{(0.36 + 2.281 \lg \overline{d})}$。

修正式：当 $V \leqslant V_0$ $h_b = K_\xi K_{\eta 1} B_1^{0.6} (V - V_0')$ (4.5-8)

             当 $V > V_0$ $h_b = K_\xi K_{\eta 1} B_1^{0.6} (V_0 - V_0') \left(\dfrac{V - V_0'}{V_0 - V_0'} \right)^n$

式中：V_0 为河床泥沙起动流速，m/s，$V_0 = 0.0246 \left(\dfrac{h_p}{\overline{d}} \right)^{0.14} \sqrt{332\overline{d} + \dfrac{10 + h_p}{\overline{d}^{0.72}}}$；$K_{\eta 1}$ 为河床颗粒的影响系数，$K_{\eta 1} = 0.8 \left(\dfrac{1}{\overline{d}^{0.45}} + \dfrac{1}{\overline{d}^{0.15}} \right)$；$V_0'$ 为墩前泥沙始冲流速，m/s，$V_0' = 0.462 \left(\dfrac{\overline{d}}{B_1} \right)^{0.06} V_0$；$n_1$ 为指数，$n_1 = \left(\dfrac{V_0}{V} \right)^{0.25 \overline{d}^{0.19}}$；$d$ 为河床泥沙平均粒径，mm；其余符号意义同前。

2. 黏性土河床冲刷计算

（1）一般冲刷计算。

黏性土河床的桥下一般冲刷，可参照下列公式计算：

1）河槽部分

$$h_p = \left[\dfrac{A_d \dfrac{Q_2}{\mu B_{cj}} \left(\dfrac{h_{cm}}{h_{cq}} \right)^{5/3}}{0.33 \left(\dfrac{1}{I_L} \right)} \right]^{5/8} \qquad (4.5-9)$$

式中：A_d 为单宽流量集中系数，$A = 1.0 \sim 1.2$；I_L 为冲刷坑范围内黏性土液性指数，在本公式中 I_L 的范围为 $0.16 \sim 1.19$；其余符号意义同前。

2）河滩部分

$$h_p = \left[\dfrac{\dfrac{Q_1}{\mu B_{tj}} \left(\dfrac{h_{tm}}{h_t} \right)^{5/3}}{0.33 \left(\dfrac{1}{I_L} \right)} \right]^{6/7} \qquad (4.5-10)$$

式中符号意义同前。

（2）桥墩局部冲刷计算。

黏性土河床局部冲刷可参照下式计算：

当 $\dfrac{h_p}{B_1} \geqslant 2.5$ 时，$\quad h_p = 0.83 K_\xi B_1^{0.6} I_L^{1.25} V$

当 $\dfrac{h_p}{B_1} < 2.5$ 时，$\quad h_p = 0.55 K_\xi B_1^{0.6} h_p^{0.1} I_L^{1.0} V$

式中：I_L 为冲刷坑范围内黏性土液性指数，在本公式中 I_L 的范围为 $0.16 \sim 1.48$；其余符号意义同前。

4.5.2.3 桥台冲刷常用经验公式

当桥前无导流堤，而河滩水流较大时，河滩水流在桥台附近集中，形成偏斜冲刷，其冲刷尝试按下式计算：

$$h'_p = P \left[(h_{cm} - h) \dfrac{h}{h_{cm}} + h \right] \qquad (4.5-11)$$

式中：h'_p 为桥台冲刷后水深，m；h 为冲刷前桥台处水深，m；其余符号意义同前。

4.5.3 排涝影响计算

4.5.3.1 设计暴雨推求

有资料地区，设计暴雨的推求采用实测雨量进行分析；缺资料地区采用 2003 年颁布的《广东省暴雨参数等值线图》查算。

4.5.3.2 设计排涝流量

设计排涝流量一般采用平均排除法，也可采用排涝模数经验公式法。当涝区内有较大的蓄涝区时，一般需要采用产流、汇流方法推求设计排涝流量过程线，供排涝演算使用。

（1）平均排除法。

广东省一般采用平均排除法计算排水流量，这种计算方法适用于集水面积较小的涝区排水设计。平均排除法按涝区积水总量和设计排涝历时计算排水流量和排涝模数，其计算公式为：

$$Q = 1000 \times \frac{\sum C_i A_i (R_p - E_i - h_i) - W_1 - W_2 - W_3}{T} + q_1 + q_2 + q_3 + q_4$$

$$(4.5 - 12)$$

式中：Q 为设计排水流量，m^3/s；C_i 为各地类径流系数，参考值水稻田、鱼塘和河涌采用 1.0、山岗、坡地、经济作物地类采用 0.7、村庄和道路采用 0.7~0.9、城镇不透水地面采用 0.95；A_i 为各地类面积，km^2；R_p 为设计暴雨量，mm；E_i 为各地蒸发量，mm，一般可采用 4mm/d；h_i 为各地类暂存水量，mm，水稻田采用 40mm，鱼塘采用 50~100mm，河涌采用 100mm；W_1 为水闸排水量，m^3；W_2 为截洪渠截流水量，m^3；W_3 为水库、坑塘蓄滞水量，m^3；T 为排涝历时，s；q_1 为堤围渗漏量，m^3/s；q_2 为涵闸渗漏量，m^3/s；q_3 为涝区引入水量，对灌溉是指回归水量，m^3/s；q_4 为废污水量，m^3/s。

治涝区内有水闸、泵站联合运用的情况下，一般先用水闸抢排，再电排。在用平均排除法计算泵站排涝流量时，应扣除水闸排水量和相应排水时间。

（2）排涝模数经验公式法。

需求出最大排涝流量的情况，其计算公式为：

$$q = K \times R^m \times F^n$$
$$Q = q \times F$$

$$(4.5 - 13)$$

式中：K 为综合系数（反映河网配套程度、排水沟坡度、降雨历时及流域形状等因素）；m 为峰量指数（反映洪峰与洪量的关系）；n 为递减指数（反映排涝模数与面积的关系）；F 为控制排水面积，km^2。

广东省目前还没有关于排涝模数各项参数选取的统计分析。建议参考湖北省平原湖区的分析：集雨面积大于 $500km^2$ 的涝区，$K = 0.0135$，$m = 1.0$，$n = -0.201$；集雨面积 $500km^2$ 以下的涝区，$K = 0.017$，$m = 1.0$，$n = -0.238$。

4.6　本章小结

本章介绍了防洪评价计算中的几种常用技术手段——水文分析、数学模型模拟、物理试验模型、经验公式计算，并结合了珠江水利科学研究院针对这几种技术手段开展的主要工作和研究成果，详细介绍了如何针对珠江三角洲及河口区的特点，选用不同的技术方法及如何采用这几类技术手段进行防洪评价计算，可供从事珠江三角洲及河口地区防洪评价计算工作参考。

第5章
防洪评价关键问题及处理

《河道管理范围内建设项目防洪评价报告编制导则（试行）》（以下简称《导则》）对防洪评价的主要工作内容和要求进行了规范，这些工作内容侧重点和难易程度不一，有一些属于描述性介绍内容，有一些则是需要采取一定的方法进行分析和研究，要按照《导则》要求编制完成好防洪评价报告，需要处理好其中的一些编写要点，这部分关键问题及处理是防洪评价工作的重点，由于珠江三角洲及河口地理位置及水动力环境的特殊性，对这些关键问题的处理需结合地方规范和工程的具体情况进行，本章重点针对这些环节中的关键问题及其处理方法进行介绍。

5.1 评价手段的选择

5.1.1 技术审查对防洪评价计算手段的要求

防洪评价技术审查是河道管理范围内建设项目水行政审批的重要环节。《导则》1.6规定，"在编制防洪评价报告时，应根据流域或所在地区的河道特点和具体情况，采用合适的评价手段和技术路线。对防洪可能有较大影响、所在河段有重要防洪任务或重要防洪工程的建设项目，应进行专题研究（数学模型计算、物理模型试验或其他试验等）。"由于很多编制单位的技术实力限制（如不具备数学、物理模型能力）或对建设项目对防洪影响的认识不足，未能采用合适的技术手段对建设项目防洪影响作出符合实际情况的评价，经常出现防洪评价计算分析深度不满足技术审查要求，导致大量的修改工作甚至返工，直接影响建设项目的前期工作进度，给建设单位带来巨大的损失。

从珠三角地区近年来防洪评价技术审查的经验来看，水行政主管部门对防洪评价计算深度的要求主要根据以下4个方面。

（1）工程建设对河道防洪影响的大小。

如无重要防洪任务的内河涌，如建设项目对壅水和河势影响较小，一般可以采用经验公式或一维数学模型；对于网河区干流上超行洪控制线的码头、围垦等项目，或者是敏感河段上的阻水比较大的桥梁项目，尤其是河口区的大型围垦及大型桥梁，其建设可能对整个珠江三角洲的河道演变、泄洪纳潮形势、河道的分流比产生不利影响，一般要求采用潮流泥沙物理模型。工程建设引起的水流条件变化可能危及堤防安全，如挑流引起可能导致堤坡淘刷或桥墩局部冲刷影响堤坡稳定，一般要求进行动床潮流泥沙模型试验，并提出补救措施。

（2）河道的特性。

如建设项目附近为险工险段或敏感河段，工程建设引起河道流态变化造成河岸的淘刷，可能危及堤防安全，一般要求在数学模型的基础上，采用物理模型深化研究。

（3）河道的重要性。

对于珠三角网河区和河口区，都属于珠江泄洪纳潮通道，一般要求采用二维数学模型；对于特别重要的河道（如磨刀门水道），其分泄径流量为八口之冠，径流量占珠江八大口门的 26.6％（1985—2000 年系列统计），一般要求除数学模型手段计算之外，还需采用物理模型手段试验。

（4）建设项目与重要水利规划的关系。

对于珠江河口区建设项目，治导线是重要的审批依据。《珠江河口管理办法》规定："珠江河口整治规划治导线是珠江河口整治与开发工程建设的外缘控制线，未经充分科学论证并取得规划治导线原批准机关的同意，任何工程建设都不得外伸。"原则上建设项目不允许超出治导线，有特殊情况需要超出，须采用潮流泥沙数学模型和潮流泥沙物理模型等多种技术手段充分论证，并在此基础上采取补救措施。

从以上 4 个方面来看，模型几乎是防洪评价计算中不可或缺的手段，在针对具体建设项目防洪评价时，应该根据以上 4 个方面的要求来选择相应的模型手段。

5.1.2 模型手段及典型案例

水流泥沙模型从模型研究手段看，可分为物理模型和数学模型；从研究范围看可以分为整体模型和局部模型。

5.1.2.1 数学模型

防洪评价研究常用的水流数学模型按河道水流各物理运动变化的维数，可分为一维、二维和三维模型。三维模型能准确模拟水流运动的细部分层结构，模拟精度较高，但由于计算复杂，模型求解所耗费的时间长、计算量大，一般在需要模拟沿水深分层较明显的咸潮、温升等现象时采用，对于珠江三角洲及河口区常见的建设项目防洪评价，一般采用一维、二维模型基本能满足要求，应用最多的还是一维、二维数学模型。

一维数学模型是计算断面各水利要素的平均值，具有计算速度快、效率高的特点，适用于长距离河道或者大范围河网计算，但不能模拟河道水力要素的平面分布。一维模型模拟范围大，一般用于分析工程对壅水、分流比、潮排潮灌、排涝等方面的影响，对于珠江三角洲网河区的建设项目，由于三角洲河网密布，建设项目造成的影响往往会超出工程所在的单一河道，影响到三角洲网河区其他河道，往往需要建立珠江三角洲一维河网数学模型。

平面二维模型则是河道内水力要素的垂线平均，要求河道水平尺度远大于垂直尺度，可以模拟水力要素在平面上的变化和分布，因计算效率不如一维，一般用于工程附近局部河段和河口区宽阔水域，主要用于分析工程对流速、流态、水流动力轴线、水动力变化的影响。

一维、二维数学模型各有优点，数学模型应根据建设项目实际情况，并结合建设项目所处河段的位置、建设项目的影响程度、资料搜集情况等进行选择，联合运用。工程实际应用过程中，为兼顾研究范围和计算效率，常采用一维、二维数学模型相结合的方法，分别研究防洪评价计算中重点关注的问题。

5.1.2.2   物理模型

防洪评价研究常用的物理模型根据模型中床面组成的不同，可分为定床与动床两类；根据水平与垂直比尺的不同，可分为正态模型和变态模型两种。物理模型的选择主要根据具体的研究任务、重点研究内容、河道地质条件以及工程本身的要求等确定。

定床模型不考虑河床冲淤变化，一般用于模拟潮流运动，分析工程对水流运动的影响；动床模型考虑床面与水体之间的泥沙交换，一般用于模拟泥沙冲淤，分析工程造成的河床冲淤变化。

下面结合案例来说明珠江三角洲及河口区建设项目防洪评价中模型手段的选择。

案例一：省道 S364 鸡鸦特大桥防洪评价

省道 S364 鸡鸦水道特大桥跨越鸡鸦水道，处于珠江三角洲腹地，工程位置图如图 5.1-1 所示。珠江三角洲河网水系纵横交错，相互贯通，使得它具有牵一发而动全身的特点。工程建设改变河道局部地形，除了工程附近水动力产生影响，对工程上下游河道的水动力也可能产生影响。水流模拟有两个重要条件：一是区域研究范围必须覆盖工程影响范围，二是上下游水位、流量边界条件的确定。结合本工程特点，由于网河区牵一发而动全身的特点，工程影响范围大，采用大范围二维模型计算效率低。再者，由于工程附近缺乏水文站点，无法直接确定边界条件。故采用珠三角网河区一维数学模型和工程附近二维模型相结合的办法研究。一维网河区水沙数学模型的研究范

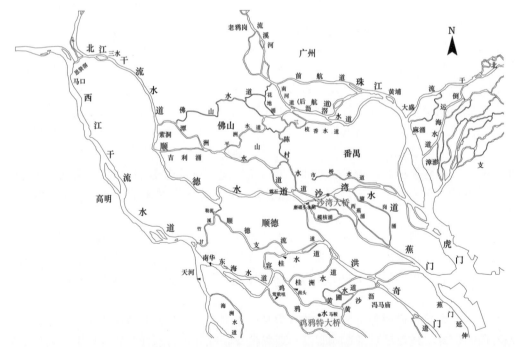

图 5.1-1   案例一和案例二工程位置示意图

围为：上边界取自西江马口站、北江三水站，下边界取至八大口门水位站（虎门大虎站、蕉门南沙站、洪奇门冯马庙站、横门口横门站、磨刀门灯笼山站、鸡啼门黄金站、虎跳门西炮台站及崖门官冲站）。主要研究工程对珠江三角洲网河区水位、分流比的影响，并为工程附近局部二维潮流数学模型提供水位、流量边界条件。二维潮流数学模型用于工程附近水动力条件的模拟，模型范围为工程上下游 5km 河段，研究工程前后的流速、流态及动力轴线变化等。一维模型研究范围如图 5.1-2 所示，二维模型研究范围如图 5.1-3 所示。

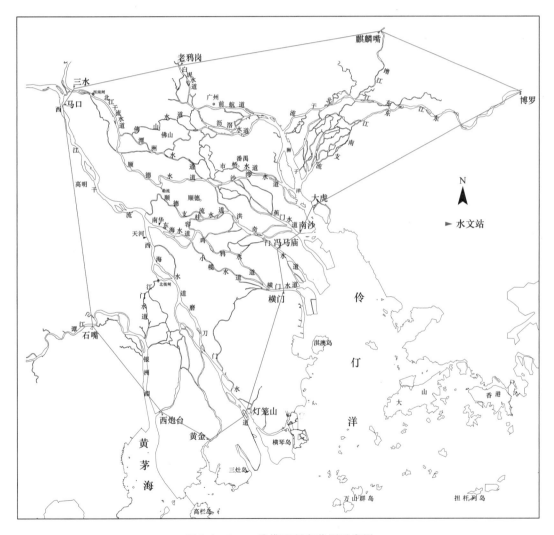

图 5.1-2 一维模型研究范围示意图

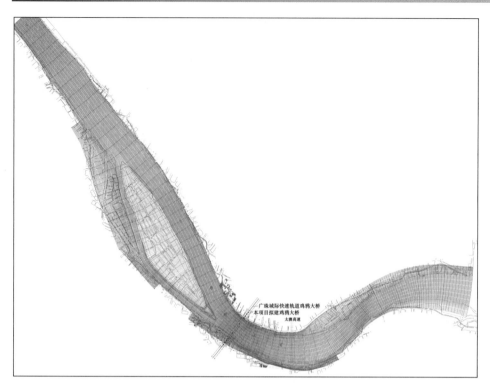

图 5.1-3   二维模型网格布置示意图

案例二：广深港客运专线交通工程沙湾特大桥防洪评估

广深港客运专线交通工程沙湾特大桥跨越沙湾水道。沙湾水道是北江水系主干泄流通道。工程所在河道 100 年一遇设计流量为 $7171\text{m}^3/\text{s}$，断面平均流速为 2.62m/s。工程所在位置图如 5.1-1 所示，工程平面布置图如图 5.1-4 所示。

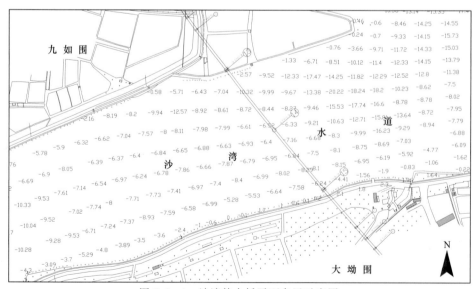

图 5.1-4   沙湾特大桥平面布置示意图

　　沙湾特大桥 15 号墩紧邻右堤大垌围的迎水坡堤脚处，桥轴线与水流夹角约 64°。桥墩建设产生的局部冲刷及挑流产生对堤防淘刷，对堤防安全会产生不利影响桥墩局部冲刷及堤坡淘刷水流结构复杂，要从理论上描述这一物理现象的合理数学模型还存在诸多困难，为确保堤防安全，广东省水利厅粤水建管〔2007〕158 号文件《关于广深港客运专线跨沙湾水道特大桥设计方案的批复》中提出，"为保证两岸堤防的安全，须对沙湾特大桥进行物理模型动床试验研究，并采取补救措施。"编制单位珠江水利科学研究院按照批复要求，确定物理模型主要研究内容及技术路线：①通过物理模型试验，研究建桥前后桥址所在河道的河床发生的冲淤变化，重点观测桥墩附近的局部冲刷及对堤坡的淘刷情况，分析工程对河堤安全的影响；②根据试验成果，提出减小影响的防治和补救措施；③物理模型的边界条件由珠三角网河区一维数学模型提供。

　　通过物理模型动床试验得出如下结论：处于右岸的 15 号桥墩附近水域流速有所增大，在 "98·6" 洪水条件下，工程后测得最大流速达 1.82m/s，较工程前增大 0.60m/s；工程的影响范围大致为桥墩上游 30m 至下游 100m 一带的近岸水域；建议对 15 号墩上游 30m 至下游 100m 河段离河岸 80m 以内的河床进行抛石护底（护底材料可选直径 30～50cm，重量约为 50～180kg 的块石），物理模型试验照片如图 5.1-5、图 5.1-6 所示。

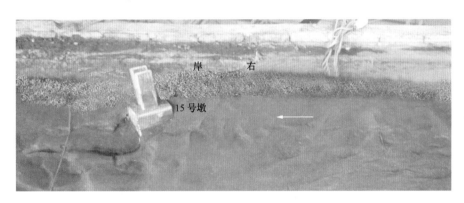

图 5.1-5　沙湾水道工程后河道冲刷 2 小时河床形态（物理模型试验）

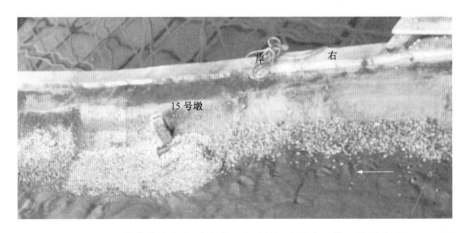

图 5.1-6　补救措施实施后冲刷 2 小时的河床形态（物理模型试验）

案例三：南沙江海联运码头工程防洪评价

南沙江海联运码头工程位于蕉门延伸段左岸，建设 12 个 1000 吨级多用途驳船泊位，使用岸线长度 828m。陆域形成需围填蕉门延伸段左侧水域面积约 49.1 万 m^2。工程位置示意图见图 5.1-7。蕉门泄流量在八大口门中位居第三，为 16.8%。根据《珠江河口综合治理规划》，蕉门泄洪整治以确保洪水通畅，适度调整主流、支流分流比，加强蕉门延伸段泄洪动力、减少凫洲水道出流干扰虎门的涨潮流为原则。从工程规模、河道特性及相关规划定性分析：①该区域是珠江泄洪的敏感河段，工程占据了蕉门延伸段的左边滩水域，必然导致凫洲水道分流比增大，蕉门延伸段减小，不符合蕉门泄洪整治原则；②工程围填水域面积达 49.1 万 m^2，其水动力影响范围将覆盖东四口门水位控制站以上网河区，对口门水位控制站以上网河区防洪将产生不利影响。故防洪评价计算重点，一是研究工程建设对网河区及河口区壅水、分流比及河势稳定的影响，二是研究相应的补救措施。鉴于河道的重要性及工程对防洪的敏感性，计算手段采用数学模型和物理模型两种技术手段，两种方法相互补充，相互印证。

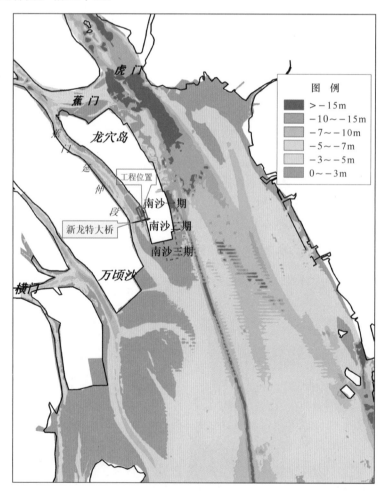

图 5.1-7 案例三工程位置示意图

对于河口区建设项目，若工程壅水影响位于八大口门控制水位站以外，可直接用河口区二维模型计算；若工程壅水影响范围超过口门控制水位站，若仍以原有的水文记录作为一维或二维模型的边界条件，就不能正确予以计算拟建工程的影响。对于本工程而言，河口区二维模型研究范围不能满足要求，有必要建立河网区一维模型与河口区二维模型联解的整体模型。一维网河区水沙数学模型的研究范围为：上边界取自西江马口站、北江三水站，下边界取至八大口门水位控制站（虎门大虎站、蕉门南沙站、洪奇门冯马庙站、横门口横门站、磨刀门灯笼山站、鸡啼门黄金站、虎跳门西炮台站及崖门官冲站）；二维口门区水沙数学模型研究范围包括：大亚湾、大鹏湾、香港水域、伶仃洋浅海区、深圳湾、澳门浅海区、磨刀门浅海区、鸡啼门海区、黄茅海浅海区、广海湾及镇海湾。河口上边界和网河下边界在八大口门水位控制站相连接，成为整体模型的内边界。模型研究范围如第4章图4.3-5所示，网格剖分如第4章图4.3-6所示，珠江河口整体物理模型研究范围如第4章图4.4-1所示。

5.2 模型率定和验证

在采用数学模型和物理模型试验进行防洪评价计算分析时首先需要对模型进行率定和验证，模型率定主要是对模型选取的有关参数进行率定，率定的实质就是先假定一组参数，代入模型得到计算结果，然后把计算结果与实测数据进行比较，若计算值与实测值相差不大，则把此时的参数作为模型的参数；若计算值与实测值相差较大，则调整参数代入模型重新计算，再进行比较，直到计算值与实测值的误差满足一定的范围。模型验证则是对率定后的参数进行检验，即采用经过率定后的参数，选取与模型率定时不同的水文条件进行计算，将计算值与实测值进行比较，若采用该参数进行计算的结果与实测值相差不大，则说明模型验证较好；若采用该参数进行计算的结果与实测值相差较大，则需重新进行模型参数率定步骤，直到采用模型率定选择的参数计算的结果也能满足模型验证的要求为止。

对于数学模型和物理模型，率定的参数是一致的，验证的内容和对象也基本一致，区别主要在于模型率定和验证采用的方式和手段有所区别，验证的精度要求也有一定差别。

5.2.1 模型率定的主要参数

模型率定的参数与采用的模型类型有关，根据第4章中有关模型的介绍可知珠江三角洲和河口地区防洪评价计算中常用的模型主要包括潮流模型和泥沙模型。对于潮流模型，率定的主要参数为河道糙率；对于泥沙模型，率定的主要参数除了河道糙率外，还包括挟沙力系数和恢复饱和系数。

5.2.1.1 河道糙率

河道糙率是一个综合阻力系数，反映了计算河段的河床河岸阻力、河道形态变化、水流阻力及河道地形概化等因素的综合影响，数学模型中的谢才系数和紊动黏性系数取值均与糙率系数 n 有关。在水流计算中，糙率是一个非常重要的参数，选取一个合适的糙率对计算结果的准确性有着很大的影响，糙率的选择是水力计算中的关键问题。

数学模型计算和物理模型试验中所采用的河道糙率应根据河道形态、河床及河岸组成、河道坡降、河宽、水深条件等具体情况合理选取，然后由实测水文资料对模型率定计算后调整确定，对最终取值应分析其依据及合理性。根据珠江水利科学研究院多年来的研究成果,珠江三角洲网河区率定糙率见表 5.2－1。其中,网河区上部河道糙率较大,近河口则较小,符合河口区河道糙率沿程变化的自然变化规律。总体上,中下游段河道枯季糙率大于洪季糙率,这与三角洲水道断面特点有关,这些水道大多没有较宽的河漫滩,而河槽沙洲较多,故低水位时阻力较大。河口区糙率则一般要小于网河区。

表 5.2－1　　　　　　　　　　珠江三角洲河道糙率率定成果表

河道名称	分段位置	糙率	河道名称	分段位置	糙率
西江干流 (马口—甘竹)	上段	0.023	北江干流 (三水— 紫洞口)	上段(三水附近)	0.025
	中段	0.028		西南闸附近段	0.025
	下段	0.029		西南闸下—紫洞口段	0.024
西海水道	天河段	0.027	顺德水道	入口段	0.025
	北街段	0.020		三多段	0.026
	潮莲段	0.022		水藤段	0.027
磨刀门水道	外海—百顷段	0.020		鲤鱼沙段	0.026
	大敖段	0.019		稔海段	0.026
	竹银—灯笼山上段	0.022		三善滘右段	0.026
	竹银—灯笼山中段	0.022	沙湾水道	上段	0.026
	竹银—灯笼山下段	0.015		中段	0.023
虎跳门水道	百顷—睦洲口段	0.020		下段	0.023
	睦洲口上段	0.016	东平水道	紫洞段	0.024
	睦洲口下段	0.016		澜石段	0.027
	莲腰段	0.014		五斗段	0.027
	横坑段	0.030		大尾角段	0.022
	横山—西炮台段	0.022	蕉门水道	上段	0.020
鸡啼门水道		0.017		中段	0.016
潭江		0.030		下段	0.015
崖门水道		0.018	李家沙水道		0.025
东海水道		0.028	洪奇沥水道	板沙尾段	0.018
小榄水道		0.027		大陇滘段	0.020
鸡鸦水道	上段	0.020		冯马庙段	0.015
	中段	0.024	东江	东江北干流	0.020
	下段	0.024		东江南支流	0.020
横门水道		0.022		东江干道	0.025
黄沙沥		0.030		增江	0.025

注　成果来自于珠江水利科学研究院研究成果。

5.2.1.2　挟沙力系数

挟沙力包括悬移质挟沙力和推移质挟沙力,由于珠江三角洲和河口地区是以悬移质运动为主,因此本书主要介绍悬移质挟沙力系数的率定和验证。

挟沙力系数跟采用的挟沙力公式有关，不同的挟沙力公式，选用的系数不同。挟沙力公式主要由泥沙的动力作用条件有关，对于珠江三角洲地区，泥沙的动力作用条件主要是潮流，一般采用潮流挟沙力公式，需要对模型的潮流挟沙力系数进行率定和验证；对于珠江河口地区，泥沙的动力作用条件包括潮流和波浪，采用的是波浪潮流挟沙力公式，需要对模型的波浪和潮流挟沙力系数进行率定。

挟沙力系数需要根据实测潮流和含沙量资料进行分析后率定，以真实反映河道内水流的挟沙能力为原则。珠江水利科学研究院曾根据实测潮流泥沙资料对伶仃洋滩槽挟沙力进行了研究，对挟沙力系数进行了率定。珠江水利科学研究院将伶仃洋的挟沙力概化为潮流挟沙力和波浪挟沙力两部分，前者主要考虑潮流对水流挟沙能力的影响，后者则侧重波浪掀沙对水体挟沙的影响。其中潮流挟沙力采用经典的武汉水利电力院张瑞瑾挟沙公式，波浪挟沙力采用窦国仁波浪挟沙力公式，即：

$$S_k = k\left(\frac{u^3}{ghw}\right)^m + \alpha\,\frac{\gamma\,\gamma_z}{\gamma_2 - \gamma}\,\beta\,\frac{H^2}{hTw}$$

式中：k、m 分别为潮流挟沙力系数和指数。

对伶仃洋主槽和滩地的挟沙力系数率定情况如图 5.2-1、图 5.2-2、图 5.2-3 和图 5.2-4 所示，率定后的挟沙力系数基本反映了伶仃洋挟沙能力。

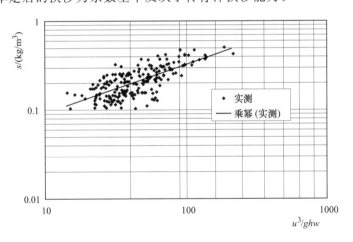

图 5.2-1 伶仃洋主槽含沙量与挟沙力参数之间的关系

5.2.1.3 恢复饱和系数

恢复饱和系数是反映悬移质不平衡输沙时，含沙量向饱和含沙量即挟沙能力靠近的恢复速度的重要参数，一般用 α 表示，在泥沙模型中，是用来调整泥沙冲淤速率和幅度的一项重要参数。恢复饱和系数的大小与河道特性和泥沙特性有关，不同河道、不同泥沙运动其恢复饱和系数相差很大，一般由经验取值结合分析河道内泥沙测验和地形冲淤变化计算分析选取。根据国内外以往研究，通常冲刷 α 时取 1，淤积时 α 取 0.25，这是目前国内比较常用的经验取值。

5.2.2 模型验证的主要内容和精度

模型验证的内容与采用的模型有关，主要按照一维数学模型、二维数学模型和物理模型有所区分。

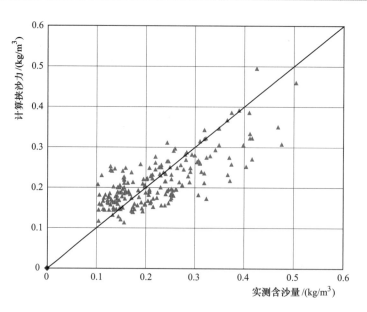

图 5.2-2 伶仃洋主槽挟沙力与实测含沙量对比图

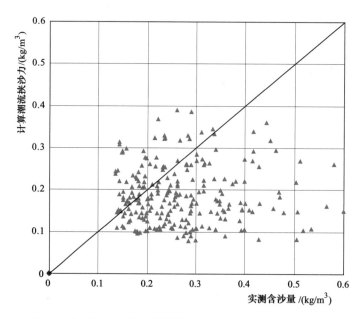

图 5.2-3 伶仃洋西滩计算潮流挟沙力与实测含沙量对比图

1. 一维数学模型

一维数学模型需要对河道断面水位、流量和分流比进行验证,若采用了泥沙模型,则还需要进行断面含沙量过程、输沙量、冲淤厚度和冲淤量进行验证。其中,根据 SL 104—95《水利工程水利计算规范》和 JTJ/T 232—98《内河航道与港口水流泥沙模拟技术规程》,一维模型验证应满足下列要求。

(1) 水位过程与原型一致,允许偏差为±0.1m。

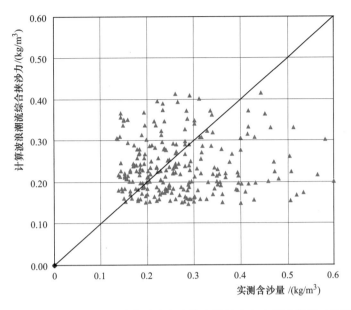

图 5.2-4 伶仃洋西滩计算波浪潮流综合挟沙力与实测含沙量对比图

（2）流量过程与原型一致，误差在±10%以内。

（3）含沙量沿程变化趋势与原型一致，悬移质含沙量测点的允许偏差为±30%，总输沙量的允许偏差在±5%以内。

（4）各河段冲淤与原型定性一致，冲淤量允许偏差为±30%。

（5）床沙级配中值粒径允许偏差为±20%。

2. 二维数学模型

二维模型验证的对象主要是各测点的水位、流速、流向过程，若采用了泥沙模型，则还包括测点的含沙量、冲淤厚度，以及研究区域的冲淤分布。根据 JTJ/T 232—98《内河航道与港口水流泥沙模拟技术规程》和 JTS/T 231-2—2010《海岸河口潮流、泥沙模拟技术规程》，二维模型验证内容，除了应按一维模型验证的规定执行外，还应补充下列内容。

（1）流速沿断面分布趋势与原型一致，流量允许偏差为±5%；分汊河道的干流及重点研究的汊流，其流量允许偏差为±5%。

（2）含沙量沿断面分布趋势与原型一致。

（3）平面流态、流向及回流范围与原型一致。

（4）地形冲淤性质及其分布与原型基本一致，重点研究部位的冲淤厚度及研究河段的冲淤总量允许偏差为±30%。

3. 物理模型

物理模型验证包括潮位、测点流速及流向、潮流量、流路及流态等项目，若采用了泥沙模型，则还包括测点的含沙量、冲淤厚度。验证精度要满足水利部 SL 99—95《河工模型试验规程》、JTJ/T 232—98《内河航道与港口水流泥沙模拟技术规程》JTS/T 231-2—2010《海岸与河口潮流泥沙模拟技术规程》的规程要求，基于本模型的复杂性，最大的偏差不超过水利部 SL 104—95《水利工程水利计算规范》要求，具体如下。

（1）潮位、高潮时间、低潮时间的相位允许偏差为±0.5h，最高最低潮位允许偏差为±10cm；最大的偏差不能超过 SL 104—95 规范的要求，则潮位的相位误差应小于潮汐周期的 1/12 或 1h，峰谷值误差应不大于 10~20cm。

（2）流速、憩流时间和最大流速出现的时间允许偏差为±0.5h，流速过程线的形态基本一致，涨潮、落潮平均流速允许偏差为±10%；最大偏差不超过 SL 104—95 规范的要求，则相位误差应小于潮汐周期的 1/8 或 1.5h，峰谷值误差绝对值一般应不大于涨落潮最大流速绝对值之和的 10%~20%，单站检验合格率应为 80%。

（3）流向，往复流测点主流流向允许偏差为±10°，平均流向允许偏差为±10°；旋转流时测点流向允许偏差为±15°。

（4）流路，应与原型趋向一致。

（5）流量，断面流量允许偏差为±10%。

（6）模型的冲淤部位应与原型基本符合，总冲淤量的允许偏差为±20%，单纯淤积的模型允许偏差为±15%。

当模型验证试验个别测站流速、潮位结果超出允许偏差时，应对比现场实测资料，分析产生偏差的原因，并采取相应的措施。

5.2.3 模型率定和验证的水文条件

根据模型率定和验证的一般要求，模型率定和验证需要采取不同的水文组合进行，保证模型能够适应不同的水文条件。但在实际工作中，往往受到实测水文资料的限制，有时难以保证有足够多的水文资料进行率定和验证，这种情况下往往通过公式计算、经验取值和分析河段实际情况对模型参数进行率定，再采用有限的水文资料对模型进行验证，还需对模型率定和验证进行合理性分析，但模型验证必须保证有满足防洪评价计算所需足够的水文条件。比如，防洪评价计算采用的是洪水条件，则模型必须对洪水水文条件进行率定和验证；防洪评价计算采用的是枯水条件，则模型必须对枯水水文条件进行率定和验证；若防洪评价计算的水文条件包含洪水、中水、枯水，则相应模型率定和验证的水文条件也应包括洪水、中水、枯水。

由于珠江三角洲及河口地区水流条件复杂、径潮交汇，潮排潮灌现象普遍，防洪评价关注的时间段不仅仅包括洪水期，还包括枯水期，加上珠江三角洲和河口地区还受到风暴潮的影响，因此珠江三角洲地区防洪评价计算中采用的水文条件一般要包括洪水、中水、枯三种水文条件，河口区防洪评价计算的水文条件还要有风暴潮水文条件，相应模型率定和验证的水文条件也应包括这几种。

近年来珠江三角洲和河口地区开展了不少大规模的同步水文测验，基本能满足防洪评价计算中模型率定和验证所需的水文条件的要求，目前在防洪评价中模型率定和验证常用的水文条件见 4.2.2 水文分析常用水文组合。

5.2.4 遥感技术在模型率定和验证中的应用

遥感技术是近年来发展起来的一项技术，逐渐在模型的率定和验证中发挥了较大的作用。遥感信息研究成果对大范围模型制作及验证很有帮助，这是因为遥感信息具有以下 6 大特性：宏观性、客观性、直观性、综合性、动态性、数字化特性。利用遥感新技术手段，依靠系列卫星遥感信息对近 30 年来尤其是近 10 年来珠江河口出现的新情况、新问题进行定性和定量分析,从而为模型提供冲淤变化、岸线变化、大范围涨落潮流路的变化等提供新的论证依据。

在缺少工程附近实测潮流资料时,采用遥感影像资料进行工程附近特征潮流场、悬沙浓度分布场等进行分析或验证,是行之有效的一种方法。

通过收集工程附近区域的遥感数据资料,包括洪枯水、大小潮和涨落潮等各个时相的数据,并对成像时刻的水文、气象等背景条件进行分析,研究不同年代遥感影像数据的可比性、典型性特征。

对遥感数据进行计算机图像处理,包括辐射校正、几何精确校正、彩色合成等。通过本地区地形图等实测数据与遥感数据的比较,控制图像处理的几何精度;通过遥感专业处理软件对珠江河口遥感数据的统计特征量分析、波段间数据的相关性分析,选择珠江河口的泥沙确定珠江河口演变分析遥感图件波段组合方式,并综合运用拉伸变换等图像处理方法突出表达滩涂水域演变的图像特征等,制作遥感分析基础图件。

水沙流路及悬沙分布分析,从遥感悬沙定量统计分析结果,结合现有的大量实测水文泥沙资料,研究本区域水沙输移的强度、方向和水流挟沙在滩槽之间的分布、沉降变化情况,探讨悬浮泥沙分布特征、出现几率和分布扩散趋势,分析本水域的含沙量分布和量值变化的遥感影像特征与空间分异,统计获得本水域重点位置及区域的多年平均、洪季、枯季等表层平均悬沙含量特征量值,为合理估算泥沙回淤和水域发展演变趋势提供参考依据。同时为数学模型、物理模型提供验证资料。

珠江水利科学研究院近年来完成的防洪评价计算中,关于珠江河口模型的率定和验证中不少都用到了遥感技术,验证效果如图 5.2-5、图 5.2-6 所示。

(a) 遥感分析成果

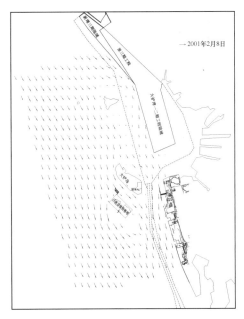

(b) 物模成果

图 5.2-5 伶仃洋东侧流态验证

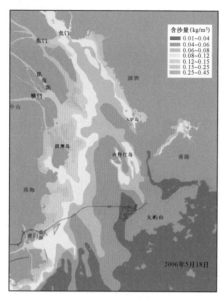 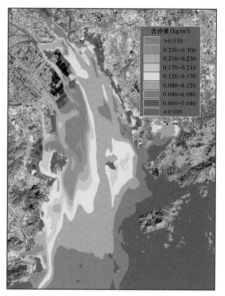

(a) 遥感分析成果　　　　　　　　　　　(b) 数模计算成果

图 5.2-6　伶仃洋含沙量分布场验证

5.2.5　模型验证示例

本节主要从珠江科学研究院近几十年的防洪评价计算工作中，选取部分示例来介绍模型的验证。

5.2.5.1　一维网河区潮流数学模型验证

1. 潮位验证

以"2001.2"枯水组合为例，表 5.2-2 和图 5.2-7 分别给出了珠江三角洲网河区部分断面的潮位特征值表和过程线图验证情况。

表 5.2-2　　　　　　　　"2001·2"枯水组合断面潮位验证成果表

序号	验证断面	最高潮位/m			最低潮位/m		
		实测值	计算值	误差	实测值	计算值	误差
1	大盛	1.67	1.67	0.00	−1.25	−1.33	−0.08
2	麻涌	1.65	1.67	0.02	−1.35	−1.43	−0.08
3	漳澎	1.66	1.65	−0.01	−1.21	−1.31	−0.10
4	泗盛围	1.73	1.69	−0.04	−1.37	−1.42	−0.05
5	老鸦岗	1.44	1.44	0.00	−0.82	−0.82	0.00
6	浮标厂	1.63	1.63	0.00	−1.11	−1.16	−0.05
7	黄埔左	1.71	1.68	−0.03	−1.42	−1.39	0.03
8	大虎	1.63	1.64	0.01	−1.40	−1.48	−0.08
9	三沙口	1.65	1.66	0.01	−1.33	−1.36	−0.03
10	横门	1.61	1.56	−0.05	−0.87	−0.88	−0.01
11	上横	1.52	1.51	−0.01	−0.83	−0.79	0.04

序号	验证断面	最高潮位/m			最低潮位/m		
		实测值	计算值	误差	实测值	计算值	误差
12	下横	1.55	1.57	0.02	−0.86	−0.88	−0.02
13	黄沙沥	1.46	1.46	0.00	−0.76	−0.77	−0.01
14	冯马庙	1.54	1.47	−0.07	−0.80	−0.82	−0.02
15	南沙	1.57	1.59	0.02	−0.99	−0.90	0.09

2. 流量验证

以"99·7"中水组合为例，表5.2-3和图5.2-8分别给出了珠江三角洲网河区部分断面的流量特征值表和过程线图验证情况。从一维模型验证结果来看，水位、流量验证合格率在80%以上，断面潮位特征值验证误差绝大部分为−0.1~0.10m，断面流量误差大部分小于10%，满足规范规程精度要求。

表5.2-3　　　　　　　　　　"99·7"中洪水组合断面流量验证成果表

断　　面	全潮流量平均			洪峰流量		
	实测值/(m³/s)	计算值/(m³/s)	误差/%	实测值/(m³/s)	计算值/(m³/s)	误差/%
沙洛围断面	1400	1508	7.7	2050	2187	6.7
三善右断面	3956	4103	3.7	4830	4924	1.9
澜石断面	2292	2505	9.3	2870	2978	3.8
三沙口断面	2840	2753	−3.1	4460	4034	−9.6
上横断面	1786	1913	7.1	2500	2324	−7.0
下横断面	3137	3541	12.9	4240	4421	4.3
大陇窖断面	7774	7952	2.3	10900	10004	−8.2
黄沙沥断面	970	914	−5.7	1220	1110	−9.0
南华断面	10410	10892	4.6	13200	12344	−6.5
天河站	11190	12288	9.8	13800	13711	−0.6
百顷断面	5348	5890	10.1	6480	7003	8.1

5.2.5.2　伶仃洋二维潮流泥沙数学模型验证

伶仃洋二维潮流泥沙数学模型验证采用交通部天津水运工程科学研究所2007年8月13—17日实测的潮位、潮流、含沙量等测量资料进行潮流泥沙验证。该水文测量是伶仃洋水域近期较为全面的水文观测，能够反映现状边界条件下伶仃洋海域来水来沙及水流泥沙运动特征。

1. 潮位验证

二维模型潮位验证成果误差统计见表5.2-4，误差统计项为高高潮位、低低潮位项。潮位验证过程线与实测过程线的对比见图5.2-9。从图5.2-9和表5.2-4可知，在该水文条件下，各潮位站模型与原型的潮位过程线吻合良好，模型的涨潮、落潮历时和相位与原型实测资料一致，潮位特征值验证误差范围为−0.1~0.10m，符合JTS/T 231—2—2010《海岸与河口潮流泥沙模拟技术规程》规定的精度要求。

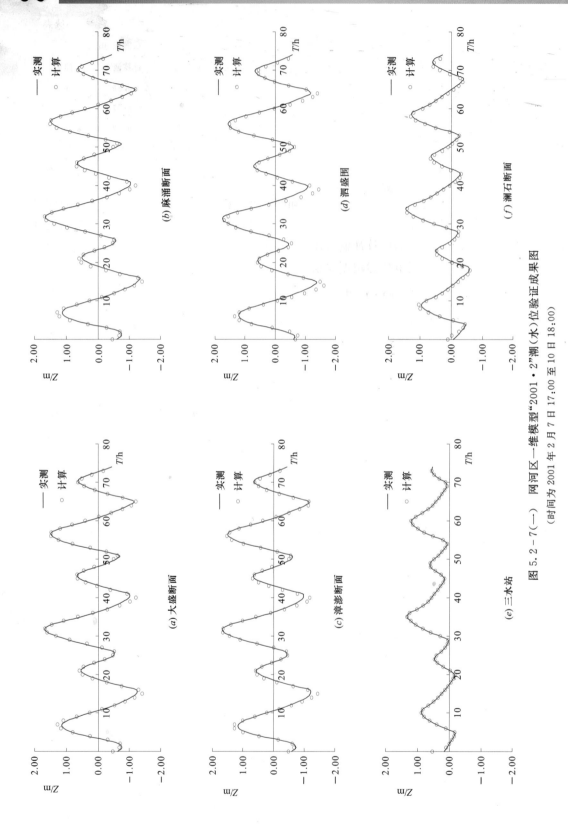

图 5.2 - 7(一) 网河区一维模型"2001 · 2"潮(水)位验证成果图

(时间为 2001 年 2 月 7 日 17：00 至 10 日 18：00)

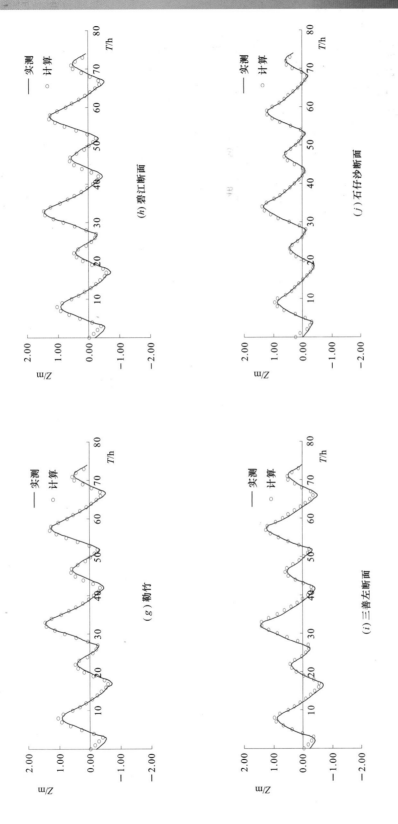

图 5.2-7(二) 网河区一维模型"2001·2"潮(水)位验证成果图
(时间为 2001 年 2 月 7 日 17:00 至 10 日 18:00)

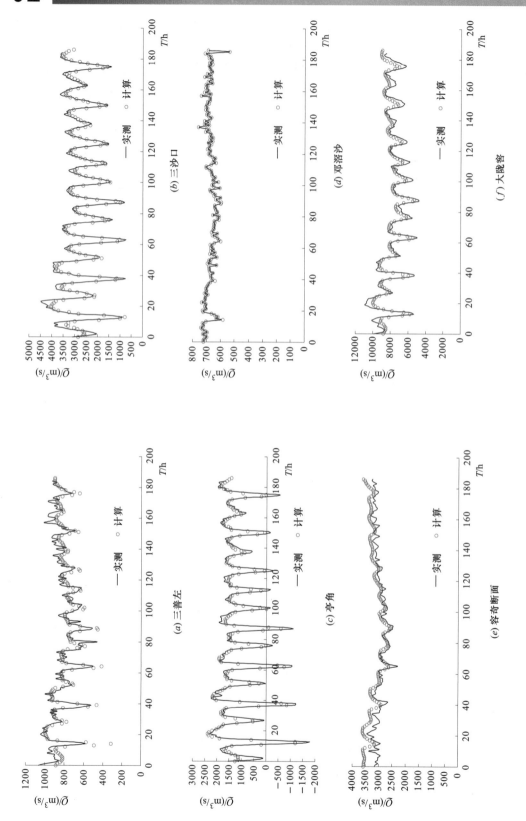

图 5.2 - 8(一) 网河区一维模型"99·7"流量验证成果图

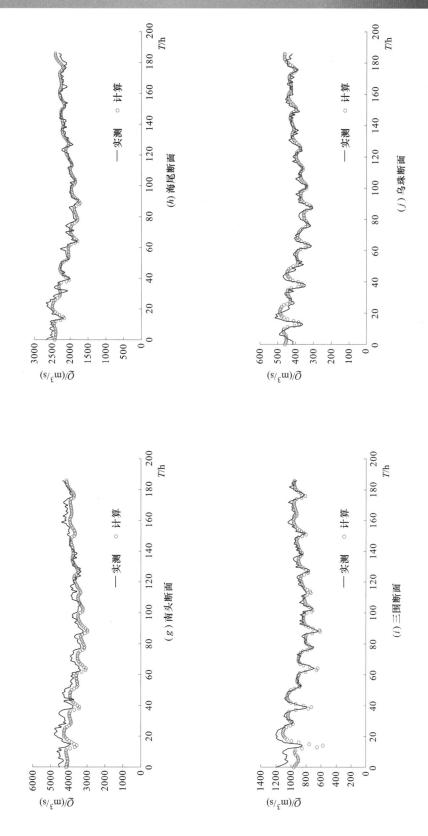

图 5.2-8（二）　网河区一维模型"99·7"流量验证成果图

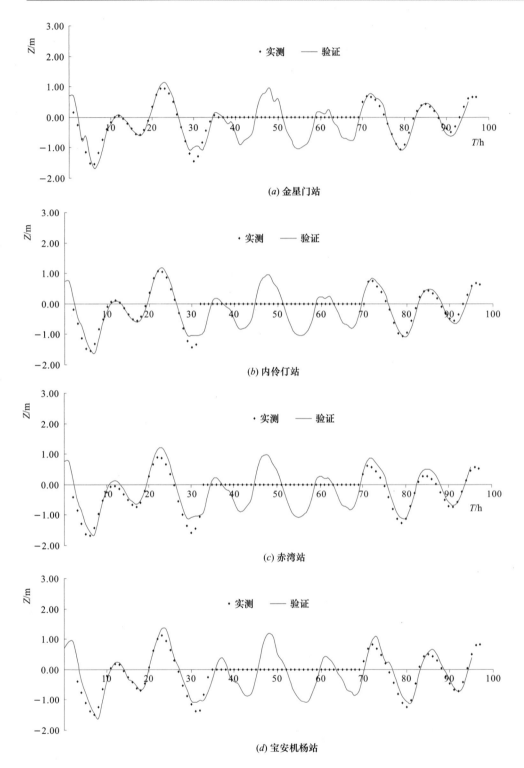

(a) 金星门站

(b) 内伶仃站

(c) 赤湾站

(d) 宝安机杨站

图 5.2 - 9 (一) 二维模型 "2007·8" 水文组合潮位过程线验证图

(时间为 2007 年 8 月 13 日 12：00 至 17 日 13：00)

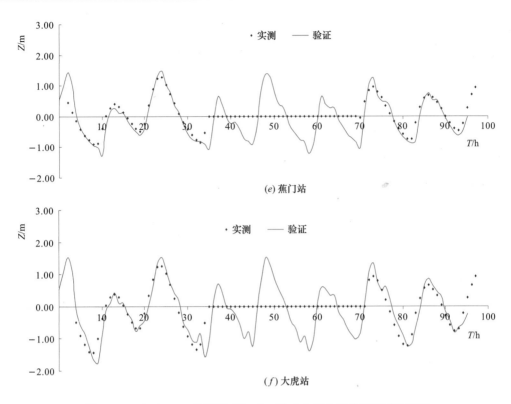

图 5.2-9（二）　二维模型"2007·8"水文组合潮位过程线验证图

（时间为 2007 年 8 月 13 日 12：00 至 17 日 13：00）

表 5.2-4 　　　　　　　　 **2007 年 8 月大潮、中潮特征潮位验证表**

时段	2007 年 8 月 13—14 日						2007 年 8 月 16—17 日					
项目	高潮位/m			低潮位/m			高潮位/m			低潮位/m		
测站	实测	计算	误差	实测	计算	误差	实测	计算	误差	实测	计算	误差
大万山	0.86	0.89	0.03	−1.16	−1.19	−0.03	0.59	0.60	0.01	−0.83	−0.88	−0.05
桂山岛	0.78	0.78	0.00	−1.34	−1.40	−0.06	0.51	0.59	0.08	−0.98	−0.95	0.04
金星门	0.94	0.93	−0.01	−1.46	−1.49	−0.03	0.68	0.71	0.03	−1.06	−1.08	−0.02
内伶仃	1.07	1.08	0.01	−1.42	−1.47	−0.05	0.76	0.84	0.08	−1.05	−1.07	−0.01
赤湾站	0.90	0.98	0.08	−1.58	−1.66	−0.08	0.61	0.68	0.07	−1.27	−1.22	0.05
横门站	1.28	1.32	0.03	−0.59	−0.56	0.03	0.96	1.03	0.07	−0.51	−0.45	0.06
万顷沙	1.59	1.52	−0.07	−0.65	−0.72	−0.07	1.29	1.20	−0.09	−0.44	−0.52	−0.08
宝安机场	1.11	1.14	0.03	−1.37	−1.41	−0.04	0.81	0.90	0.09	−1.25	−1.20	0.05
南沙码头	1.35	1.37	0.02	−1.16	−1.18	−0.02	1.02	1.10	0.08	−1.12	−1.10	0.02
蕉门站	1.27	1.29	0.02	−0.85	−0.88	−0.03	0.96	1.04	0.08	−0.74	−0.82	−0.08
大虎站	1.25	1.32	0.07	−1.34	−1.42	−0.08	0.94	1.03	0.09	−1.23	−1.21	0.02

2. 流速流向验证

2007 年 8 月 13—14 日大潮特征流速验证成果误差统计项有涨潮平均、落潮平均、落潮最大、涨潮最大 4 项，见表 5.2 - 5，流速和流向验证过程线与实测过程线的对比见图 5.2 - 10。

表 5.2 - 5 2007 年 8 月 13—14 日大潮特征流速验证表

测 点	落潮平均流速/(m/s)		落潮最大流速/(m/s)		涨潮平均流速/(m/s)		涨潮最大流速/(m/s)	
	实测	计算误差	实测	计算误差	实测	计算误差	实测	计算误差
虎门 1 站	0.63	−0.02	0.93	−0.06	0.59	0.06	1.16	0.11
虎门 2 站	0.54	0.04	1.09	0.08	0.58	0.03	0.99	0.08
虎门 3 站	0.61	0.04	0.91	0.05	0.50	0.05	0.86	0.14
蕉门 1 站	0.50	0.01	0.81	0.05	0.43	−0.05	0.78	−0.12
蕉门 2 站	0.47	0.03	0.82	0.06	0.45	−0.01	0.80	−0.07
蕉门 3 站	0.49	0.03	0.81	0.08	0.45	−0.03	0.78	−0.12
洪奇沥 1 站	0.91	0.05	1.41	0.10	0.49	−0.04	1.35	−0.15
洪奇沥 2 站	0.59	0.04	0.81	0.07	0.48	−0.03	0.82	−0.08
横门 1 站	0.45	0.03	0.59	0.06	0.29	−0.01	0.56	−0.07
横门 2 站	0.35	0.03	0.63	0.09	0.31	−0.01	0.55	−0.02
伶仃 1 站	0.51	0.03	0.77	0.05	0.33	0.03	0.58	0.06
伶仃 2 站	0.68	−0.05	1.12	−0.02	0.41	0.04	0.70	0.06
伶仃 3 站	0.51	−0.02	0.92	−0.06	0.47	−0.02	0.97	−0.08
大濠岛站	0.55	0.00	0.97	0.04	0.49	−0.01	1.03	−0.08
矾石站	0.59	−0.05	0.99	−0.08	0.47	0.02	0.79	0.03
铜鼓航道站	0.60	−0.06	1.04	−0.10	0.41	0.03	0.73	0.11
西滩站	0.49	0.04	0.78	0.08	0.46	−0.02	0.99	−0.09
抛泥地站	0.65	−0.06	1.38	−0.12	0.46	−0.04	0.93	−0.09
珠海站	0.52	0.01	0.92	0.07	0.40	−0.03	0.75	−0.06
外海 1 站	0.34	−0.04	0.58	−0.04	0.19	0.00	0.32	0.05
外海 2 站	0.22	0.03	0.41	0.03	0.21	0.02	0.27	0.05

从表 5.2 - 5 和图 5.2 - 10 可知，模型计算的流速过程线与各测站的实测流速过程线吻合较好，相位基本一致，涨潮平均流速和落潮平均流速误差基本在 ±10% 以内，符合 JTS/T 231—2—2010《海岸与河口潮流泥沙模拟技术规程》规定的精度要求。

从计算与实测图表可知，模型计算的流向过程线与各测站的实测流向过程线吻合较好，相位基本一致，涨潮平均流向和落潮平均流向误差均在 ±10° 以内，符合 JTS/T 231—2—2010《海岸与河口潮流泥沙模拟技术规程》规定的精度要求。

3. 含沙量验证

2007 年 8 月大潮、中潮实测期间各测站含沙过程验证如图 5.2 - 11 所示。从图中可以

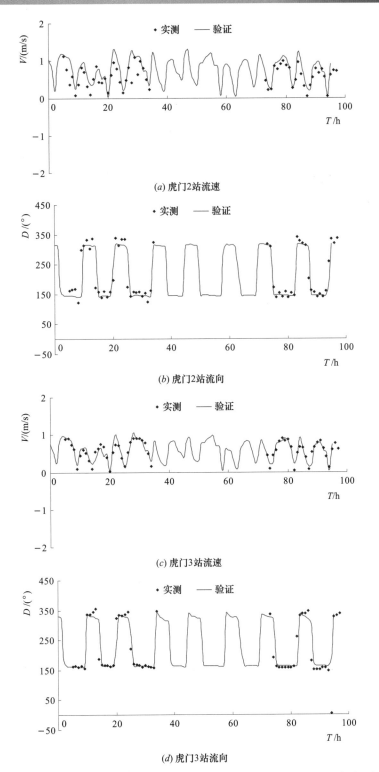

(a) 虎门2站流速

(b) 虎门2站流向

(c) 虎门3站流速

(d) 虎门3站流向

图 5.2-10 (一)　二维模型"2007·8"水文组合流速、流向过程线验证图

(时间 2007 年 8 月 13 日 12：00 至 17 日 13：00)

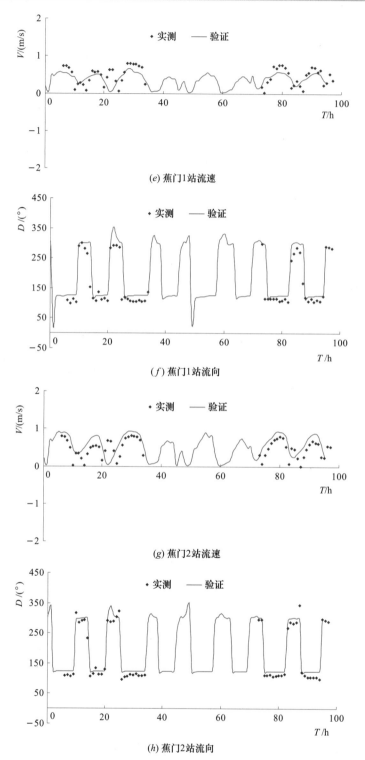

(e) 蕉门1站流速

(f) 蕉门1站流向

(g) 蕉门2站流速

(h) 蕉门2站流向

图 5.2-10 （二） 二维模型 "2007·8" 水文组合流速、流向过程线验证图

（时间 2007 年 8 月 13 日 12：00 至 17 日 13：00）

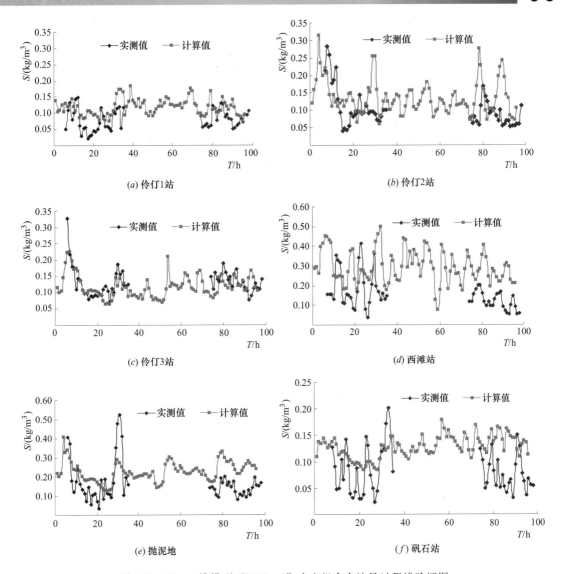

图 5.2-11 二维模型"2007·8"水文组合含沙量过程线验证图
（时间为 2007 年 8 月 13—17 日）

看出，各测期各点含沙量计算过程总体趋势与实测基本一致，计算误差基本控制在 30%以内，局部出现含沙量异常增加，计算与实测有一定差距，主要是受风浪作用的影响，而计算模拟采用的洪季平均风浪条件，与实测期实际过程有一定差异。

5.2.5.3 珠江河口潮流物理模型验证

1. 潮位验证

"99·7"中洪水大潮组合部分断面潮位验证的原型与模型高潮、低潮位特征值对比见表 5.2-6。从表中可以看出，潮位过程线吻合情况较好（过程线图从略），相位偏差在 0.5h 以内，高潮、低潮位误差在 10cm 以内的占 95%，最大误差为 10cm，涨潮、落潮潮差的误差基本在 10cm 以内。

表 5.2 – 6 　　　　　　　　 **"99·7"组合原型与模型潮位特征值比较表** 　　　　　 单位：m

序号	区域/水道	测站	高高潮位			低低潮位		
			原型	模型	差值	原型	模型	差值
1	伶仃洋海区	桂山岛	0.97	1.07	0.10	−1.31	−1.29	0.02
2	伶仃洋海区	赤湾	1.25	1.25	0	−1.44	−1.41	0.03
3	虎门水道	大虎	1.51	1.56	0.05	−1.09	−1.09	0.00
4	东江南支流	泗盛	1.59	1.64	0.05	−0.95	−1.03	−0.08
5	东江北干流	大盛	1.63	1.65	0.02	−0.84	−0.86	−0.02
6	广州水道	黄埔左	1.66	1.72	0.06	−0.89	−0.84	0.05
7	大石水道	大石	1.87	1.90	0.03	−0.52	−0.50	0.02
8	平洲水道	沙洛围	1.95	1.96	0.01	−0.38	−0.38	0.00
9	白坭河水道	老鸦岗	1.61	1.62	0.01	−0.16	−0.24	−0.08
10	鸡啼门水道	黄金	1.28	1.28	0.00	−0.52	−0.60	−0.08
11	黄茅海区	荷包岛	1.15	1.19	−0.04	−1.36	−1.41	−0.05
12	虎跳门水道	西炮台	1.43	1.44	0.01	−0.76	−0.72	0.04
13	崖门水道	官冲	1.36	1.29	−0.07	−0.85	−0.87	−0.02
14	潭江水道	石嘴	1.41	1.37	−0.04	−0.77	−0.72	0.05
15	蕉门水道	南沙	1.58	1.60	0.02	−0.19	−0.25	−0.06
16	洪奇沥水道	冯马庙	1.76	1.75	−0.01	0.34	0.34	0.00
17	河口混合区	下横沥	1.76	1.74	−0.02	0.21	0.18	−0.03
18	河口混合区	上横沥	1.83	1.80	−0.03	0.50	0.45	−0.05
19	横门水道	横门	1.59	1 58	−0.01	0.04	0.02	−0.02
20	容桂水道	容奇	2.48	2.49	0.01	1.84	1.91	0.07
21	鸡鸦水道	南头	2.71	2.74	0.03	2.24	2.28	0.04
22	小榄水道	小榄	2.91	2.94	0.03	2.44	2.53	0.09
23	东海水道	南华	3.46	3.44	−0.02	3.10	3.14	0.04
24	沙湾水道	三沙口	1.60	1.65	0.05	−0.77	−0.74	0.03
25	紫坭河水道	三善溶	2.20	2.21	0.01	1.38	1.39	0.01
26	顺德水道	霞石	2.45	2.50	0.05	1.83	1.89	0.06
27	顺德水道	石仔沙	3.75	3.82	0.07	3.49	3.54	0.05
28	潭洲水道	紫洞	4.05	4.13	0.06	3.78	3.83	0.05
29	北江干流	三水	5.72	5.76	0.04	5.62	5.65	0.03
30	磨刀门水道	灯笼山	1.30	1.28	−0.02	0.10	−0.11	−0.01
31	磨刀门水道	竹银	1.56	1.55	−0.01	0.48	0.53	0.05
32	磨刀门水道	大鳌	2.19	2.15	−0.04	1.48	1.50	0.02
33	石板沙水道	百顷	2.28	2.25	−0.03	1.66	1.69	0.03
34	北街水道	北街	2.89	2.88	−0.01	2.44	2.49	0.05
35	西海水道	天河	3.50	3.48	−0.02	3.18	3.21	0.03
36	甘竹溪	邓滘沙	2.72	2.73	0.01	2.09	2.16	0.07
37	西江干流	马口	6.01	6.09	0.08	5.90	5.92	0.02

注 桂山站原型值为数模计算结果，潮位以珠江基面起算。

2. 流速流向验证

以"2001·7"组合验证磨刀门外海区测点流速、流向。由于该处水域水流散乱，流速梯度大，流态异常复杂多变，且离拦门沙较近，水深较浅，验证难度较大。验证的流速、流向过程线如图5.2-12所示，可以看出，1号、3号、4号验证情况较好，2号、5号略差，但偏离程度不算大，基本能满足精度要求。

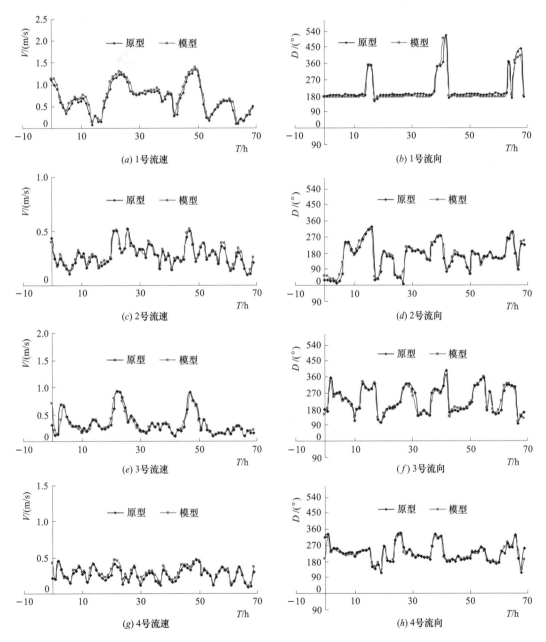

图 5.2-12（一） "2001·7"磨刀门海区流速、流向验证成果图

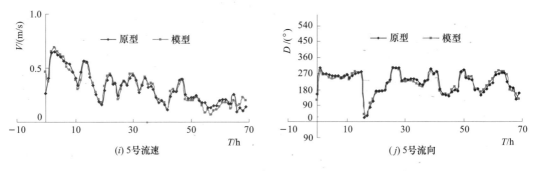

(i) 5号流速

(j) 5号流向

图 5.2 - 12（二）　"2001·7"磨刀门海区流速、流向验证成果图

3. 流态验证

由于缺乏大范围原型流态观测资料，采用遥感信息分析成果对海区的流态、流场进行同步验证，以提高了研究成果的可靠性。由于模型范围广，模型用照相法或 PIV 物模流速场测速系统获取流态与遥感信息分析成果进行对比和验证，海区的流场则采用布设流速测点的方法进行验证。

图 5.2 - 13 和图 5.2 - 14 分别为铜鼓海区涨潮、落潮流态图（物模与遥感对比），可以看出涨潮时，大濠水道涨潮流速较大，其主流沿伶仃水道上溯，另有一股涨潮流穿过铜鼓岛以南香港机场以北海域，并在铜鼓岛西侧与暗士顿涨潮流汇合后继续上溯。落潮时，从暗士顿水道下泄的落潮流也在铜鼓岛西侧水域分流，一股从香港的马湾水道下泄，另一股流向大濠水道，分流点随着落潮流的加大逐渐南移至香港机场至沙洲岛一带水域。无论是涨潮期还是落潮时，香港机场北缘一般不会出现向东或向西单向水流运动。这种特殊的流态是由于暗士顿水道与伶仃水道涨潮流、落潮流互相作用的结果。

内伶仃岛以南铜鼓附近海域的特殊流态，物理模型观测到的结果与数学模型及遥感的研究成果都基本相符。

(a) 遥感流势图

(b) 物模流态图

图 5.2 - 13　铜鼓附近海域涨潮流态对比图

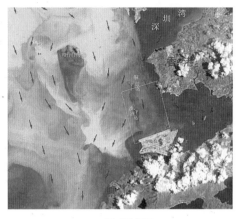

(a) 遥感流势图   (b) 物模流态图

图 5.2-14 铜鼓附近海域涨落流态对比图

4. 潮流量验证

模型对"99·7"中洪水大潮水文组合网河区的潮流量进行验证,原型与模型潮量对比分别列于表 5.2-7,在"99·7"中洪水大潮条件下,模型各验证断面流量过程与原型趋势基本一致,涨潮、落潮量误差基本在 10% 以内,模型验证断面的涨潮、落潮流量基本满足精度要求。

表 5.2-7   "99·7"组合涨潮量、落潮量验证成果表   单位:万 m³

位 置	河道名	断面	落潮量			涨潮量		
			原型	模型	误差/%	原型	模型	误差/%
八大口门	虎门水道	大虎	104657	106961	2.2	53635	50688	−5.5
	蕉门水道	南沙	63177	68205	8.0	59	54	−8.5
	洪奇沥水道	冯马庙	32582	30119	−7.6	0	0	0.0
	横门水道	横门	42453	43190	1.7	0	0	0.0
	磨刀门水道	灯笼山	86751	83950	−3.2	0	0	0.0
	鸡啼门水道	黄金	12365	11501	−7.0	62	57	−8.1
	虎跳门水道	西炮台	10644	10098	−5.1	434	398	−8.3
	崖门水道	官冲	29234	31587	8.0	17207	15998	−7.0
两江水系	西海水道	天河	106896	110640	3.5	0	0	0.0
	东海水道	南华	108846	99699	−8.4	0	0	0.0
	甘竹溪	邓滘沙	6275	6541	4.2	0	0	0.0
	小榄水道	小榄	19071	18414	−3.4	0	0	0.0
	鸡鸦水道	南头	40129	40648	1.3	0	0	0.0
	桂洲水道	海尾	22520	21822	−3.1	0	0	0.0
	容桂水道	容奇	28175	25840	−8.3	0	0	0.0
	黄圃沥	乌珠	4056	3789	−6.6	0	0	0.0

续表

位 置	河道名	断面	落潮量			涨潮量		
			原型	模型	误差/%	原型	模型	误差/%
两江水系	黄沙沥	黄沙沥	9687	8750	−9.7	0	0	0.0
	北街水道	北街	58990	63666	7.9	0	0	0.0
	荷塘水水道	潮莲	65986	66001	0.0	0	0	0.0
	石板沙水道	百顷	58228	60542	4.0	0	0	0.0
	磨刀门水道	大鳌	52538	51425	−2.1	0	0	0.0
	石板沙水道	睦洲口	20176	21464	6.4	0	0	0.0
	螺洲溪	竹洲头	8587	8879	3.4	0	0	0.0
	磨刀门水道	竹银	71935	66669	−7.3	0	0	0.0

5.3 工程概化

工程概化是防洪评价计算中的重要环节，是正确、合理反映工程防洪影响的关键因素之一。

5.3.1 数学模型计算中的工程概化

防洪评价计算中涉水建筑物工程概化可归结为开挖（如航道疏浚、港池开挖）和回填（如桥墩、码头高桩、围垦）两大类，数学模型概化主要是修改河道地形和调整糙率。

在一维模型计算中，对涉水建筑物的概化通过修正工程所在断面的过水面积、湿周及糙率来实现的，开挖时增大过水面积，回填时则减小过水面积。为提高计算效率，计算工程对河网分流比和壅水影响一般采用一维模型。一维模型工程概化最大的缺点是无法表达水流变量沿河道横断面方向的非均匀分布，可以通过修改计算断面的水力参数反映建筑物阻水比，但无法反映建筑物与河道相对位置。建筑物与河道相对位置不同，即使阻水比相同，对壅水的影响也是不同的。如位于河道主槽的桥墩和位于近岸的桥墩，在阻水面积相同的情况下，位于河道主槽的桥墩对壅水的影响要大于位于近岸的桥墩；桥梁与河道正交和桥梁与河道斜交相比，即使阻水比相同，对壅水的影响也是不相同的。对于这种情况，可以通过建立局部二维模型来模拟桥墩阻水，统计二维模型某特征位置的壅水值，然后调整一维模型相应位置计算断面的水力参数，使得一维模型计算断面的水位值与二维模型相等，实现一维模型工程概化。

与一维模型相比，二维模型可以模拟工程与河道的相对位置，工程概化相对精确。二维模型常用的计算网格有三角形网格、四边形网格（曲线正交网格和矩形网格）。采用三角形网格时，工程概化仅需要根据工程方案布置进行局部网格加密，实现网格边界与工程区域边界的准确拟合，并通过调整工程区域内各网格的高程值（降低网格地形高程来反映开挖，抬高网格地形高程反映回填情况）即可。图5.3-1为中山市古神公路跨坦洲大涌大桥项目中采用三角网进行的桥墩概化，三角网可以实现桥墩边界的准确拟合，准确模拟桥墩的阻水情况及桥墩附近的流场分布规律。当模型采用四边形网格，工程概化要尽量加密网格，使计算网格与工程边界尽可能吻合，再调整建筑物区域内各网格的高程值，但加密网格要牺牲计算效率。当建筑物形状不规则，或者为采用较大的计算网格以提高计算效率，网格与建筑物区域无法完全拟合时，也可以修改建筑物所占网格节点的高程，同时修正建筑物周围网格节点的有效尺寸，并利用局部阻力的等效糙率方法，修正建筑物周围网格节点的糙率值。图 5.3-2 为正交曲线网格下修正网格尺寸的示意图，等效糙率的计算方法可采用南京水利科学研究院的单桩阻力及桩群阻力研究成果：

$$F' = \rho C_D A' \frac{V^2}{2}$$

$$C_D = C_d K_d N_d$$

式中：C_d 为单桩阻力系数，$C_d = 2.0$；K_d 为桩群当量系数，K_d 为 $0.3 \sim 1.0$；N_d 为桩数；F' 为单桩或桩群阻力；C_D 为单桩或桩群的阻力系数；A' 为桩柱在垂直于水流方向上的投影面积；V 为作用于桩柱上的趋近流速。

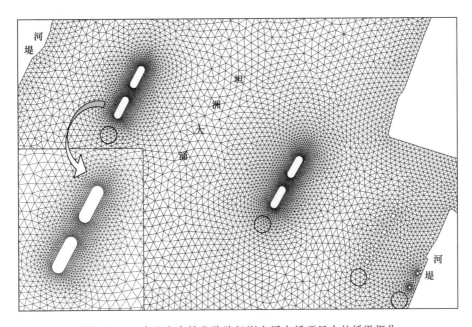

图 5.3-1　中山市古神公路跨坦洲大涌大桥项目中的桥墩概化

在一个计算单元网格 $\Delta x \times \Delta y$ 内，河床的边界阻力为 F，若有单桩或桩群，则总阻力应为 $F_1 = F + F'$。便于应用，在计算中采用等效糙率 n_t 替代 n。n_t 的计算公式如下：

$$n_t = \left(\frac{A'}{2} C_D H^{1/3} \frac{1}{gn^2 \Delta x \Delta y} + 1 \right)^{1/2} n$$

式中：n_t 为等效糙率；n 为河床糙率；H 为水深。

计算中水深不一，网格大小不等，n_t 取值范围不同。

5.3.2　物理模型试验中的工程概化

物理模型中的工程概化相对比较直观，主要是将工程建筑物按照设计比尺进行缩放后添加到模型上，能比较真实地模拟工程的占用河道情况。

物理试验模型中大桥桥墩、人工岛等概化示例如图 5.3-3 和图 5.3-4 所示。

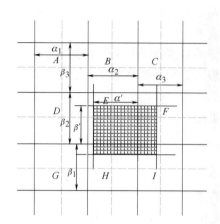

编号	$i(x)$ 向尺寸	$j(y)$ 向尺寸
A	α_1	β_3
B	α_2	β_3
C	α_3	β_3
D	α_1	β_2
E	α_2	β_2
F	α_3	β_2
G	α_1	β_1
H	α_2	β_1
I	α_3	β_1

工程前各网格尺寸   阻水结构尺寸(m×n)   工程后各网格尺寸

编号	$i(x)$ 向尺寸	$j(y)$ 向尺寸
A	$\alpha_1+(\alpha_2-\alpha')$	β_3
B	α'	$\beta_3+(\beta_2-\beta')$
C	α_3	$\beta_3+(\beta_2-\beta')$
D	$\alpha_1+(\alpha_2-\alpha')$	β_2
E	m	n
F	$\alpha_3-(m-\alpha')$	n
G	$\alpha_1+(\alpha_2-\alpha')$	β_1
H	α'	$\beta_1-(n-\beta')$
I	α_3	$\beta_1-(b-\beta')$

图 5.3-2 正交曲线网格下网格尺寸修正示意图

图 5.3-3 物理试验模型中某大桥桥墩概化图

图 5.3-4　物理试验模型中珠澳人工岛及附近工程概化图

5.4　模型计算的前后处理

防洪评价模型计算即由基础数据得到相关成果的系列过程，具体为：在研究工程建设方案的基础上，搜集拟建工程附近地形、水文、现状及规划工程设施等基础资料，采用数学模型和物理模型技术手段进行计算，得到相关的防洪评价计算成果数据。在这个过程当中，模型计算的前后处理发挥了很大的作用。

模型计算前处理主要是对模型的输入条件进行处理，主要包括剖分断面或网格、河道地形处理、水文数据格式化、边界条件设置、初始场生成等，通过对模型的输入条件进行处理后，使得模型能够准确、有效地运行，得到真实的模拟结果。

模型计算后处理主要是对模型输出或者模型试验生成的数据进行处理，主要有水位、流速、含沙量（采用泥沙模型计算冲淤情况时）等，然后结合 excel、cad、surfer 等软件进行数据后处理，形成表格及图件，通常需要后处理形成的表格及图件有：水位变化统计表、水位影响等值线图、冲淤变化图、工程前后流态变化图、流速变化等值线图、动力轴线变化图、流速变化统计表、潮量变化统计表等，然后根据这些图表成果，结合工程附近河道基本情况，分析得到防洪评价主要成果——壅水成果以及冲刷与淤积、河势影响、潮排潮灌影响等成果。其中，防洪评价计算后处理这部分工作量较大，通常是将各后处理模块集成为一个后处理工具软件进行使用，可大大提高工作效率。

防洪评价计算总体框图如图 5.4-1 所示。

5.4.1　数学模型计算的前处理

对于数学模型而言，前处理工作主要是生成模型计算的有关文件，便于模型计算，一般包括有断面或者网格的剖分、河道地形处理、边界条件的处理、初始场给定等。

5.4.1.1　断面或网格剖分

（1）对于一维模型，需要合理剖分模型计算断面，一维断面取得较密时，有利于准确

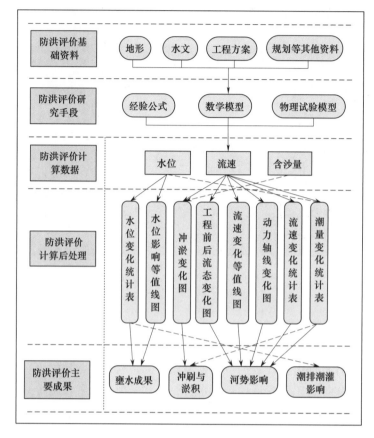

图 5.4-1　防洪评价计算总体框图

概化河道过水断面特征，但会形成较多的断面数目和较大的计算量；取得较少时，又不利于水系特征概化。因而，在布设一维断面时，应结合河道特征灵活处理，河道地形变化大时，适当加密断面，变化小时，可拉大断面之间距离。

图 5.4-2 为珠江三角洲网河区一维模型计算断面剖分示意图，该模型研究范围基本上包括了西江、北江三角洲、东江三角洲及广州水道等。模型上边界取自马口（西江）、三水（北江）、老鸦岗（流溪河）、麒麟嘴（增江）、博罗（东江）、石嘴（潭江）水文（位）站，下边界取至八大口门的大虎（虎门）、南沙（蕉门）、冯马庙（洪奇门）、横门（横门）、灯笼山（磨刀门）、黄金（鸡啼门）、西炮台（虎跳门）及官冲（崖门）潮位站，模型共布设了 3621 个断面，模拟河道长度约 1750km，模型断面距离约 10～2000m 不等。

（2）对于二维模型，则需要合理剖分计算网格，计算网格的大小需要满足计算精度要求和研究需要，从计算精度和模拟准确性的角度上，计算网格越密、越小越好，但计算网格过密会导致计算网格数量较多，计算速度会受到较大影响，影响模型效率和计算时间，因此，计算网格剖分的好坏直接与模型的精度和效率相关。

常见的二维模型网格剖分有矩形网格、曲线正交网格、三角形网格，矩形网格由于网格间物质传输原理清晰，模型推导公式比较简单，在数学模型发展早期应用较多，但随着数学模型和计算机技术的发展，现已很少使用，目前在珠江三角洲及河口地区防洪评价计

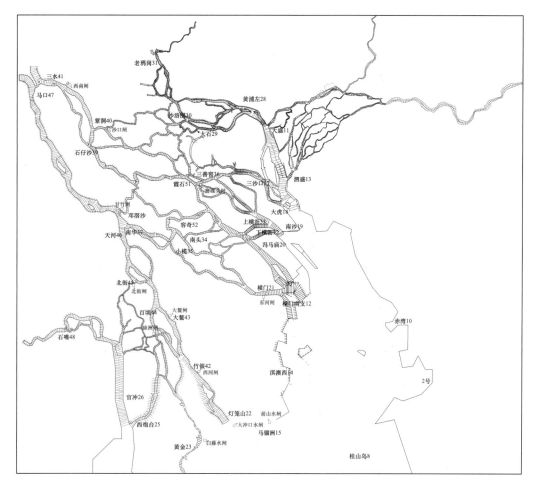

图 5.4-2 珠江三角洲网河区一维模型断面布置示意图

算中应用较多的是正交曲线网格和三角形网格。

对于正交曲线网格，要求满足网格对河道边界和建筑物边界拟合的前提下尽量做到网格正交，这类网格对于河道形态和建筑物布置比较规则的情况下适用较好，但对于海区河道边界较乱和建筑物尺寸太小、走向变化等情况，采用正交曲线网格模拟概化就会存在一定的问题，因此，正交曲线网格在三角洲网河区河道内应用较多。图 5.4-3 为淡水河某码头防洪评价计算二维模型网格示意图，该二维数学模型的研究范围基本包括整个狮子洋，上边界取自广州水道的新沙港、沙湾水道的三沙口潮位站、东江南支流的泗盛围及淡水河河口以上约 6.5km 处，下边界取至大虎站，二维模型计算网格采用贴体正交曲线网格，共设网格 502×626 个，网格大小疏密沿河道河势宽窄变化不等，并对工程局部网格加密，最大网格尺寸 60m×47m，最小网格尺寸 5m×5m，较好的对码头工程进行了模拟。

对于三角形网格，由于能模拟任意几何边界，不受计算域大小、计算边界和建筑物尺寸的限制，还能局部加密，便于控制网格的密度和数量，能同时满足模拟精度和计算效率的要求，已经越来越多的在防洪评价中得到了应用。但三角形网格在有这些优点的同时，

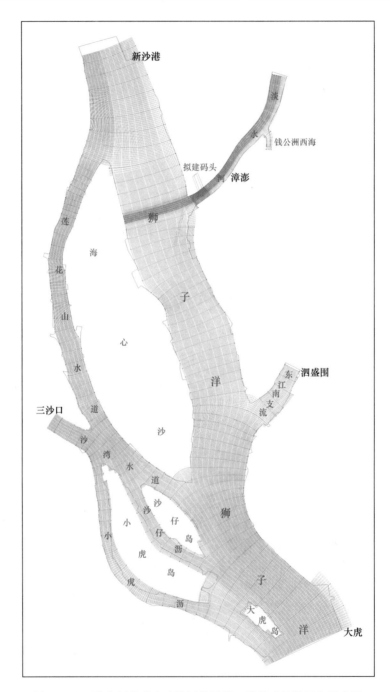

图 5.4 - 3 淡水河某码头防洪评价计算二维模型计算网格示意图

由于其计算算法复杂，离散求解难度大，对黏性项的处理比较困难，若采用高阶格式需要花费很大的代价，因此也需要根据研究问题的需要合理选用。目前三角形网格在航道工程的模拟、桥墩细部模拟、大范围海区模拟计算中应用较多。图 5.4 - 4 是为模拟某航道防洪评价计算二维模型计算网格示意图，二维数学模型研究范围包括伶仃洋浅海区、大亚湾、大鹏湾、香港水域、深圳湾、澳门浅海区、磨刀门浅海区，模拟水域面积约 $6514km^2$。二维模型网格对航道的局部网格进行了特别处理，有效地概化了航道工程，三角网网格最小边长为 20m，共布置网格约 8 万个。

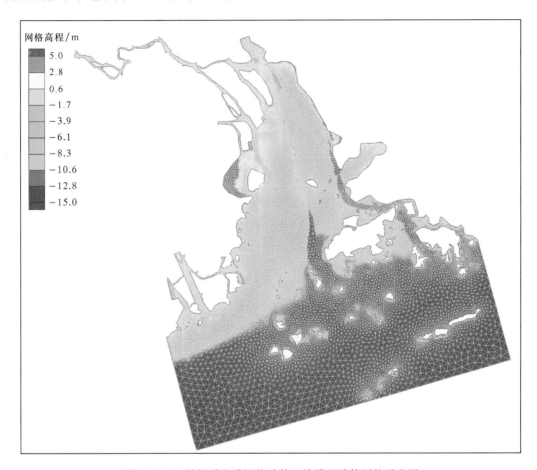

图 5.4-4 某航道防洪评价计算二维模型计算网格示意图

5.4.1.2 河道地形处理

河道地形最初一般是按一定测图比例以高程或水深散点、等高线或等深线生成的地形图，这些地形数据都无法直接在模型计算中采用，必须要对河道地形进行合理处理，生成模型计算所需的基本文件。

河道地形处理的过程一般是先对河道地形高程或水深数据提取，然后按照模型断面或者网格插值得到每个断面的起点距高程或者每个网格节点的高程数据、最后生成模型计算断面或者网格所需的河道地形数据。

图 5.4-5~图 5.4-8 给出了某河段地形处理过程中的三个过程示意图，其中图 5.4-5 和图 5.4-6 是河道原始地形图，通过将河道地形点和等高线提取出来后将地形高程点生成三角网（图 5.4-7），在根据模型网格将高程点三角网进行数据插值得到每个网格点的高程值，最后对网格点的高程数据进行检验，图 5.4-8 为根据网格高程数据生成的河道地形示意图。

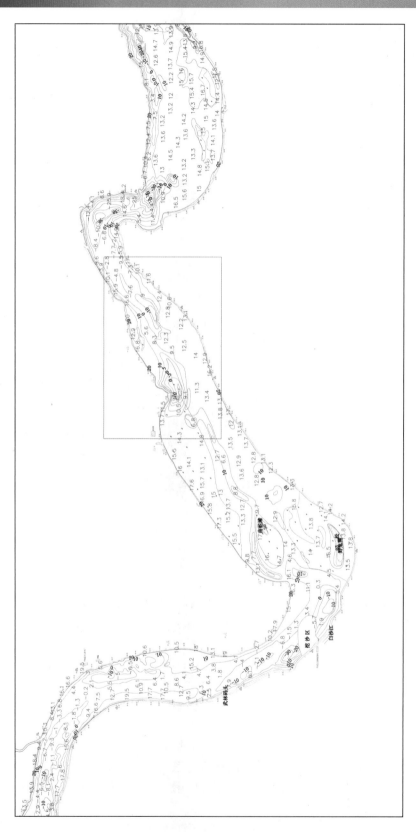

图 5.4-5 某河道实测地形图

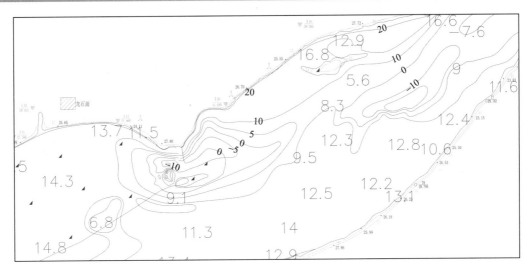

图 5.4-6 某河道实测地形图（局部放大）

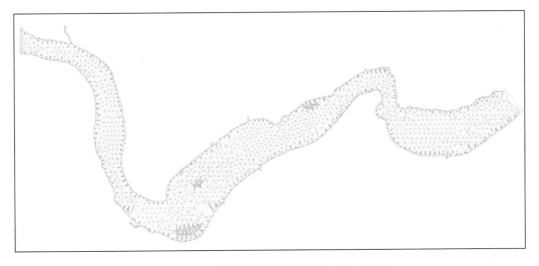

图 5.4-7 根据河道地形高程点生成的三角网

对于数学模型而言，前处理工作主要是生成模型计算的有关文件，便于模型计算，一般包括有断面或者网格的剖分、河道地形处理、边界条件的处理、初始场生成等。

5.4.1.3 边界条件处理

边界条件的处理包括模型边界的设置和边界条件的给定，这里的边界主要是指开边界，不包括陆地边界或者固边界。

模型的边界的设置根据模型计算区域确定，若模型区域为单一河道，则模型只包括一个上边界和一个下边界；若模型区域为多汊河道或者河网模型，则会包括若干个上下边界；若模型区域包括口门和浅海区，则模型边界包括口门上边界和浅海区下边界。一般来说，在模型计算时，上边界给定上游进口流量，下边界给下游出口水位。计算区域确定、模型断面或者网格剖分好之后，就要在的进出口断面或者网格节点处设置边界，将相应的

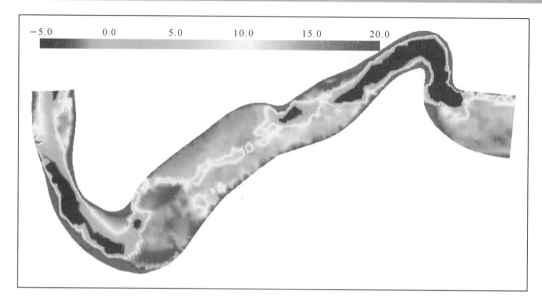

图 5.4 - 8　根据网格高程数据生成的河道地形示意图

断面或者网格节点属性设置成模型流量或者水位边界。模型的边界一般设置在固定水文测站断面处，当边界没有设置在水文站断面时，模型边界数据可以通过水文方法或者水力学方法推求得到。例如图 5.4 - 2 介绍的珠江三角洲网河区一维模型断面布置，其上边界为三角洲进口的各个控制水文站断面，上边界给定各个水文站的流量信息；下边界则设在三角洲出口的八大口门，下边界给定八大口门的潮位信息。

　　边界条件的给定主要是指流量、水位等水文条件的给定。一般情况下，边界处的水文数据来自于水文测验成果，水文资料序列是不规则的，需要对原始水文数据进行相应的处理，一是按照模型输入的时间序列要求对水文数据进行插值，二是根据模型边界输入的边界信息进行数据整合或分解，比如模型的上边界要求输入的是单宽流量，而水文测验得到的是断面流量，则就需要将断面流量转换成每个网格的单宽流量。

5.4.1.4　初始场给定

　　初始场是指在模型开始计算前模型中各个断面或者网格节点处的水位、流量、流速、含沙量等信息，初始场给定的准确与好坏直接关系到模型的精度和收敛。若模型的初始场能与计算时间段的水文过程衔接的较好，则模型计算过程中就会比较稳定，计算误差较小；若模型的初始场与计算时间段起始的水文条件相差较大，则可能会导致模型计算出现发散、迭代不收敛、计算结果出错等问题。因此，模型初始场的给定也是模型前处理的一个比较重要的问题。

　　给定一个比较好的模型初始场需要对模型进行多次的调试和运算，可以在模型实际计算时间段之前先给一定时间段的水文条件进行计算。

5.4.2　物理模型试验的前处理

5.4.2.1　模型范围确定

　　防洪评价研究中常用的物理模型试验研究的范围短则几公里，长则达数十公里，主要根据研究的各方面具体情况而定。

模型范围常规确定方法是：模型范围＝进口段＋试验段＋出口段。进口段和出口段可称为非试验段，该段内无试验观测任务，其主要目的是将水流平顺导入或引出试验段，相似性要求可适当低于试验段。

确定试验段河道长度的原则总体上是包含工程建成后可能影响到水流条件的整个范围，如桥墩引起水位壅高、流速变化的范围，阻水建筑物引起主流改变、流场流态变化的范围，一般在试验前不知道工程的具体影响范围，可根据已建工程或实践经验进行估计，并留有余地。

确定进出口段长度的原则为需保证其水流条件平顺过渡，在调整到试验段时达到相关相似要求。

以珠江河口整体物理模型为例，该模型的上边界为：西北江上游至两江交汇处思贤滘附近，广州水道上游至老鸦岗，并分别向上游延伸2km作为过渡段；东江至新家铺、石龙，向上游延伸2km作为过渡段。上边界以上用扭曲水道相连接，用以模拟潮区界段纳潮的长度和容积。模型的下边界选在珠江八大出海口门外海区－25m等高线，并延长5km左右的过渡段。所有上边界、下边界的过渡段都模拟实测地形，以保证模型水流与原型相似。模型的原型长度为140km，模型的原型宽度为120km，珠江河口整体物理模型布置示意图可见图4.4－1。

5.4.2.2 模型比尺确定

模型试验成果的准确性、真实性以及试验成果实际应用的成败，在很大程度上取决于模型设计的合理性和科学性，模型比尺是其中的重要内容之一。

确定模型相似比尺的主要步骤如下。

（1）初步确定平面比尺。对照模型研究范围和试验场地大小初步确定平面比尺，在场地和经费允许的情况下尽量选择小的比尺，这样其他相似条件容易满足，精度也可提高。

（2）初步确定垂向比尺。根据原型河道断面最小平均水深和过流建筑物最小水深，按照表面张力的限制条件（一般要求河道模型最小水深不小于1.5cm，过流建筑物模型最小水深不小于3cm）初步确定垂向比尺，再验算模型流态是否进入紊流区或阻力平方区，判断模型变率是否满足相关规范的要求。

（3）计算水流运动相似比尺。依据重力、阻力相似条件计算流速、流量、水流时间、糙率等比尺。

（4）验算供水能力能否满足。根据试验需要的最大流量、量测仪器的量测范围等，按照拟定的比尺验算供水条件是否能达到，量测仪器测量范围是否满足。如不满足，在保证各项限制条件下可做适当调整，否则需增设供水设备和量测仪器。

（5）验算糙率能否达到相似。通常情况下，天然河道糙率不会太小，通过加糙容易达到糙率相似；而水工建筑物材料常为混凝土，且过流面光滑，表面糙率均较小，模型缩小后可能采用最光滑的有机玻璃均难以达到，所以在满足其他条件下宜尽可能选择满足糙率相似的几何比尺。如实在难以全面顾及，则需采用糙率校正措施。

（6）模型沙选配及确定泥沙运动相似比尺。收集多种模型沙资料，全面分析其特性，进行适当的选配。如有可能，尽量利用已有的模型沙，不仅可节约经费，还可省去模型沙起动、沉降等准备性试验，减少堆放场地，节约时间，减小环境污染。模型沙选配后，依据泥沙运动相似条件，即可算出推移质或悬移质的粒径比尺、输沙率比尺、河床变形时间比尺等。

由于目前还没有一个能准确计算各种河流的输沙率公式，所以输沙率比尺不能完全准确反映原型与模型输沙率的实际相似比尺，此处确定的输沙率、河床变形时间等比尺还不是最终相似比尺，还需通过河床变形验证试验反复校正。

（7）计算其他相关比尺。对于截流、溃坝等典型水工模型，需要计算坝体、截流材料等的粒径比尺、冲刷率比尺。

（8）验算相似准则的偏离。有些平原河流，河道糙率随流量的变化而变化，即使通过河床、边滩、河岸等分区段加糙都难以满足各级流量的糙率相似，特别是需要施放流量过程的动床模型试验显得尤为突出。这种情况下，应使对工程最起作用、影响最大的那一级流量的水面线达到相似，允许其他流量级的阻力相似有所偏离，但偏离值宜小于 30%，并应保证与原型水流同为缓流或急流。

通过以上 8 个步骤的反复调整，可设计出最恰当的相似比尺。表 5.4 - 1 列出了珠江河口整体物理模型的各种比尺取值。

表 5.4 - 1　　　　　　　　　　　　模型各种比尺统计表

项目	比尺名称	符号	取值	备　　注
几何比尺	平面比尺	λ_l	700	
	垂直比尺	λ_h	70	
水流比尺	流速比尺	λ_u	8.37	
	水流时间比尺	λ_t	83.67	
	流量比尺	λ_q	409963	
	潮量比尺	λ_w	34300000	原型沙 d_{50} 取 0.01mm
	糙率比尺	λ_n	0.64	
	沉速比尺	λ_ω	0.84	
泥沙比尺	粒径比尺	λ_d	0.29	
	含沙量比尺	λ_s	0.22	
	起动流速比尺	λ_{u0}	8.37	
	泥沙冲淤时间比尺	λ_{t2}	665	

5.4.3　防洪评价计算后处理

在防洪评价计算结束后，就需要对防洪评价计算结果进行相关后处理，主要包括统计分析、表格形成、图件绘制等内容。计算手段及计算条件、相关参数的正确选择是防洪评价计算成果合理的必要保障，而防洪评价计算后处理则是所有计算工作的唯一的、最终的展现，采样点、线、面的合理布置及图表的美化布局对提升防洪评价报告质量起到关键性作用。由于经验公式计算的成果往往比较单一，得出的数据量不大，因此防洪评价计算的后处理主要是针对数学模型和物理模型计算得到的成果。

在通常的防洪评价报告编制中所涉及的防洪评价计算后处理主要可分为两大类：一类是表格类成果，主要有水位变化统计表、流速变化统计表、流量变化统计表、潮量变化统计表、含沙量变化统计表、冲淤变化统计表等；二是图件类，主要有水位变化等值线图、工程前后流态变化图、流速变化等值线图、动力轴线变化图、含沙量分布变化等值线图、冲淤变化图等，下面针对这些主要成果后处理中的要点作逐一介绍。

5.4.3.1 表格类

计算成果后处理中的表格类成果通常需结合采样点、线、面的布设进行，即需根据计算数据提取采样点或断面的数值后，整理形成最终成果表格，因而对于表格类成果，采样点或断面的合理布置是其展现质量的关键环节。下面分别对防洪评价计算中常见的成果统计表进行介绍，同时也对采样点或断面布设的一般要求进行了介绍。

1. 水位变化统计表

对于三角洲网河区河道，一般多采用一维水流数学模型进行壅水分析计算，需要布设水位采样断面，统计各个水位采样断面的水位变化，进行分析；对于珠江河口区，由于水域宽阔，常用二维模型进行壅水分析计算，同一断面上水位变化相差较大，无法用一断面来准确代表工程上下游水位，需要布设水位采样点，统计各个水位采样点的水位变化，进行分析。

水位采样断面：在采用一维模型计算时，水位采样断面应包含在模型的计算断面内。水位采样断面的布设主要考虑两点：一是能反映工程的影响范围，准确评估工程的壅水影响长度，因此采样断面应能包括工程影响范围，在不确定工程影响范围时，可以尽量扩大水位采样断面的范围；二是能确定工程的最大影响程度，主要是指最大壅水高度，一般来讲距离工程越近，影响程度也就越大，因此采样断面在靠近工程附近上下游应尽量布密，随着与工程距离的增加可以逐渐稀疏。

水位采样点：水位采样点多用于河口区项目防洪评价中，水位采样点的布设原则与水位断面的布设原则基本一致，也要满足能覆盖工程的影响范围和确定工程的最大影响程度，距离工程越近，采样点越密，反之则越稀疏。对于河口区工程可能影响范围内的比较有代表性的测点或者测站，一般也要求布设水位采样点进行分析评价。

除以上要求外，对于工程上下游有水文、水利设施、取排水工程和涉及第三人合法水事权益的重点关注位置，也要相应布设水位采样断面或采样点。

水位变化统计表：根据布设的水位采样断面或采样点，分别提取出相应断面或网格点的工程前后水位计算过程，将工程前后水位采样断面或采样点的水位进行对比，得到水位变化统计表进行工程影响分析，一般用于分析工程造成的壅水、排涝、潮排、潮灌等。

图5.4-9和表5.4-2分别给出了鸡鸦水道上某大桥防洪评价计算的水位采样断面布设示意图和工程前后高低潮位变化统计表。

2. 流量、潮量变化统计表

流量变化统计主要用于分析工程建设对河道分流比变化的影响，一般用于珠江三角洲网河区；潮量变化则用于分析工程建设对河道或者河口涨落潮量变化、纳潮量变化的影响，除用于珠江三角洲网河区外，在河口区也会进行相应分析。

流量采样断面布设主要针对网河区河道，一般布置在工程上游分汊河道的各个进口段，用于统计工程上游各个汊道的流量分配比变化。潮量采样断面布设主要针对河口项目较多，一般布设在工程上下游控制性断面及各个口门控制断面，对于珠江河口建设项目，

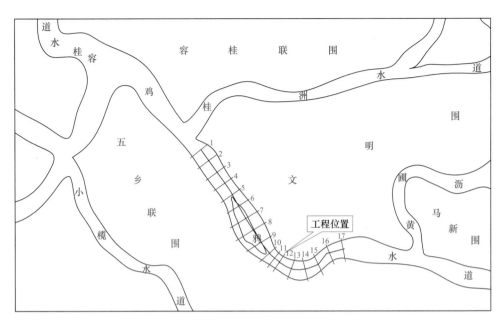

图 5.4 - 9 水位采样断面布设示意图

表 5.4 - 2 　　　　　　　　　工程前后高低潮位变化统计表　　　　　　单位：m

断面号	桩号	位置	"99·7"中水低低潮位		"2001·2"枯水高高潮位	
			现状	变化	现状	变化
1	0+000		1.589	0.000	1.322	0.000
2	0+500		1.579	0.000	1.325	0.000
3	0+1000		1.578	0.000	1.330	0.000
4	0+1500		1.573	0.000	1.332	0.000
5	0+2000		1.555	0.000	1.333	0.000
6	0+2500	大桥上游	1.548	0.000	1.334	0.000
7	0+3000		1.540	0.003	1.336	0.000
8	0+3500		1.492	0.006	1.336	−0.002
9	0+4000		1.499	0.008	1.337	−0.004
10	0+4500		1.480	0.010	1.338	−0.006
11	0+4750		1.469	0.012	1.338	−0.008
12	0+5000	桥址	1.468	0.005	1.338	−0.003
13	0+5500		1.460	−0.003	1.340	0.003
14	0+6000		1.450	−0.002	1.341	0.002
15	0+6500	大桥下游	1.450	0.000	1.342	0.001
16	0+7000		1.448	0.000	1.342	0.000
17	0+7500		1.442	0.000	1.343	0.000

若水域较宽时，可利用岛屿、滩地形成多个采样断面，用于统计工程上下游各个断面涨落潮量的变化，分析重要潮汐通道纳潮量的变化。

以南沙江海联运码头防洪评价计算为例，为分析工程方案对东四口门潮量、净泄量及凫洲水道、蕉门延伸段的分流比影响，选取图 5.4-10 所布设的断面进行计算统计，表 5.4-3 给出了典型潮水文条件下的各断面潮量变化统计表。

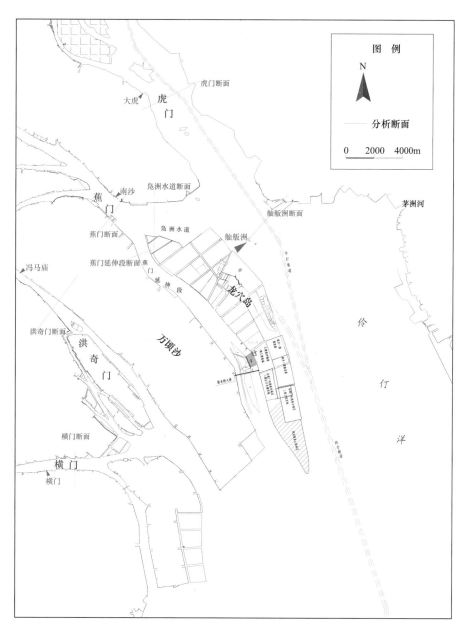

图 5.4-10　流量、潮量采样断面布设示意图

表 5.4-3   典型水文条件下各断面潮量变化计算成果表   %

断　面	"98·6"洪水组合		"2002·6"中水		"2001·2"枯水组合	
	落潮量	涨潮量	落潮量	涨潮量	落潮量	涨潮量
虎门	0.02	0.01	0.01	0.02	0.02	0.02
蕉门	−0.14		−0.16	−0.15	−0.18	−0.26
洪奇门	0.28		0.36	0.30	0.38	0.57
横门	0.00		0.00	0.00	0.00	0.00
舢舨洲	0.17	0.01	0.10	0.05	0.05	0.09
凫洲水道	0.48		0.74	0.65	0.81	0.61
蕉门延伸段	−2.26		−2.27	−2.01	−2.49	−2.29

注　潮量统计时段为："98·6"洪水取 1998 年 6 月 25 日 20：00 至 26 日 21：00，"2001·2"洪水取 2001 年 2 月 8 日 17：00 至 2 月 9 日 18：00。

3. 流速变化统计表

流速变化即工程造成的其附近局部区域流速的变化，主要布设流速采样点进行统计分析。

流速采样点：流速采样点的布设范围通常小于水位采样点，在工程附近区域布设密度则稍大于水位采样点，流速采样点的布设偏重工程局部范围，对于桥梁工程，一般要在桥墩上下游、桥孔之间、桥墩与堤岸之间、堤岸近岸水域布设流速采样点；对于码头工程，通常会在停泊水域、回旋水域、航道水域、码头上下游近岸水域、码头对岸近岸水域分别布设流速采样点，重点分析这些关键水域流速的变化，进而分析流速变化对河道冲淤、河势稳定、堤岸安全等产生的影响。

表 5.4-4 和图 5.4-11 分别给出了鸡鸦水道上某大桥防洪评价计算的"98·6"洪水组合下采样点流速变化统计表和流速采样点布设示意图。

表 5.4-4   "98·6"洪水组合下采样点流速变化统计表

采样点	"98·6"洪水				采样点	"98·6"洪水			
	落急流速/(m/s)		落急流向/(°)			落急流速/(m/s)		落急流向/(°)	
	现状	变化值	现状	变化值		现状	变化值	现状	变化值
1	0.59	0.00	127.23	0.00	11	0.91	0.00	151.23	−0.02
2	0.59	0.00	125.70	0.01	12	2.04	0.00	148.28	0.06
3	0.47	0.00	122.70	0.01	13	1.66	−0.01	146.68	0.02
4	0.43	0.00	115.08	0.03	14	0.35	0.00	122.27	0.03
5	1.22	0.00	148.97	0.05	15	0.85	0.01	144.14	0.04
6	2.27	0.00	155.09	0.00	16	1.80	0.00	144.12	0.11
7	1.61	0.00	152.54	0.00	17	2.13	0.00	143.72	0.13
8	0.91	0.00	153.96	0.00	18	1.74	−0.01	139.35	0.08
9	2.13	0.00	152.51	0.03	19	0.57	0.00	134.63	0.14
10	1.71	0.00	154.01	0.00	20	1.40	0.01	138.77	0.00

续表

采样点	"98·6"洪水				采样点	"98·6"洪水			
	落急流速/(m/s)		落急流向/(°)			落急流速/(m/s)		落急流向/(°)	
	现状	变化值	现状	变化值		现状	变化值	现状	变化值
21	2.08	0.01	139.12	0.25	38	1.86	0.04	125.31	−0.06
22	2.03	−0.01	137.63	0.35	39	0.87	−0.03	114.71	−0.23
23	1.45	−0.02	134.04	−0.06	40	2.02	0.02	121.62	−0.10
24	0.94	0.03	136.99	5.80	41	2.09	0.05	119.78	−0.10
25	1.77	0.05	133.15	−0.86	42	1.51	−0.05	121.04	−0.01
26	2.17	0.05	136.45	0.87	43	1.37	0.04	116.63	0.01
27	1.72	−0.38	131.05	0.06	44	1.31	−0.06	113.94	0.06
28	1.45	0.06	126.88	−0.70	45	2.27	0.06	113.98	0.06
29	1.27	0.03	130.77	−0.96	46	1.62	0.02	113.50	0.01
30	1.78	0.01	126.86	0.17	47	1.55	−0.01	113.88	0.09
31	2.30	0.06	133.06	−0.67	48	1.01	0.03	112.10	0.08
32	2.24	0.02	135.75	−2.21	49	1.09	−0.03	111.11	0.19
33	1.98	0.03	122.98	0.96	50	2.12	0.01	106.27	0.13
34	1.08	0.00	126.89	−0.64	51	1.82	0.02	106.25	0.05
35	2.14	0.04	128.36	−0.37	52	1.63	−0.01	104.98	0.09
36	2.42	0.04	126.23	−0.54	53	1.35	0.00	103.66	0.12
37	0.86	−0.10	128.10	−0.96					

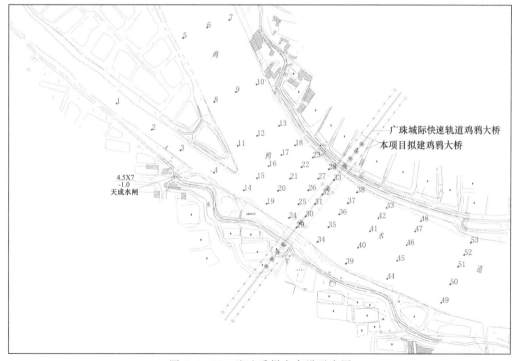

图 5.4-11 流速采样点布设示意图

5.4.3.2 图件类

图件类成果相对于表格类成果更加直观，更能清晰的反映工程影响范围，与表格类成果相结合，可以准确地分析工程对防洪的影响，科学评价。图件类成果主要有水位变化等值线图、工程前后流态变化图、流速变化等值线图、动力轴线变化图、含沙量分布变化等值线图、冲淤变化等值线图等。

1. 水位变化等值线图

水位变化等值线图依据二维数学模型计算结果处理得出，便于分析工程后水位在平面上的变化情况。其做法是将工程前后典型时刻对应网格单元的水位相减，得到各网格单元的水位差值，然后作等值线，即得水位变化等值线图，反映出建设项目对附近水域水位影响（范围和大小）的平面分布情况，比统计采样点水位变化所反映出的工程水位影响更全面、直观。图 5.4-12 为某项目防洪评价中水位变化等值线图。

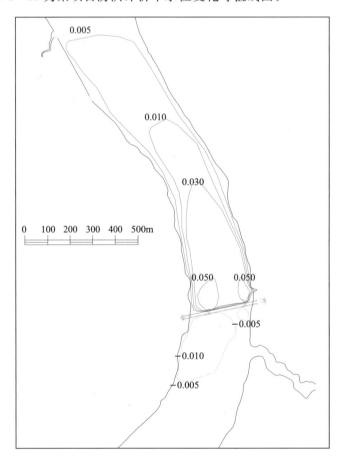

图 5.4-12 某项目防洪评价中水位变化等值线图

2. 工程前后流态变化图

工程前后流态变化图也是依据二维数学模型计算结果处理得到，将工程前后河道流态叠加在一张图上进行对比，分析工程对流态产生的变化。为便于比较，最好将工程前、后流态图叠加后用不同颜色箭头区分，以分析工程前后工程水域及其他重点关注水域的整体流态变化情况。流态图的绘制中应注意出图范围及矢量比尺的合理选择。对于河口及一些防洪敏感水域，流场图范围一方面需要给出工程局部水域流态变化细节，另一方面也要反映出工程建设对整个河道的流态影响，受流速矢量比尺及页面的限制，一幅图难以表现时，可以由多幅不同重点的流态对比图叠加形成最终流态对比图。

3. 流速变化等值线图

流速变化等值线图反映的是工程水域整体的二维平面流速变化情况，通常以涨急和落急时刻为例绘制，具体绘制方法与水位变化等值线图相似。流速变化等值线图的绘制中需要注意的是等值线的选择，既要有代表性，又要使图件简洁美观，因而流速等值线条数不宜过少和过多，要做到疏密有度，比较有效的处理方法是先统计流速变化值，然后划分等值线，绘制流速变化等值线图。图 5.4 - 13 为鸡鸦水道某大桥防洪评价中"90·6"洪水落急时刻的流速变化等值线图。

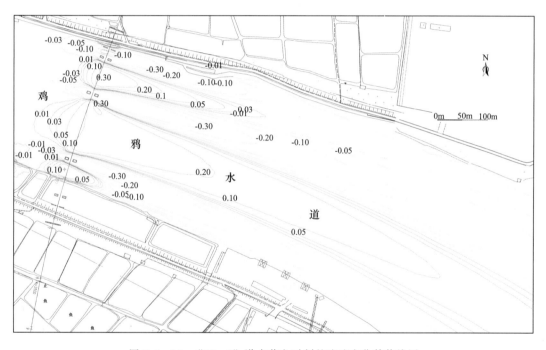

图 5.4 - 13   "98·6"洪水落急时刻的流速变化等值线图

4. 动力轴线变化图

河流的水流动力轴线，又称主流线，是指水流流程各断面内最大垂线平均流速的连线，绘制建设项目工程前后的动力轴线变化图主要用于分析工程建设对附近水域横断面最大流速沿程分布的影响，总体反映了对主流动力位置的影响情况。图 5.4 - 14 为佛山北江某大桥防洪评价中"98·6"落急动力轴线图。

5. 含沙量变化等值线图

含沙量变化等值线图反映工程后泥沙输移运动发生的变化，在珠江三角洲及河口地区通常以涨急和落急时刻为例绘制，具体绘制方法与水位变化等值线图和流速变化等值线图相似，绘制要点与流速变化等值线图基本一致。图 5.4 - 15 为广州港出海航道三期工程配

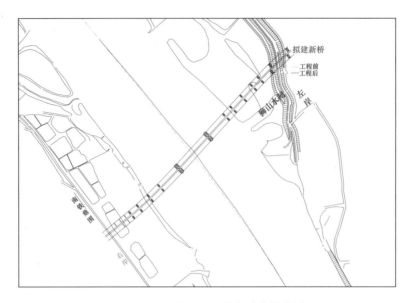

图 5.4-14 "98·6"落急动力轴线图

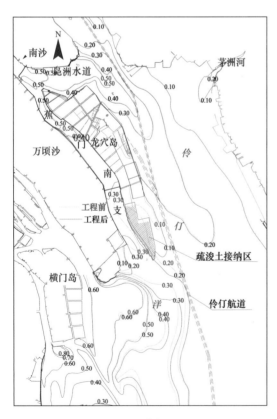

(a) 洪季落潮

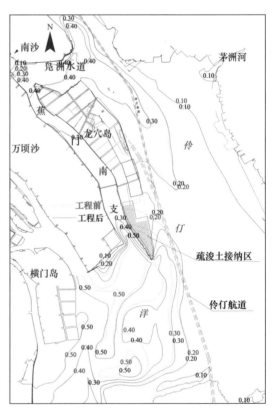

(b) 洪季涨潮

图 5.4-15 工程前后含沙量分布变化等值线图

套项目—疏浚土接纳区工程防洪评价中洪季落潮、涨潮时刻的工程前后含沙量分布变化等值线图。

6. 冲淤变化等值线图

冲淤变化的含义是冲蚀和淤积相结合的变化，冲淤变化图需结合泥沙数学模型或物理试验模型成果数据绘制，和流速变化等值线图、含沙量变化等值线图一样，在绘制中应注意线条或色带的代表性和表现性，以直观、美观地表现出工程附近水域的冲淤变化情况。图 5.4 - 16 为港珠澳大桥防洪评价中得到的工程前后东、西人工岛附近 10 年后的年冲淤变化图。

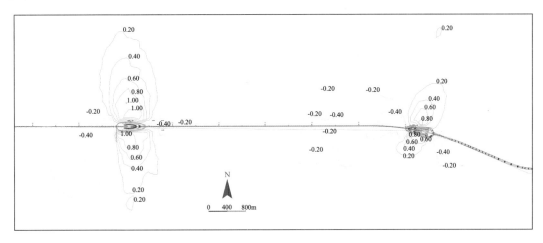

图 5.4 - 16　工程前后东、西人工岛附近 10 年后的年冲淤变化图（单位：m）

第 6 章
内河涌涉水工程防洪评价典型实例解析

　　内河涌是指堤围内受水利工程设施控制的自然或人工开挖的河道。内河涌承担着供水排水、水产养殖、水上运输、防洪排涝、纳污释污等功能，对区域经济的发展十分重要，也对改善和维护城市生态环境和人居环境、提高城市品位及弘扬地域文化起着十分关键的作用。

　　防洪排涝是内河涌的基本功能，内河涌的洪涝灾害往往不但与区间暴雨产汇流洪水密切相关，而且还会受到下游潮流顶托的影响，与外江潮位紧密相关，情况较为复杂。

　　此外，在水闸、泵站等水利工程设施控制下内河涌水系往往与外江外河隔开，可形成一个独立的封闭体系，从而围内各水域水文要素与外江外河各水文要素关联性较小，水文分析难度大。并且，内河涌水系往往规模较小，水文测验站点、设计水位资料及河道断面地形资料均较缺乏，护岸形态也复杂多样，从而，根据内河涌水系、环境的独有特点，其涉水工程建设项目的防洪评价与外江水系涉水项目防洪评价侧重点不同，设计暴雨计算、洪潮遭遇特性分析等水文计算分析、排涝计算是其防洪评价的特点和重点。

　　内河涌涉水工程防洪评价计算的主要技术手段是在暴雨产流水文分析的基础上，采用河涌一维或二维模型进行防洪排涝计算，暴雨产流计算为模型提供上游流量边界，水位分析成果为模型提供下游出口水位边界。

　　珠江三角洲及河口区河网密布，内河涌水系发达，内河涌涉水建设项目也较为繁多，本章将分别以《中山市古神公路（二期）工程坦洲大涌大桥防洪评价报告》《庄头涌（工业大道—珠江口）清淤工程防洪评价报告》为例，结合内河涌特点对内河涌涉水工程防洪评价进行实例解析和评价要点分析。

6.1　坦洲大涌大桥工程防洪评价实例简介和评价要点解析

6.1.1　工程概况和工程特性

　　项目概况： 中山市古神（二期）工程坦洲大涌大桥横跨中珠联围内的坦洲大涌，桥址下游约 3km 处为大涌口水闸，上游约 6.3km 处有龙塘水闸，拟建工程地理位置示意图如图 6.1-1 所示。该项目按一级公路标准设计，全桥长度：250m；桥梁宽度：与路基同宽，16（单幅）+1m（现浇湿接缝）+16（单幅）=33.0m。

　　防洪标准： 工程设计防洪标准为 100 年一遇。

　　桥梁方案： 坦洲大涌大桥跨越坦洲大涌，水面宽度约 200m，路线与河道水流方向夹角为85°，桥址处河床岸线比较稳定，且有护岸。桥上部结构为预应力混凝土空心板、预应力混凝土连续箱梁，下部结构为桩柱式桥墩、肋板式桥台，钻孔灌注桩基础，承台埋入河床。工程平面布置图如图6.1-2所示。

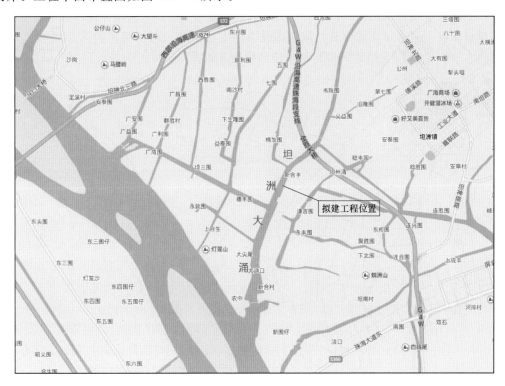

图6.1-1 坦洲大涌大桥地理位置示意图

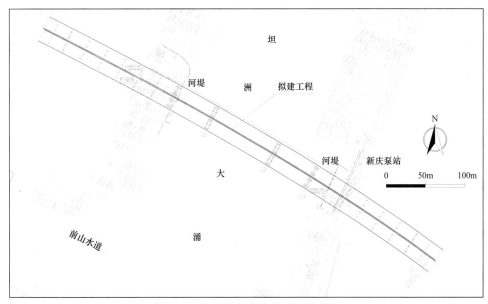

图6.1-2 坦洲大涌大桥平面布置图

防洪评价关键点：本项目为跨越内河涌的大型桥梁工程，该河涌尚无已批复的规划水文分析成果，因此需要进行专门的水文分析计算，如何推求设计暴雨洪水和选取合适的水文组合进行防洪评价计算是本项目评价的关键点之一；加上该河涌两岸均建有护岸，桥梁与护岸的搭接关系也是防洪评价的另一关键点。下面主要针对这两个关键点进行介绍。

建设项目与河道护岸的关系：拟建坦洲大涌大桥桥墩与河涌两岸的关系见图 6.1 - 3 ～图 6.1 - 6。由图可见拟建大桥与两岸护岸的关系如下。

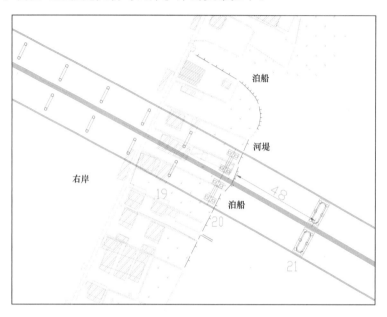

图 6.1 - 3　拟建坦洲大涌大桥跨右岸护岸位置示意图（右岸）

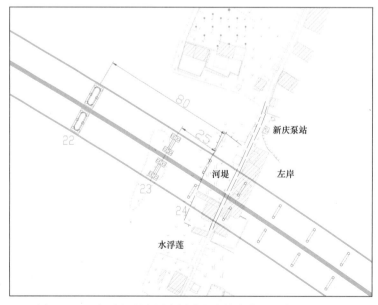

图 6.1 - 4　拟建坦洲大涌大桥跨左岸护岸位置示意图（左岸）

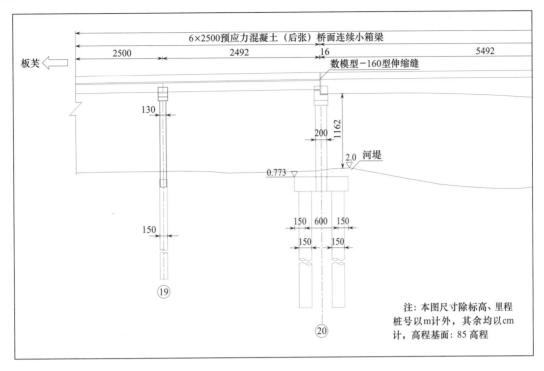

图 6.1-5 拟建坦洲大涌大桥跨右岸护岸立面图（右岸）

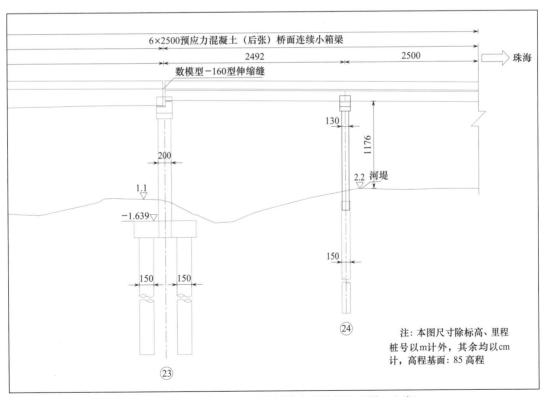

图 6.1-6 拟建坦洲大涌大桥跨左岸护岸立面图（左岸）

（1）平面关系。

河道右岸：如图 6.1-3 所示，坦洲大涌大桥 19 号、20 号桥墩落在河涌护岸上，20 号桥墩紧邻河道迎水侧河岸边缘；21 号桥墩落在河道中，距离河道右岸边缘约 48m；桥墩承台均埋入河床。

河道左岸：如图 6.1-4 所示，坦洲大涌大桥 22 号桥墩落在河道中，距离河道左岸约 80m；23 号桥墩落在靠近左岸的小沙洲上，距离左岸约 25m；24 号墩紧靠河道左岸护岸；桥墩承台均埋入河床；河道两岸迎水侧为直立墙结构。

（2）立面关系。

拟建坦洲大涌大桥跨两岸护岸立面图如图 6.1-5 和图 6.1-6 所示，河道右岸护岸顶高程为 2.0m（85 高程），大桥梁底与护岸顶高距离为 11.62m；河道左岸护岸顶高程为 2.2m（85 高程），大桥梁底与护岸顶高距离为 11.76m。

解析：从平面和立面两方面介绍了桥墩与护岸的搭接关系，介绍了桥墩跨越护岸的相对位置关系，桥墩与护岸的最小距离、桥梁梁底与护岸顶之间的最小净空高度，这两方面也是桥梁与堤防的搭接关系中最关注的两点。

6.1.2 暴雨洪水分析

内河涌洪水主要由暴雨产生，暴雨洪水分析是内河涌涉水工程项目防洪评价的前提和基础。

6.1.2.1 基本资料

工程附近河涌根据 1996 年中山市中珠坦洲联围内地形图，按水系和地形资料分别勾绘出工程附近主要河涌的流域分水线，及主干道长度，主干流比降按下式计算：

$$j = \frac{(E_0 + E_1)L_1 + (E_1 + E_2)L_2 + \cdots + (E_{n-1} + E_n)L_n - 2E_0 L}{L^2}$$

式中：E_0、E_1、$\cdots$、E_n 为干流出口断面以上各比降变化特征点的河底高程，m；L_1、L_2、$\cdots$、L_n 为特征点之间的距离，km；L 为总河长。

暴雨计算单元划分各计算单元流域参数成果见表 6.1-1。

表 6.1-1　　　　　　　　　计 算 单 元 流 域 参 数

河　　涌	集雨面积/km²	河长 L/km	比降/‰	特征参数 θ
坦洲大涌前山水道交界断面	10.37	4.56	0.7	38
申堂涌	3.92	5.02	0.3	15
前山水道左	7.18	2.49	0.3	31
窖仔涌	1.21	0.51	0.3	13
灯笼横涌	3.12	1.12	0.1	52

计算区域位于《广东省暴雨径流查算图表》分区的珠江三角洲区，属暴雨低区，平均后损率：$\overline{f} = 4.5\text{mm/h}$。

6.1.2.2 设计暴雨计算

设计暴雨是采用广东省 1991 年颁布使用的《广东省暴雨径流查算图表使用手册》和

2003 年颁用的《广东省水文图集》进行计算，首先，根据《广东省水文图集》查得计算区域的年最大 1h、6h、24h、72h 点暴雨统计参数均值 $\overline{H_t}$ 和偏差系数 C_v，并取偏态系数 $C_s=3.5C_v$，又根据皮尔逊Ⅲ曲线 K_{tp} 值表查出相应的 K_{tp} 值，按公式 $H_{tp}=\overline{H_t}\cdot K_{tp}$ 计算得各历时的点暴雨量，见表 6.1-2。

表 6.1-2 计算区域的点暴雨量计算

项 目		设 计 历 时 t			
		1h	6h	24h	72h
点雨量均值 $\overline{H_t}$/mm		70	165	215	280
偏差系数 C_v		0.43	0.46	0.49	0.51
C_s/C_v		3.5	3.5	3.5	3.5
设计频率 $P=20\%$	模比系数 K_{tp}	1.297	1.310	1.323	1.329
	H_{tp}/mm	90.79	216.15	284.45	372.12
设计频率 $P=10\%$	模比系数 K_{tp}	1.573	1.611	1.649	1.673
	H_{tp}/mm	110.11	265.82	354.54	468.44
设计频率 $P=5\%$	模比系数 K_{tp}	1.839	1.903	1.967	2.009
	H_{tp}/mm	128.73	314.00	422.91	562.52

然后，根据《广东省暴雨径流查算图表》查暴雨低区点面换算系数 a_t—历时 t—集雨面积 F 关系图，查得各历时点面换算系数 α_t，按照公式 $H_{tp面}=\alpha_t\cdot H_{tp}$ 计算各历时的设计面雨量 $H_{tp面}$，计算结果见表 6.1-3。

表 6.1-3 计算区域的面暴雨量计算

项 目		设 计 历 时 t			
		1h	6h	24h	72h
点面换算系数 α_t		1.0	1.0	1.0	1.0
$P=20\%$	H_{tp}面/mm	90.79	216.15	284.45	372.12
$P=10\%$	H_{tp}面/mm	110.11	265.82	354.54	468.44
$P=5\%$	H_{tp}面/mm	128.73	314.00	422.91	562.52

6.1.2.3 设计洪水

设计排涝流量采用"多种方法、综合分析、合理取值"的原则，以《广东省暴雨径流查算图表》及《广东省水文图集》为基础，采用"广东省综合单位线法"和"推理公式法"两种方法计算。对于设计洪峰流量，两种方法计算成果在±20%幅度内调整参数并经综合分析，合理取值。各方法的基本公式和参数取值按《广东省暴雨径流查算图表》，简述如下。

1. 广东省综合单位线法

此法是通过对纳西瞬时单位线方法的深入研究分析，汲取国内外经验，结合广东省实际，提出的适合广东省特点的综合单位线方法。中山市坦洲镇位于《广东省暴雨径流查算

《图表》分区的Ⅶ珠江三角洲分区，Ⅶ₁珠江三角洲亚区，采用以下参数：①珠江三角洲设计雨型；②暴雨低区的 $\alpha_t \sim t \sim F$ 关系图；③广东省东沿海、珠江三角洲的产流参数；④广东省综合单位线法滞时 $m_1 \sim \theta$ 关系图中的大陆低区线（B线）；⑤采用广东省综合单位线Ⅲ号无因次单位线。

2. 推理公式法

$$Q_m = 0.278\left(\frac{S_p}{\tau^{n_p}} - \overline{f}\right)F$$

$$\tau = \frac{0.278L}{mJ^{1/3}Q_m^{1/4}}$$

式中：Q_m 为设计洪峰流量，m^3/s；S_p 为相应频率 P 的设计暴雨雨力；n_p 为相应频率 P 的暴雨递减指数；τ 为汇流历时，h；F 为集雨面积，km^2；L 为河涌长，km；$\overline{f}$ 为平均后损率，mm/h；m 为汇流参数；J 为河涌比降。

汇流参数 m 根据集水区域特征参数和河涌下垫面的情况，查《广东省暴雨径流查算图表》确定。

通过对两种计算方法结果的详细分析比较，总体上"广东省综合单位线"比"推理公式法"的计算结果要大很多，尤其是对于集水面积较小的流域，对于当地平原网河地区而言，这一结果偏大。而对于集水面积较大的流域，两种方法的计算结果则比较接近；考虑到计算中的排水分区面积普遍较小（基本小于 $30km^2$），本次计算采用"推理公式法"的计算结果。计算得各集雨面积不同频率下的设计洪峰流量见表6.1-4。

表6.1-4	计算区域的设计洪峰流量		单位：m^3/s
各控制断面	$P=5\%$	$P=10\%$	$P=20\%$
坦洲大涌上边界	964.0	820.0	669.0
申堂涌	47.6	40.2	32.6
前山水道左	126.0	106.6	86.4
窖仔涌	16.0	14.0	12.0
灯笼横涌	56.7	47.3	38.1

注　上边界断面以上流量包括部分坦洲大涌集雨面积产流以及龙塘水闸上游茅湾涌来流。

解析： 内河涌洪水主要由暴雨产生，暴雨洪水分析是内河涌涉水工程项目防洪评价的前提和基础，应结合工程当地水文、暴雨资料（如广东省内内河涌区域可参考《广东省暴雨径流查算图表使用手册》和《广东省水文图集》）进行设计暴雨计算，具体可采用综合单位线法（采用）、推理公式法、城市水文学法、广东省洪峰流量计算经验公式法或相结合进行计算。本项目对常用的广东省综合单位线法和推理公式法两种方法进行了比较和分析，最后采用了推理公式法的计算成果。

6.1.3　计算水文组合

本工程位于坦洲涝区内，内河涌通过水闸与外江联系，河道水位主要受暴雨影响；区内洪水除了本身集雨面积产生外，尚包括茅湾涌全部来水，洪水主要通过水闸自排流入外江。

大涌口水闸是中珠坦洲联围干堤上的大型水闸,也是坦洲的主要排水水闸,系防洪潮、排涝、灌溉工程,12孔,净宽170.4m,闸底板高程-3.5m。水闸调度方式主要为外江涨潮高潮位时,大涌口水闸关闭;外江落潮低潮位时,大涌口水闸开启排水。

涝区内河网密布,交错复杂,缺乏实测资料,桥梁工程的建设可能对网河河涌防洪、排涝、灌溉产生影响,故桥梁工程对附近河道壅水、流速、流态影响以及潮排、潮灌的影响考虑不利水文组合,即上游设计暴雨洪水与下游典型潮位对应,利用河道二维水流数学模型计算。

(1)5年一遇、10年一遇、20年一遇设计暴雨流量对应外江多年平均最高潮位,代表暴雨洪水组合。

(2)5年一遇设计暴雨流量对应外江"99·7"潮型,代表中水组合。

(3)区间暴雨流量为0对应外江"2001·2"潮型,代表枯水组合。

根据水文边界条件,进行二维水流数学模型计算,分析桥址附近设计水位、水动力变化情况。

解析:在进行完暴雨洪水分析之后,如何针对内河涌的特点选取合适的水文组合进行防洪评价计算是本项目的又一关键点。防洪评价选取的水文组合要有代表性,根据本河涌的特点,本项目防洪评价计算需要分析工程对围内洪水位壅高、潮排、潮灌及流速、流态的影响,因此需要选取能代表河涌洪、中、枯三种不同类型的水文组合,同时内河涌涉水工程项目防洪评价计算还要考虑区域暴雨洪水和外江潮位的遭遇情况,因此本项目选取的各种水文组合均考虑了内河涌设计流量与外江潮位的遭遇情况。

6.1.4 防洪综合评价

1.与现有水利规划的关系及影响分析

拟建大桥工程需与所在河道两岸堤防的防洪标准、河道的整治规划相适应,不得影响规划堤防的实施建设。

经实地考察,工程附近河段堤岸基本保持自然状态,两岸仍为居民建筑、鱼塘。坦洲镇紧邻出海口,涝水宣泄快,境内河网密布,大中型水闸流量大,满足闸排要求,根据中山市相关规划,近期主要以自排为主,加高河涌堤围至珠基1.2m,在排涝工程规划整治实施条件下,坦洲内河涌水位不超过1.0m。拟建大桥工程有两排主桥墩21号、22号落在河道中心,23号墩落在河道中的小沙洲上,另有两辅助桥墩20号、24号落在河护岸边缘,均属河道管理范围内,建议和河道水行政主管部门协调;通过数学模型计算,拟建工程对整个河涌规划防洪排涝的影响有限,因此,工程建设与现有水利规划基本相适应,满足相关规划要求。

2.与现有防洪标准、有关技术要求和管理要求的适应性分析

根据《中华人民共和国水法》《中华人民共和国防洪法》《中华人民共和国河道管理条例》《河道管理范围内建设项目管理的有关规定》《广东省河道堤防管理条例》以及《中山市内河涌管理规定》等有关规定:有堤防的河道,其管理范围为两岸堤防之间的水域、沙洲、滩地(包括可耕地)、行洪区、两岸堤防及护堤地;涉河工程的建设,应当符合防洪标准、岸线规划、航运要求和其他技术要求,维护堤防安全,保持河势稳定和行洪、航运

通畅；修建桥梁设施，必须按照国家规定的防洪标准所确定的河宽进行，不得缩窄行洪通道；桥梁的梁底必须高于设计洪水位，并按照防洪和航运的要求，留有一定的超高。如果堤顶有交通要求，还需留有通道。

跨坦洲大涌桥梁工程，大桥按100年一遇洪水标准设计，梁底净空高于8m，满足坦洲大涌Ⅳ级航道通航要求；在河道内桥梁主墩梁底高程亦远高于工程所跨河涌规划堤围高程1.2m，基本满足GB 50201—94《防洪标准》有关规定。因此，工程布置基本满足河涌的有关技术要求。

跨涌桥梁梁底高程远高于河堤高程，不会产生横梁阻水现象，桥墩承台埋入河床，阻水比在4.53%～4.71%之间，满足相关规定；但考虑坦洲大涌大桥跨越坦洲大涌路线与河道交角为85°，桥墩轴线与水流方向交角为5°左右，为将工程对河道的行洪影响降至最低，建议桥墩布置顺水流布置，降低工程阻水比，确保行洪畅通，以满足有关技术与管理要求。

3. 对河道行洪安全的影响分析

拟建跨坦洲大涌桥梁工程，公路等级为Ⅰ级，按100年一遇设计洪水标准设计，根据珠海市航道局所提供航道通航要求，坦洲大涌航道等级为Ⅳ级，通航净高8m。在防洪堤范围内主桥墩梁底高程远高于内河涌控制水位1.0m。

根据前面计算成果分析，在各设计洪水频率条件下，拟建工程阻水比在4.53%～4.71%之间，平均阻水比为4.63%，阻水比较小，在20%、10%、5%设计频率洪水条件下，拟建工程建设后对河道上游洪水水位有所抬高，最大抬高值分别为0.02m、0.02m、0.03m，距离工程约20m；工程后，上游河道水位抬高值随着与大桥距离的加大而逐渐减少；距离工程越远则壅水影响相对越小；水位壅高值与桥梁上游来水流量大小密切相关，来水流量越大，壅高值也越大。总体上，工程对上游河道防洪水位的抬高在0.03m范围以内，距离工程越远则影响越小。

因此可以认为，拟建工程运行期对河道行洪不会产生大的影响。

4. 对河势稳定的影响分析

从流速、流态变化来看，工程后，桥址附近上游、下游一定范围内的水流流速、流态将发生一定的调整；除桥墩附近局部有绕流产生外，工程附近无其他不良流态产生，主流归槽，整体流态基本平顺，除桥墩附近外，流向变化基本在8°以内，流向变化不大；工程附近河道流速最大增加值为0.30m/s，流速减少最大值为0.24m/s。

工程对河道主流动力轴线分布的影响也不大，除工程附近下游水流主动力轴线略摆向河道中心外，其他水域水流动力轴线基本没有变化，跨坦洲涌大桥工程对附近河道水域流态影响有限。

拟建工程引起河道地形的变化主要局限在工程附近水域。靠近桥墩两侧，由于水流紊动较强，将会产生局部淘刷、冲深，但以上冲淤变化仅局限于桥梁工程附近，对河道整体冲淤和河床地形影响不大。

工程后，受桥墩阻水、束流作用影响，桥孔之间以及近岸流速均有所增大，但基本在0.30m/s以内，为确保堤防和拟建特大桥工程本身的安全，防止工程后水流淘刷桥墩近区护岸，工程的建设必须考虑到左、右两岸堤防以及岸滩的防冲保护措施，根据工程后流速增加范围，建议对桥址上游 50m 至桥址下游 50m 范围内的河岸采用抛石护脚、衬砌护岸等防护工程措施。

综上所述，拟建桥梁对工程所在河道地形有限，工程附近河道水流动力环境稍有变化，但其变化范围仅限于工程上游 60m 至下游 500m 局部区域，影响有限；工程有两排墩落在河岸边缘上，对河岸有一定影响，做好防治和补救措施，可以减小该影响。总体上看，工程对河道的整体河势影响较小。

5. 对现有防洪工程、河道整治工程及其他水利工程与设施影响分析

拟建跨坦洲大涌桥梁工程附近现有防洪工程主要是河道堤防以及距离工程下游约 3km 处的大涌口水闸以及上游约 6.3km 处的龙塘水闸，河道上下游的两个水闸距离本工程较远，工程实施后，在各级计算频率洪水条件下，拟建工程对上游河道洪水位的抬高幅度在 0.03m 以内，水位壅高大于 0.01m 的范围在工程上游约 1.3km 以内，水位壅高不大，工程实施基本不会对两个水闸产生影响，因此，分析对防洪工程的影响主要考虑工程对河道堤岸的影响程度。

拟建大桥工程有两排主桥墩 21 号、22 号落在河道中心，23 号墩落在河道中的小沙洲上，另有两辅助桥墩 20 号、24 号落在河护岸边缘，属河道管理范围内；其余桥墩均布置在堤身设计断面之外，但桥梁与河涌护岸搭接部分应该与岸线规划相符合。

目前，工程附近河道整治工程尚未进行，桥梁工程与河道堤防的搭接应不影响到河道的整治规划，其设计应该符合相关规划要求，与河道护岸衔接位置和型式应不影响河岸的稳定。

6. 对防汛抢险的影响分析

坦洲镇紧邻出海口，涝水宣泄快，境内河网密布，大中型水闸流量大，满足闸排要求，根据中山市相关规划，近期主要以自排为主，加高河涌堤围至珠基 1.2m，在排涝工程规划整治实施条件下，坦洲内河涌水位最高控制水位为 1.0m，河道左岸堤岸高程为 1.43~1.69m，右岸堤顶高程为 1.22~1.51m，河道内水位不会漫堤；基本不会对防汛抢险产生影响。

7. 建设项目防御洪涝的设防标准与措施分析

跨坦洲涌桥梁工程按 100 年一遇洪水设计，桥梁设计梁底高程（5.1m）远高于 100 年一遇设计洪水位，加上有河涌首、尾的大涌口水闸以及龙塘水闸对河道洪水位的控制和调度，洪水期间可以保证桥梁安全度汛。按照 GB 50201—94《防洪标准》，本桥梁工程属 1 级公路桥梁，桥梁工程设防标准不低于 100 年一遇，桥梁工程的设防标准基本合适。

8. 对第三人合法水事权益的影响分析

工程对河道潮排能力的影响主要体现在中水期低低潮位变化上，对河道潮灌能力的影响主要体现在枯水期高高潮位变化上。拟建坦洲大涌大桥工程实施后，在中水条件下，坦洲大涌大桥上游工程前后潮（水）位有所升高，最大升高值为 0.035m，工程对河道下游影响很小；枯水条件下，坦洲大涌大桥下游高高潮位有所降低，最大降低为 0.002m，变化微小，工程上游高高潮位基本上没有变化。

总体上看，工程对河道潮位的影响不大，并且局限在工程附近局部区域，距离工程越远则影响越小，故工程建设对潮排、潮灌影响不大。但工程施工时，应严格做好防污措

施，特别是泥浆、油污的泄露、扩散等，不得污染水体。

解析：防洪综合评价是防洪评价报告中的关键章节，这章是针对工程防洪影响的综合分析评价，综合了报告前面几章的分析和计算成果，内河涌涉水工程项目防洪综合评价内容与其他河道涉水工程项目防洪综合评价的内容都需参照导则规定的内容和要求编写，主要根据建设项目的基本情况、所在河段的防洪任务与防洪要求、防洪工程与河道整治工程布局及其他国民经济设施的分布情况等，以及河道演变分析成果、防洪评价计算或试验研究成果，对建设项目的防洪影响进行综合评价。本项目综合评价中重点评价了桥梁与护岸的搭接关系、桥梁的阻水情况、壅水影响程度、对潮排潮灌的影响、对堤防安全的影响及有关规划的影响等内容。

6.2 庄头涌（工业大道—珠江口）清淤工程防洪评价实例和评价要点解析

6.2.1 工程概况和工程特性

项目概况：庄头涌庄头公园段淤积严重，水质较差。庄头涌（工业大道—珠江口）清淤工程主要目的是通过疏浚河道，改善庄头涌水环境，同时提高庄头涌防洪标准。清淤工程西起工业大道，东至珠江口，工程位置如图 6.2-1 所示。

图 6.2-1 庄头涌（工业大道—珠江口）清淤工程位置图

施工方案：庄头涌（工业大道—珠江口）清淤工程采用全线干清方法，分两段施工，总长 896m。

（1）庄头公园段：工业大道截污闸—南边路，设计桩号 K0-027～K0+433，清淤长度为 460m。

（2）博创机械厂段：南边路—珠江防潮闸，设计桩号 K0＋433～K0＋869，清淤长度为 436m。

施工时从上游起点往下游方向进行清淤，采用分边围堰的方法，围堰采用土石和砂包砌筑，横向围堰上顶宽度为 2.5m，堰斜面坡度为 2：1，围堰顶面标高为 2.90m，纵向围堰采用钢管桩和砂包，钢管桩间距为 1m，并设两道横撑，每 5m 两道斜撑进行加固，砂包上顶宽度为 0.5m，下底宽度为 1m，砂包顶面标高为 2.00m。干清时，用抽水泵将各段每边的堰内水抽干排出，裸露出涌底的淤泥经过一段时间晾晒、风化后使污泥干化。然后对干化后的污泥采用机械清淤，对不便采用机械清淤的部位采用人工清淤。施工工期为 1 个月。

河道清淤横向围堰布置、竖向围堰布置分别如图 6.2-2 和图 6.2-3 所示。

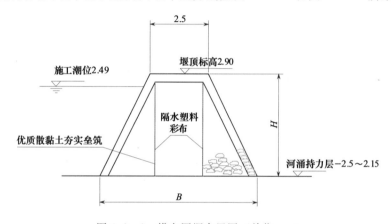

图 6.2-2 横向围堰布置图（单位：m）

防洪评价关键点：本项目为清淤工程，采取围堰施工，对河道防洪的影响主要在施工期，因此本项目防洪评价主要针对施工期，工程基本情况中需要阐述工程的施工方案和工期安排，防洪评价的关键点：一是要对工程（主要是施工围堰）进行合理概化；二是要求选取的水文组合能有较好的代表性，应选取在施工期有可能发生的水文组合。下面主要针对以上关键点进行案例介绍。

6.2.2 水文分析计算

6.2.2.1 水文资料

庄头涌河长 1.76km，集雨面积为 2.03km²，河道比降为 1‰。按庄头涌流域中心点位置在《广东省暴雨参数等值线图》（2003 年）上查读点雨量，由于暴雨统计参数等值线在流域内差别很小，流域内点雨量采用相同的参数，暴雨点面系数采用 1.0，庄头涌暴雨统计参数见表 6.2-1。

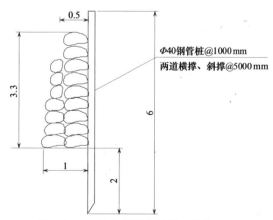

图 6.2-3 竖向围堰布置图（单位：m）

表 6.2-1　　　　　　　　　　　庄头涌暴雨统计参数

项　目	历时/h	1/6	1	6	24	72
点雨量均值/mm		22	58	96	132	173
C_v		0.35	0.37	0.45	0.42	0.45
C_s		$3.5C_v$	$3.5C_v$	$3.5C_v$	$3.5C_v$	$3.5C_v$
5%		31.3	98.0	180.0	239.8	325.0

6.2.2.2　计算方法

按照"多种方法、综合分析、合理选定"的方针,设计洪水的计算分别采用城市水文学和广东省综合单位线两种方法。

1. 城市水文学法

$$Q_m = 0.278(h_\tau/\tau)F$$

式中:h_τ 为汇流历时段的设计净雨,mm;τ 为汇流历时,h,其计算公式为 $\tau = (0.87L^3/H)^{0.385}$;$H$ 为汇流最远点到出口处高差,m;Q_m 为设计洪峰流量,m³/s;L 为河长,km;F 为集雨面积,km²。

2. 综合单位线法

庄头涌的集水区域位于《广东省暴雨径流查算图表》Ⅶ分区Ⅶ₁亚区(珠江三角洲亚区),应采用:①珠江三角洲设计雨型;②暴雨地区的 $a_t \sim t \sim F$ 关系图;③粤江沿海、珠江三角洲的产流参数;④广东省综合单位线滞时 $m_1 \sim \theta$ 关系图中的大陆低区关系线 B 型线;⑤工程集水面积小于 $500km^2$,采用广东省综合单位线Ⅱ号无因次单位线 $u_i \sim x_i$。

3. 设计洪水成果

广东省综合单位线法推算涌口 20 年一遇洪峰流量 $Q=32.8m^3/s$,城市水文学推理公式推算涌口 20 年一遇洪峰流量 $Q=34.6m^3/s$,两者误差在 6% 以内,按安全考虑,采用城市水文学推理公式成果,即:涌口 20 年一遇洪峰流量 $Q=34.6m^3/s$,见表 6.2-2。

表 6.2-2　　　　　　　　　　庄头涌 20 年一遇设计洪峰流量

流域面积 /km²	河段长度 /km	设计流量/（m³/s）	
		城市水文学（采用）	综合单位线
2.03	1.76	34.6	32.8

解析:庄头涌没有已批复的水文分析和规划成果,因此也需进行水文分析计算,本项目采用了常用的城市水文学推理公式法和广东省综合单位线法两种方法进行了设计洪水推求和分析,最后综合分析采用了推理公式法的计算成果。

6.2.3　工程概化

围堰包括横向围堰和纵向围堰,暴雨洪水条件下,当河涌水位接近河涌设计水面线时,需要拆除横向围堰,以使纵向围堰左右侧都过流,如果河涌水位低于河涌设计水面线,则不需要拆除横向围堰。相应地,工程概化如下。

(1)拆除横向围堰,纵向围堰左右侧都过流时,工程计算仅考虑纵向围堰,数学模型计算对纵向围堰的模拟为：河涌现状计算断面扣除纵向围堰占用过水宽度，并适当加糙。

（2）不拆除横向围堰，仅纵向围堰外侧过流时，数学模型计算对围堰的模拟为：河涌现状计算断面扣除纵向围堰与河岸间的过水宽度，并适当加糙。

解析： 由于本项目评价的对象主要是施工方案，工程概化主要是针对施工围堰的概化，本项目针对施工围堰的拆除与否分别进行了概化，考虑了施工期可能出现的不同情况，较好的对施工方案进行了概化。

6.2.4　计算水文组合和工况

庄头涌在涌口附近建有庄头涌泵站和庄头涌水闸，庄头涌泵站机组装机 3 台共 195W，每台抽水流量约 $1.3m^3/s$，泵站起排水位为 0.5m，最高运行水位为 1.0m。当内涌发生洪水，遭遇外江高潮位，不能自排时，关闭庄头涌水闸，启动泵站强排。评价施工围堰对防洪排涝的影响可以根据工程前后河涌现状不同频率设计水面线变化进行分析，水面线计算考虑自排、强排两种组合。

拆除横向围堰时：①自排情况下，20 年一遇洪峰流量 $34.6m^3/s$ 遭遇后航道浮标厂多年平均高潮位 0.78m；②强排情况下，20 年一遇洪峰流量 $34.6m^3/s$ 条件下，泵站进水池达到最高运行水位 1.0m。

不拆除横向围堰时：①自排情况下，2 年一遇洪峰流量 $18.5m^3/s$ 遭遇后航道浮标厂多年平均高潮位 0.78m；②强排情况下，2 年一遇洪峰流量 $18.5m^3/s$ 条件下，泵站进水池达到最高运行水位 1.0m。

强排组合条件下，河涌水面线要高于自排条件，故防洪计算仅采用强排组合条件，即：横向围堰不拆除时，2 年一遇洪峰流量 $18.5m^3/s$ 条件下，泵站进水池达到最高运行水位 1.0m；横向围堰拆除时，20 年一遇洪峰流量 $34.6m^3/s$ 条件下，泵站进水池达到最高运行水位 1.0m。

解析： 计算水文组合和工况的选取主要应结合工程所在河道的实际情况，由于庄头涌涌口有水闸和泵站等排涝设施，因此在设计水文组合时考虑了庄头涌自排和强排两种条件，并结合施工围堰拆除或者不拆除的条件分别选取了不同的水文组合。设计的水文组合和工况具有较好的代表性。

6.2.5　防洪综合评价

（1）与有关水利规划的关系及影响分析。

拟建围堰工程位于庄头涌工业大道截污闸—珠江防潮闸范围内，清淤工程横、纵围堰是临时涉河建筑，施工工期 30d，施工完毕将及时拆除，对庄头涌防洪排涝规划不会产生长期影响。清淤工程结束后，河道过水断面加大，将提高现有的河涌防洪标准。

（2）对河道泄洪影响分析。

2 年一遇设计洪水、横向围堰不拆除条件下，公园段施工围堰引起涌内水位最高壅水高度为 0.40m，发生在施工围堰最上游工业大道截污闸附近，工业大道截污闸—南边路水位抬高在 0.02～0.40m 范围，施工水位为 1.20～1.65m，南边路—珠江防潮闸段水位基本没有变化。2 年一遇设计洪水，横向围堰不拆除条件下，厂区段清淤工程施工围堰引起涌内最高壅水高度为 0.68m，发生在施工围堰最上游工业大道截污闸附近，工业大道截污闸—南边路水位抬高在 0.61～0.68m，施工水位为 1.85～1.86m；南边路—珠江防潮闸工程后水位抬高在 0.00～0.57m，施工水位为 1.0～1.68m。

20 年一遇设计洪水、横向围堰拆除条件下，公园段施工围堰引起涌内最高壅水高度为 0.08m，发生在施工围堰最上游工业大道截污闸附近，工业大道截污闸—南边路水位抬高在 0.02～0.08m 范围内，施工水位为 1.56～1.76m，南边路—珠江防潮闸段水位基本没有变化。20 年一遇设计洪水，拆除横向围堰条件下，厂区段清淤工程施工围堰引起涌内最高壅水高度为 0.31m，发生在施工围堰最上游工业大道截污闸附近，工业大道截污闸—南边路水位抬高在 0.26～0.31m，施工水位为 1.86～1.94m；南边路—珠江防潮闸工程后水位抬高在 0.00～0.27m 之间，施工水位为 1.0～1.67m。

可见，施工围堰对河涌水位壅高有一定影响。2 年一遇设计暴雨＋横向围堰不拆除、20 年一遇设计暴雨＋横向围堰拆除两种条件下，河涌水位均已经超过河涌设计水位，并接近堤顶设计高程。故在 2 年一遇以上设计暴雨条件下，必须及时拆除横向围堰。

（3）对河势稳定影响分析。

施工围堰使河涌水动力条件发生改变，从而引起河涌冲淤变化，但是由此引起的河道地形变化远小于清淤工程本身引起河涌地形变化。清淤工程实施后，河道将大幅度下切，加上污水处理设施的完善，庄头涌涌内淤积物会大量减少，河床将呈现缓慢的淤积状态。

（4）对堤防、护岸和其他水利工程及设施的影响分析。

工程施工时将不可避免地对围堰施工点附近堤岸造成破坏，施工完毕，需要按原有堤岸形式对堤岸进行修复；河涌清淤完成后，对堤岸墙面进行清洗。堤岸修复及堤岸墙面清洗均需请水行政主管部门验收。

（5）对防汛抢险的影响分析。

清淤工程要在河涌边设置临时淤泥堆放点，堆放淤泥不能占用防汛抢险通道。施工现场必须建立以项目经理为组长的防汛领导小组，制定完善的防汛抢险措施，并明确各责任人的职责。

（6）对第三人合法水事权益的影响分析。

计算表明，当庄头涌发生大于 20 年一遇设计洪水时，部分地区将出现淹没。施工单位必须密切注意降雨，建议与市气象台建立固定关系，由气象台提供每周天气预报，一旦出现强暴雨及时拆除横向围堰；同时，加强与当地水行政主管部门的联系，出现降雨可能影响居民生活时要及时通知当地防汛部门，同时协助做好防灾减灾措施。

清淤工程要在河涌边设置临时淤泥堆放点，施工结束后要及时运走堆放的淤泥，以免影响涌边环境。

解析： 本项目防洪综合评价内容按照导则规定的内容和要求编写，但由于本项目较为特殊，主要影响是施工围堰对河道泄洪的影响，因此防洪综合评价内容重点分析了施工设施对河道泄洪的影响，其他内容如工程与水利规划、河势稳定、水利工程设施、防汛抢险、第三人合法水事权益等影响均不大，分析评价相对比较简单。

第7章
网河区涉水工程防洪评价典型实例解析

珠江三角洲水系相互贯通,河网密布,主要水道有 300 余条,珠江三角洲网河区属于感潮河道,在径流与潮汐的共同作用下,河道水动力条件复杂。

随着珠江三角洲地区经济社会的高速发展、城市化进程的加快和人口的增加,珠三角的防洪形势发生了较大的变化,主要有二:一是水文情势变化,近 10 年来,北江中下游、西江干流中下游、珠江三角洲沿岸堤防工程建设,减少了河道两岸低洼地区蓄滞洪水的容积,河道蓄滞洪水能力相应减弱,下游河段的洪峰流量明显加大;二是河道不均匀下切,20 世纪 80 年代至今受河道采砂影响,珠江三角洲主要河道地形均呈大幅度、持续、不均匀下切的趋势,北江三角洲片河床下切严重,北江干流水道及东海水道河段河床平均下切了 2m 以上,顺德水道最深下切达 5m。无序的采砂破坏了河道缓慢的自然演变趋势,河床下切后往往容易造成坡角淘空、滩岸塌滑,堤防险情几率增大。同时,河道的不均匀下切改变了分流节点的分流比,引起三角洲局部水位壅高,从而加重了北江三角洲部分河道的防洪压力和泄洪任务。

由以上分析可见,珠江三角洲主干网河区水系纵横,水动力环境复杂,水文情势多变,人类活动影响明显,防洪压力大。因而,珠江三角洲网河区涉水工程的建设需严格进行防洪影响评价,控制工程阻水,避免引起上下游关键节点大的潮量、分流比变化,从而影响三角洲河网的水、沙分配比关系。

珠江三角洲河网水系纵横交错,相互贯通,使得它具有牵一发而动全身的特点。工程建设改变河道局部地形,除了工程附近水动力产生影响,对工程上下游河道的水动力也可能产生影响。网河区涉水工程防洪评价计算常采用珠三角网河区一维数学模型和工程附近二维模型相结合的办法研究。一维模型主要研究工程对珠江三角洲网河区水位、分流比的影响,并为工程附近局部二维潮流数学模型提供水位、流量边界条件。二维潮流数学模型用于工程附近水动力条件的模拟,研究工程前后的流速、流态及动力轴线变化等。

本章将以西江干流上的《广州市粮食储备加工中心码头工程防洪评价报告》和北江陈村水道上的《广佛环线穿(跨)越陈村水道隧道工程防洪评价》为例,对珠江三角洲网河区河道上涉水工程防洪评价进行实例解析和评价要点分析。

7.1　广州市粮食储备加工中心码头工程防洪评价实例和评价要点解析

7.1.1　工程概况和工程特性

工程位置:广州市粮食储备加工中心码头工程地理位置为东经 113°29′24″、北纬 22°

42′14″，位于西北江下游三角洲网河区的洪奇沥水道左岸，工程下游与二涌入流口相邻，与下游冯马庙水文站相距约 150m，与下游洪奇沥大桥相距约 720m。拟建码头所在的河道左岸为广州市南沙区的万顷沙围，河道右岸（码头对岸）为中山市的民三联围，具体位置见示意图 7.1-1。

图 7.1-1　拟建码头工程位置示意图

建设规模：建设规模按 3000DWT 江海直达货船考虑，近期设计代表船型按 1000DWT 干散货船考虑，布置 3 个泊位，占用岸线长 214m，年设计通过能力 170 万 t。

防洪标准：100 年一遇。

码头设计方案：包括总平面水域布置、水工建筑物和陆域三部分。

（1）总平面水域布置。

本工程码头采用高桩引桥式平面布置，码头与防洪堤通过两座引桥连接，码头平面图见图 7.1-2。码头伸出现有岸线约 60m，码头面高程 4.75m，平台宽度 25m，1 号引桥和 2 号引桥分别布置在码头的上游和下游端部，引桥长度均为 43m，引桥面高程均为 4.75m，1 号引桥宽度 12m，上游侧宽度 3m 范围用于布置散粮输送廊道，2 号引桥宽度 9m，1 号、2 号引桥与堤岸衔接处、2 号引桥与码头平台衔接处增加倒角。在 1 号引桥与码头平台衔接处下游侧布置一个长 32m、宽 15m 的工作平台，方便码头上运输机械顺畅通行，及码头上的运输车辆掉头。码头横断面图见图 7.1-3。

本工程岸线长度按靠泊 3 艘 1000DWT 干货船控制，岸线总长度为 214m，码头前沿线与后方岸线基本平行。码头泊位宽 28m，码头工作平台侧长 214m，港池侧长 270m，泊位设计底高程从码头前沿至港池方向为 −7.4～−5.1m。泊位区现有高程为 −2.3～−4.8m，本工程泊位区域需要开挖。

本工程回旋水域设于码头正前方，考虑本港区水域水流动力较强，回旋水域采用椭圆形布置，沿水流方向的轴长度为146m，垂直水流方向轴长为116m，底标高取为-5.3m。港池区域现状河底高程为-7.1～-12.5m，低于港池设计底高程，本工程港池区域不需要开挖。

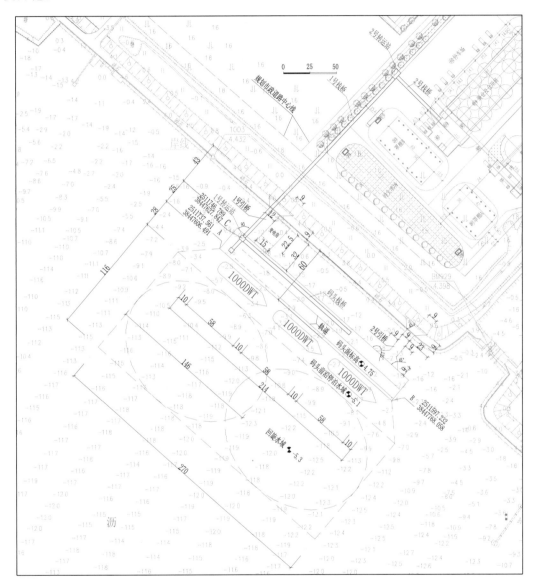

图 7.1-2 码头平面布置图

（2）水工建筑物。

1）码头。工程码头共3个泊位（由上游端往下游方向分为1号、2号和3号泊位），泊位总长度为214m，码头宽度为25.0m。码头结构共分成3个结构段，长分别为68.99m、75.98m和68.99m。每榀排架基础布置7根φ700mmPHC管桩，由两对半叉桩（叉桩斜度为3：1）和3根直桩组成。排架间距为6.5m，共34榀排架。

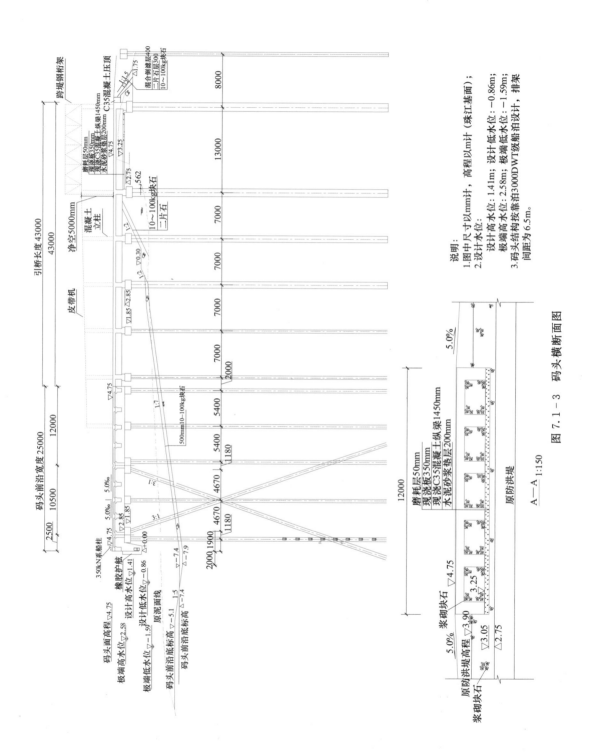

图 7.1-3 码头横断面图

码头上部结构均采用高桩梁板式结构，横梁底标高 2.85m。上部结构采用现浇桩帽、现浇横梁（高 1.85m）、预制轨道梁（高 1.85m）、预制纵梁（高 1.35m）、预制面板（厚 200mm）加现浇混凝土叠合面板（厚 150mm）。横梁与纵向梁系通过桩帽节点等高连接，轨道梁下布置一对半叉桩。桩尖持力层选择在物理力学特性较好的强风化花岗岩。

码头选用 350kN 系船柱及橡胶护舷；每个结构段设置铁爬梯。

2）引桥。工程共设置 2 座引桥，长度均为 43m，1 号引桥宽度为 12m，2 号引桥宽度为 9m。

引桥采用高桩梁板结构，横梁底标高 2.85m。纵梁底标高 3.35m，上部结构采用全现浇结构，横梁高 1.85m，纵梁高 1.35m，面板厚 350mm。海侧 2 榀桩基采用 $\phi 700mm$ 的 PHC 管桩，近岸处 2 榀桩基采用 $\phi 1000mm$ 的钻孔灌注桩，桩基排架间距为 7.0m；跨堤的 2 榀桩基采用 $\phi 1200mm$ 钻孔灌注桩，排架间距为 13.0m；桩基持力层均为强风化花岗岩。

引桥与后方陆域的连接采用跨堤形式。为使引桥与原防洪堤平顺相接，需在引桥与防洪堤连接处作相应的破堤处理，然后铺设 200mm 厚水泥砂浆垫层，现浇纵梁和面板。在引桥与防洪堤相交段采用浆砌石封口。在引桥后方抛填 10～100kg 块石、二片石垫层和混合倒滤层，以防止水流冲刷，满足水利和防洪要求。

引桥接岸在防洪堤前沿底抛 10～100kg 块石压脚棱体，坡面抛 300mm 厚二片石垫层，再抛 500mm 厚 10～100kg 护面块石。在距码头前沿线约 25.5m 处河床按 1∶5 放坡开挖至码头前沿，码头前沿泊位底设计高程 −7.4m（按 3000DWT 预留），−7.4m 河床宽度约 4.5m，后按 1∶5 的坡度逐渐抬高至 −5.1m。

（3）陆域。后方陆域规划总用地面积 149543m²，规划用地西南、东北与西北侧分别紧邻洪沥大道和两条规划市政路，红线宽度分别为 30m、15m 和 30m。后方陆域距岸线约 64.2m，码头引桥直接与洪沥大道衔接。陆域高程 2.1～2.5m，洪沥大道路面高程 4.6m。陆地具体布置见图 7.1 - 4。

防洪评价关键点：本项目位于珠江三角洲网河区洪奇沥水道，码头通过两座引桥与堤防搭接，防洪评价的关键点主要有四个方面：一是关于工程方案介绍内容中要介绍清楚码头与堤防的搭接关系，同时要对码头的阻水情况进行合理的分析；二是工程位于珠江三角洲网河区，受洪潮双重作用影响，防洪评价计算的水文条件要考虑洪、潮两种情况，根据分析的对象不同，还要分别选取典型洪潮和设计洪潮组合；三是防洪评价计算手段的选取要能满足防洪评价分析的需要和深度，根据工程所在河段和工程规模，需要选取珠江三角洲河网一维数学模型和工程河段局部二维数学模型相结合的方法；四是防洪评价计算的内容要能涵盖工程可能造成的影响程度，根据工程特性和所在河道重要性，本项目防洪评价计算的内容应包括壅水、分流比、流速流态、河势稳定等内容。以下主要针对以上关键点进行案例介绍。

码头与堤岸搭接情况：码头为顺岸式高桩码头，码头前沿线距后方岸线约 60m，码头与防洪堤通过两座引桥连接，引桥桩基距迎水坡脚最近距离约为 0.562m，堤后有一桩基落在堤防背水坡上。1 号引桥下邻平台与堤防最近的桩基位于堤防迎水坡坡脚处。引桥

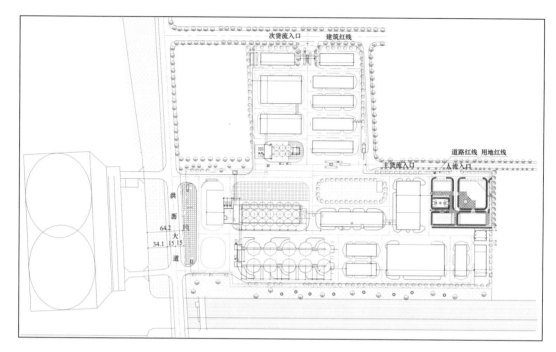

图 7.1-4 拟建工程周围规划及陆域布置图 (单位：m)

与堤防连接处堤顶高程约为 3.88~4.00m，工程在引桥与防洪堤连接处作相应的破堤处理，局部切除堤顶至标高 3.05，然后铺设 200mm 厚水泥砂浆垫层，现浇引桥梁板，梁板空隙处采用浆砌石封口。然后在两座引桥与防洪堤衔接处的迎水坡处抛填 10~100kg 块石以防止水流冲刷 (块石之下采用二片石作为垫层)，背水坡安放 10~100kg 块石、二片石、混合倒滤层进行防护，并采用 C35 混凝土压顶。

工程后，引桥面高程为 4.75m，高于上下游衔接处现状堤顶高程，为与上下游堤防平顺衔接，按 5% 的坡度进行放坡。引桥后方下堤道路宽 9m，在引桥下堤道路陆域区域抛填块石，然后铺设道路面层，按 6.61% 坡度放坡后与堤防后方规划道路平接。引桥通过堤身前后的桩基支撑，引桥下方堤身不承重，引桥可兼作道路使用，供车辆通行。码头与引桥的搭接断面型式见图 7.1-5。

2 号泊位考虑散粮卸船，码头卸船设备采用 2 台吸粮机，水平运输通过位于 1 号引桥上空的皮带机运至后方仓储区，皮带机采用跨堤形式，皮带机廊道与工程后堤顶处的引桥面间距为 5m，具体见图 7.1-5。

码头阻水情况：工程处河宽约 540m，码头伸出岸线约 60m，为顺岸式高桩码头。顺 1 号引桥方向取一河道断面，见图 7.1-6，得到拟建工程断面阻水情况见图 7.1-7，在不同频率水位条件下，只考虑码头桩基及抛石阻水，不考虑工程开挖疏浚的情况下，码头实际阻水情况见表 7.1-1，码头平均阻水比为 1.13%；如果码头工作平台按实体、引桥按桩基阻水考虑，码头阻水情况见表 7.1-2，平均阻水比为 2.69%；如果码头 (码头工作平台及引桥) 按实体考虑，码头阻水情况见表 7.1-3，平均阻水比为 3.66%。

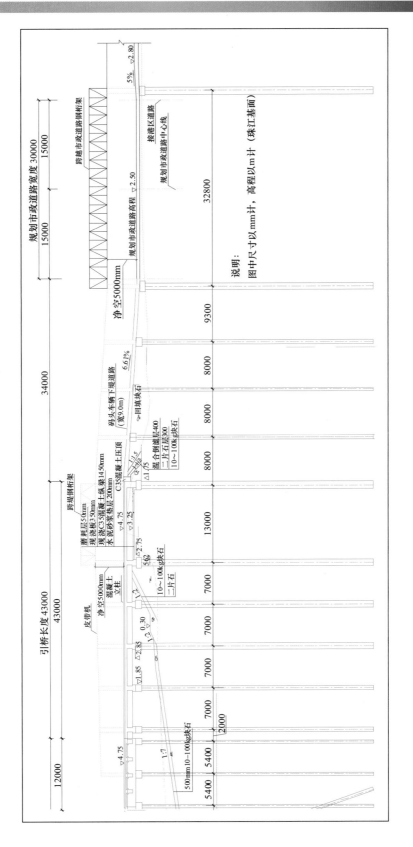

图 7.1－5 皮带机与堤防搭接关系立面图

表 7.1-1　　　　　　　　各频率设计洪（潮）水位下码头实际阻水比

频率/%	水位/m	工程前断面过水面积/m²	工程后码头阻水面积/m²	阻水比/%	平均阻水比/%
20	2.12	6079.55	62.50	1.03	
10	2.28	6166.71	66.68	1.08	
5	2.41	6237.80	69.29	1.11	1.13
2	2.58	6330.77	73.37	1.16	
1	2.71	6401.89	76.48	1.19	
0.50	2.84	6499.68	79.73	1.23	

表 7.1-2　各频率设计洪（潮）水位下码头按实体、引桥按桩基阻水情况下阻水比

频率/%	水位/m	工程前断面过水面积/m²	工程后码头阻水面积/m²	阻水比/%	平均阻水比/%
20	2.12	6079.55	153.90	2.53	
10	2.28	6166.71	159.99	2.59	
5	2.41	6237.80	169.10	2.71	2.69
2	2.58	6330.77	171.85	2.71	
1	2.71	6401.89	176.95	2.76	
0.50	2.84	6499.68	182.01	2.80	

表 7.1-3　　　　　　　各频率设计洪（潮）水位下码头按实体考虑阻水比

频率/%	水位/m	工程前断面过水面积/m²	工程后码头阻水面积/m²	阻水比/%	平均阻水比/%
20	2.12	6079.55	207.58	3.41	
10	2.28	6166.71	216.75	3.51	
5	2.41	6237.80	230.38	3.69	3.66
2	2.58	6330.77	234.53	3.70	
1	2.71	6401.89	242.24	3.78	
0.50	2.84	6499.68	249.98	3.85	

解析：与堤防搭接。临河建筑物与后方陆域连接宜选用跨越的形式，穿堤的形式应合理规划并尽量减少对堤防的扰动；不得降低堤防的防洪能力和管理运用，不得降低堤顶高程、削弱堤身断面；码头或者栈桥桩墩一般不宜布置在堤身设计断面内；与堤防平交时，不得阻断防汛抢险通道，相交部分的堤顶高程应与堤防的规划标准一致，与拟建临河建筑物交叉部分的堤防及上下游衔接段应按堤防的规划标准与拟建工程同步实施。报告中详细介绍了工程与堤防的搭接关系，包括引桥桩基与堤身的位置关系、引桥面与堤顶高程的衔接、引桥跨堤处堤顶道路的宽度等，从平面、立面多个角度细致描述了工程与堤防的搭接关系，介绍内容全面，可作为防洪评价报告中码头工程与堤防搭接关系介绍的典范。

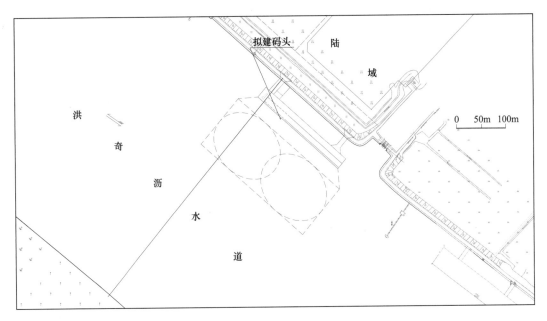

图 7.1-6 码头工程处阻水断面位置图

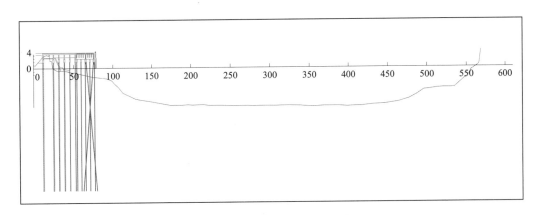

图 7.1-7 拟建工程阻水断面示意图

阻水比。与桥梁及其他工程相比,码头工程因阻水建筑集中于河道一侧,局部阻水面积较大时,对水流流态及局部冲刷的影响也更明显,且考虑到码头工程往往分布于河道两岸,存在联合阻水问题,因此,应控制码头阻水面积百分比一般不宜超过5%。本码头工程各个工况下最不利情况下阻水比小于4%,阻水比不大。在码头工程防洪评价中,往往会存在码头港池开挖,由于港池开挖范围一般只局限于工程处断面,并不会加大河道的整体过流能力,因此在计算码头阻水比时,一般不考虑港池开挖情况。而对于高桩码头,一般情况下码头平台桩基较密,过流能力较差,从最不利情况考虑,往往将码头平台作为实体计算。本项目码头阻水比分析时详细计算了码头和引桥桩基实际阻水、码头平台按实体考虑阻水、码头平台和引桥均按实体考虑三种阻水情况,并结合阻水比分析断面详细计算分析了码头阻水情况,分析细致,便于审查人员全面了解码头的阻水情况。

7.1.2　防洪计算水文条件

7.1.2.1　水文资料的采用

本次计算主要采用了以下水文资料。

（1）广东省水利厅水利水电科学研究院 2002 年 6 月《西、北江下游及其三角洲网河河道设计洪潮水面线（试行）》中 P 为 0.5%、1%、2%、5%、10%、20%等 6 种频率的现状、设计洪潮水面线。

（2）1998 年 6 月 25 日 20：00 至 6 月 28 日 21：00 期间，珠江三角洲典型站点实测潮位、流量过程（洪水组合）。

（3）1999 年 7 月 15 日 23：00 至 23 日 17：00 期间，珠江三角洲典型站点实测潮位、流量过程（中水组合）。

（4）2001 年 2 月 7 日 17：00 至 15 日 23：00 期间，珠江三角洲典型站点实测潮位、流量过程（枯水组合）。

7.1.2.2　水文资料分析

（1）西江、北江下游及其三角洲网河河道设计洪潮水面线。

广东省水利厅水利水电科学研究院完成的《珠江三角洲洪潮特性及其遭遇分析》专题研究报告，收集了近 50 年来各相关站点的有关水文资料，详细地计算和系统地分析，设计洪水频率（马口＋三水）及马口和三水的分流比变化情况、并给出了合理、实用的计算公式；研究西江、北江三角洲洪水和潮水特性，利用多种方法系统的分析了珠江三角洲的洪、潮遭遇，提出了下边界八大口门计算边界条件的"相关法"，并论证了其合理性。报告有关成果经过广东省水利厅组织的评审验收后，已由广东省水利厅于 2002 年颁布使用。

（2）典型水文组合。

"98·6"洪水组合：北江三水站最大洪峰流量为 16200m³/s，达 100 年一遇洪水，西江马口站最大洪峰流量为 46200m³/s，超 50 年一遇，在西江、北江流域可作为洪水组合代表。

"99·7"中水组合：该资料是由珠江委水文局和广东省水文局共同承担完成，在西江、北江三角洲网河对河道进行了同步水文测验，布设了 64 处测验断面，是西江、北江三角洲历史上规模最大的一次同步水文测量。但该组水文资料在东江三角洲除四口门大盛、麻涌、漳澎和泗盛围有同步实测资料外，整个东江三角洲网河区无控制站点。该水文组合用于所建立的模型的验证。

"2001·2"枯水组合：可作为分析拟建工程对附近河道枯季潮灌影响的代表潮型，是珠江三角洲河网区同步大测流枯水组合。

7.1.2.3　计算水文条件

（1）拟建工程所处洪奇沥水道为感潮河段，受洪潮共同作用与控制，故工程对河道防洪（潮）水位的影响考虑两种洪潮遭遇情况：①以洪为主，即上游控制站频率洪峰流量对应下游口门控制站用"相关法"确定的下边界潮位；②以潮为主，即下游口门控制站频率高潮位对应上游控制站多年平均洪峰流量。计算边界值采用广东省水利厅 2002 年颁布的成果（《西、北江下游及其三角洲网河河道设计洪潮水面线（试行）》，广东省水利厅，2002 年 12 月），具体水文成果可参见第 4 章水文分析常用水文组合中的有关介绍，这里不再重复介绍。

壅水计算水文条件选取 0.5%、1%、2%、5%、10%、20% 等不同洪潮组合各 6 组，采用二维恒定流计算。

（2）工程对河道潮排、潮灌水位的影响采用两种组合，即"2001·2"水文枯水组合和"99·7"中水组合。采用二维非恒定流计算。

（3）工程对上游网河区河道分流比的影响采用 0.5%、1%、2%、5%、10%、20% 等 6 组频率洪水组合。采用一维恒定流计算。

（4）工程对附近流速、流态的影响及对局部水动力条件影响分析采用三种水文组合，即 ① "98·6" 洪水组合，计算时段为 1998 年 6 月 25 日 20：00 至 28 日 21：00；② "99·7" 中水组合，计算时段为 1999 年 7 月 15 日 23：00 至 23 日 17：00；③ "2001·2" 枯水组合，计算时段为 2001 年 2 月 7 日 17：00 至 15 日 23：00。采用二维非恒定流计算。

解析：根据本项目所在的河道位置和项目特点（等级、规模等），工程对防洪的影响需要计算河道防洪（潮）水位、潮排潮灌水位、分流比、流速、流态、冲淤变化等几方面，因此选取的水文组合需要有较好的代表性，本项目分别选取设计频率洪（潮）水进行一维恒定流计算，分析工程对水位的影响；选取设计频率洪（潮）进行一维恒定流计算，分析工程对河道分流比变化的影响；选取典型枯水和中水水文组合进行二维非恒定流计算，分析工程对上游潮排、潮灌的影响；选取典型洪潮（洪水、中水、枯水）水文组合进行二维非恒定流计算，分析工程对流速、流态和冲淤变化等的影响。选取的水文组合和计算方法有很强的针对性，能满足防洪评价计算的需要。

7.1.3 数学模型的建立和验证

7.1.3.1 一维河网潮流数学模型

1. 数学模型控制方程

一维潮流数学模型采用圣维南方程组，方程如下：

连续方程
$$B\frac{\partial Z}{\partial t}+\frac{\partial Q}{\partial x}=q$$

动量方程
$$\frac{\partial Q}{\partial t}+\frac{\partial}{\partial x}\left(\beta\frac{Q^2}{A}\right)+gA\left(\frac{\partial Z}{\partial x}+S_f\right)+u_l q=0$$

式中：Z 为断面平均水位；Q、A、B 分别为断面流量、过水面积、水面宽度；x、t 为距离和时间；q 为旁侧入流，负值表示流出；β 为动量校正系数；g 为重力加速度；S_f 为摩阻坡降，采用曼宁公式计算，$S_f=g/C^2$，$C=h^{1/6}/n$； u_l 为单位流程上的侧向出流流速在主流方向的分量。

网河区内汊口点是相关支流汇入或流出点，汊口点水流要满足下列连接条件：

流量连接条件：
$$\sum_{i=1}^{m}Q_i=0$$

水位连接条件：
$$Z_{i,j}=Z_{m,n}=\cdots\cdots=Z_{l,k}$$

式中：Q_i 为汊口节点第 i 条支流流量，流入为正，流出为负；$Z_{i,j}$ 表示汊口节点第 i 条支流第 j 号断面的平均水位。

2. 计算方法

方程离散采用四点加权 Preissmann 固定网格隐式差分格式，网格布置见图 7.1-8。

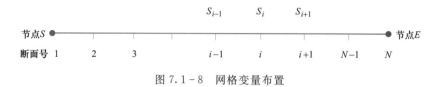

图 7.1-8　网格变量布置

具体方法为：对于图 7.1-8 所示的网格划分，以 S 代表流量 Q 和水位 Z，则 S 在 Δx 河段、Δt 时段内的加权平均量及相应偏导数可分别表示为：

$$
\begin{cases}
\dfrac{\partial S}{\partial t} = \dfrac{S_{i+1}^{n+1} + S_i^{n+1} - S_{i+1}^n - S_i^n}{2\Delta t} \\[2mm]
\dfrac{\partial S}{\partial x} = \theta\,\dfrac{S_{i+1}^{n+1} + S_i^{n+1}}{\Delta x_i} + (1-\theta)\,\dfrac{S_{i+1}^n - S_i^n}{\Delta x_i} \\[2mm]
S = \dfrac{1}{4}(S_{i+1}^{n+1} + S_i^{n+1} + S_{i+1}^n + S_i^n)
\end{cases}
$$

式中：θ 为加权系数，θ 一般取 $0.5 \sim 1.0$。

按照上面的离散格式，潮流从 i 断面流向 $i+1$ 断面有：

$$
B\,\frac{\partial Z}{\partial t} = \bar{B}_{i+1/2}\,\frac{Z_{i+1}^{n+1} + Z_i^{n+1} - Z_{i+1}^n - Z_i^n}{2\Delta t}
$$

$$
\frac{\partial Q}{\partial x} = \theta\,\frac{Q_{i+1}^{n+1} - Q_i^{n+1}}{\Delta x_i} + (1-\theta)\,\frac{Q_{i+1}^n - Q_i^n}{\Delta x_i}
$$

式中，$\bar{B}_{i+1/2} = \dfrac{1}{2}(B_{i+1} + B_i)$，则潮流连续方程离散为：

$$
a_1 Z_i^{n+1} + b_1 Q_i^{n+1} + c_1 Z_{i+1}^{n+1} + d_1 Q_{i+1}^{n+1} = e_1
$$

式中：a_1、b_1、c_1、d_1、e_1 为差分方程的已知系数。

按上述同样方法，潮流动量方程可离散为：

$$
a_2 Z_i^{n+1} + b_2 Q_i^{n+1} + c_2 Z_{i+1}^{n+1} + d_2 Q_{i+1}^{n+1} = e_2
$$

式中：a_2、b_2、c_2、d_2、e_2 为差分方程的已知系数。

方程求解采用目前应用广泛的一维河网三级联解算法。河网三级联解算法基本原理为：首先将河段内相邻两断面之间的每一微段上的圣维南方程组离散为断面水位和流量的线性方程组（直接求解称为一级算法）；通过河段内相邻断面水位与流量的线性关系和线性方程组的自消元，形成河段首末断面以水位和流量为状态变量的河段方程（其求解称为二级算法）；再利用汊点相容方程和边界方程，消去河段首、末断面的某一个状态变量，形成节点水位（或流量）的节点方程组。最后对简化后的方程组采用追赶法求解。

3. 迭代精度

水位变化控制迭代误差为 0.1mm，流量迭代误差控制为 $0.1\text{m}^3/\text{s}$。

4. 研究范围及断面布置

研究范围基本上包括了西江、北江三角洲、东江三角洲及广州水道等。模型上边界取自马口（西江）、三水（北江）、老鸦岗（流溪河）、麒麟嘴（增江）、博罗（东江）、石嘴（潭江）水文（位）站，下边界取至八大口门的大虎（虎门）、南沙（蕉门）、万顷沙西

（洪奇门）、横门（横门）、灯笼山（磨刀门）、黄金（鸡啼门）、西炮台（虎跳门）及官冲（崖门）潮位站，见图 7.1-9。

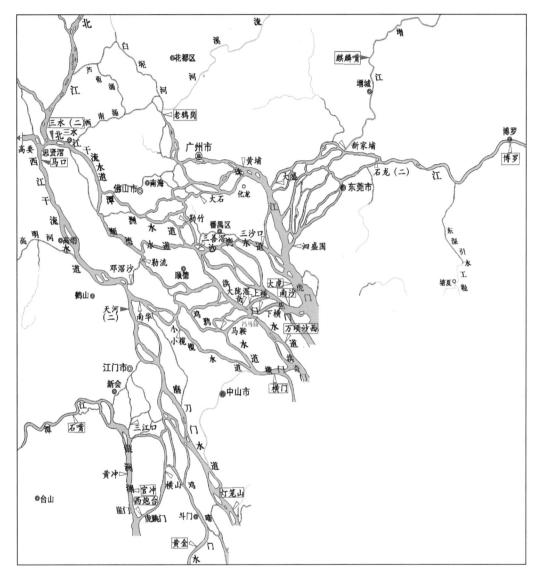

图 7.1-9　一维数学模型研究范围及水文站点示意图

　　断面布置：本模型共布设了 3621 个断面，模拟河道长度约 1750km，模型断面距离约 100～2000m 不等。

　　5. 边界条件

　　模型计算及验证的边界条件：上游入口断面采用实测流量过程线 $Q=Q(t)$；下游出口断面采用实测潮位过程线 $Z=Z(t)$。

　　另外，珠江三角洲网河区内水闸众多，但由于大多无观测资料，本拟建工程附近水域无大的涵闸因此，模型验证中较大的水闸作内边界处理，较小的水闸不考虑。

6. 建模地形资料

整个珠江三角洲网河区没有同步的地形资料，但整个模型不同区域采用的地形资料时间很接近，且都为近几年的，所以，因地形资料的不同步所产生的空间、时间上的误差不会很大。建模采用的地形资料有：东江采用广东省水利厅于 2002 年测量的 1∶5000 河道地形资料；狮子洋采用 2005 年测量的 1∶10000 河道地形资料；工程附近采用 2010 年实测地形资料；西江采用广东省航道勘测设计研究院有限公司于 2000 年测量的 1∶5000 河道地形资料；其余采用珠江水利委员会及广东省水利厅于 1999 年联合测量的 1∶5000 河道地形资料。

7. 模型的率定和验证

网河区一维数学模型主要河道糙率的率定，根据有关天然河道糙率资料，平原地区的河道糙率多在 0.015～0.040 之间。各河道糙率在 0.014～0.030 之间，糙率值较大的水道是海州水道、虎跳门水道的横坑段、潭江、容桂水道、陈村支涌，其糙率值为 0.030，口门附近水道的糙率值在 0.020 左右。同时，为了使模型能够适用于洪、中、枯等不同的水文条件，又选用 1998 年 6 月洪水（以下简称"98·6"）、1999 年 7 月中水（以下简称"99·7"）和 2001 年 2 月枯水（以下简称"2001·2"）典型水文条件对模型进一步验证。

模型验证结果可参照第 5 章，此处略。

7.1.3.2 工程附近二维潮流数学模型

1. 基本方程

采用贴体正交曲线坐标系下的二维潮流控制方程，形式如下：

连续方程

$$\frac{\partial h}{\partial t} + \frac{1}{C_\zeta C_\eta}\left[\frac{\partial (C_\eta Hu)}{\partial \zeta} + \frac{\partial (C_\zeta Hv)}{\partial \eta}\right] = 0$$

动量方程

$$\frac{\partial (Hu)}{\partial t} + \frac{1}{C_\zeta C_\eta}\left[\frac{\partial}{\partial \zeta}(C_\eta Huu) + \frac{\partial}{\partial \eta}(C_\zeta Hvu) + Hvu\frac{\partial C_\zeta}{\partial \eta} - Hv^2\frac{\partial C_\eta}{\partial \zeta}\right] + \frac{gu\sqrt{u^2+v^2}}{C^2}$$
$$+ \frac{gH}{C_\zeta}\frac{\partial h}{\partial \zeta} - fvH = \frac{1}{C_\zeta C_\eta}\left[\frac{\partial}{\partial \zeta}(C_\eta H\sigma_{\zeta\zeta}) + \frac{\partial}{\partial \eta}(C_\zeta H\sigma_{\zeta\eta}) + H\sigma_{\zeta\eta}\frac{\partial C_\zeta}{\partial \eta} - H\sigma_{\eta\eta}\frac{\partial C_\eta}{\partial \zeta}\right]$$

$$\frac{\partial (Hv)}{\partial t} + \frac{1}{C_\zeta C_\eta}\left[\frac{\partial}{\partial \zeta}(C_\eta Huv) + \frac{\partial}{\partial \eta}(C_\zeta Hvv) + Huv\frac{\partial C_\eta}{\partial \zeta} - Hu^2\frac{\partial C_\zeta}{\partial \eta}\right] + \frac{gv\sqrt{u^2+v^2}}{C^2}$$
$$+ \frac{gH}{C_\eta}\frac{\partial h}{\partial \eta} + fuH = \frac{1}{C_\zeta C_\eta}\left[\frac{\partial}{\partial \zeta}(C_\eta H\sigma_{\zeta\eta}) + \frac{\partial}{\partial \eta}(C_\zeta H\sigma_{\eta\eta}) + H\sigma_{\zeta\eta}\frac{\partial C_\eta}{\partial \zeta} - H\sigma_{\zeta\zeta}\frac{\partial C_\zeta}{\partial \eta}\right]$$

式中：u、v 为 ζ、η 方向流速分量；h 为水位；H 为水深；g 为重力加速度；f 为柯氏力系数；系数 C_ζ、C_η 如下：

$$C_\zeta = \sqrt{x_\zeta^2 + y_\zeta^2}$$
$$C_\eta = \sqrt{x_\eta^2 + y_\eta^2}$$

$\sigma_{\zeta\zeta}$、$\sigma_{\eta\eta}$、$\sigma_{\zeta\eta}$、$\sigma_{\eta\zeta}$ 为应力项，其表达式如下：

$$\sigma_{\zeta\zeta} = 2\nu_t\left[\frac{1}{C_\zeta}\frac{\partial u}{\partial \zeta} + \frac{v}{C_\zeta C_\eta}\frac{\partial C_\zeta}{\partial \eta}\right]$$

$$\sigma_{\eta\eta} = 2\nu_t\left[\frac{1}{C_\eta}\frac{\partial v}{\partial \eta} + \frac{u}{C_\zeta C_\eta}\frac{\partial C_\eta}{\partial \zeta}\right]$$

$$\sigma_{\zeta\eta} = \sigma_{\eta\zeta} = \nu_t \left[\frac{C_\eta}{C_\zeta} \frac{\partial}{\partial \zeta} \left(\frac{v}{C_\eta} \right) + \frac{C_\zeta}{C_\eta} \frac{\partial}{\partial \eta} \left(\frac{u}{C_\zeta} \right) \right]$$

式中：ν_t 为紊动黏性系数，即 $\nu_t = au_* H$；a 为系数；u_* 为摩阻流速；H 为水深。

2. 计算方法

基本方程组采用 ADI 法离散，其主要技术路线为：设 Δt、Δx、Δy 分别为时间步长和 x、y 方向空间步长，n、i、j 分别为时层数和 x、y 的步长数；在 x—y 平面上采用交错网格，并给定各变量（z，u，v，h）的计算点；在时间上采用将 Δt 分成两个半步长，计算采用隐、显格式交替隐、显进行，在 $n\Delta t \to (n+1/2)\Delta t$ 半步长上用隐格式离散连续方程和 x 方向上的动量方程，并用追赶法求得 $(n+1/2)\Delta t$ 时层上的 z 和 u，对 y 方向上的动量方程则用显格式离散，并求得 $(n+1/2)\Delta t$ 时层上的 v，然后在 $(n+1/2)\Delta t \to (n+1)\Delta t$ 半步长上用隐格式离散连续方程和 y

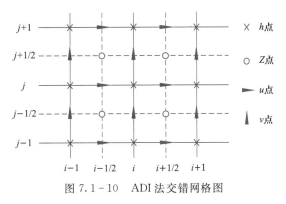

图 7.1 - 10　ADI 法交错网格图

方向上的动量方程，并用追赶法求得 $(n+1)\Delta t$ 时层上的 z 和 v，对 x 方向上的动量方程则用显格式离散，并求得 $(n+1)\Delta t$ 时层上的 u。采用的网格格式如图 7.1 - 10 所示。

经推导，方程在 n 层上 x 向的离散格式整理如下：

潮流连续方程：　　　　　$Au_{i-1, j} + Bz_{i, j} + Cu_{i+1, j} = f$

潮流动量方程：　　　　　$A_1 z_{i-1, j} + B_1 u_{i, j} + C_1 z_{i+1, j} = f_1$

$A_2 z_{i, j+1} + B_2 v_{i, j} + C_2 z_{i, j+1} = f_2$

式中：A、B、C、f、A_1、B_1、C_1、f_1、A_2、B_2、C_2、f_2 等为离散系数。

对离散后的基本方程组采用追赶法进行求解。

3. 迭代精度

水位变化控制迭代误差为 0.1mm，流速迭代误差控制为 0.1mm/s，流量由水位、流速求得。

4. 研究范围及网格布置

二维模型共有 2 个上边界，1 个下边界。上边界一处位于工程上游洪奇沥水道上，距工程位置约 4.1km 处，另一处位于二涌上，距洪奇沥水道与二涌交汇口约 0.05km 处；下边界距工程位置约为 4km。共设网格 209×587 个，最大网格尺寸为 4m×31m，最小网格尺寸为 3.5m×3.8m，详见图 7.1 - 11 和图 7.1 - 12。

5. 边界条件及计算步长

上游进口断面采用流量过程线 $Q = Q(t)$，没有实测资料情况下，从一维模型计算成果采集；下游出口断面采用潮位过程线 $Z = Z(t)$，实测资料或从一维模型计算成果采集。

按稳定性要求 $\frac{\Delta t}{2} < \frac{\alpha \Delta s}{\sqrt{gH_{max}}}$，$\alpha$ 范围为 1～3，计算步长取 5s。

6. 动边界的处理

对研究范围内随潮落潮涨而出没的沙洲和滩地，计算时采用动边界技术，即将落潮期

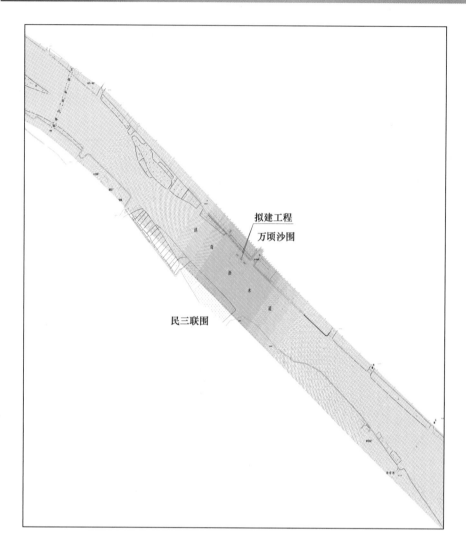

图 7.1-11 二维模型网格布置图

间出露的区域转化为滩地，同时形成新边界；反之，将涨潮期间淹没的滩地转化成计算水域。

7. 建模地形资料

工程所在洪奇沥水道采用 2004 年实测的河道地形资料，工程附近位置采用 2010 年实测的河道地形资料。

8. 港区码头概化

在考虑壅水、分流比计算时按较不利情况考虑，不考虑码头的港池、泊位开挖，码头工作平台按实体进行概化，引桥按高桩透水结构处理，使用等效糙率对桩群的阻水情况进行概化。

在考虑水流流速流态等水动力条件变化时，码头工作平台下河床按 1：5 放坡至码头前沿－7.4m，码头前沿泊位区域约 4.5m 宽度内所对应的网格点高程开挖至－7.4m，其

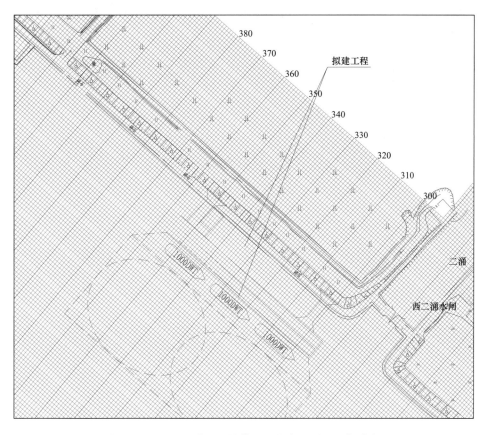

图 7.1-12 工程附近二维模型网格布置图（局部放大）

后方则按 1∶5 的坡度逐渐抬高至 −5.1m。因港池现状河底高程为 −7.1～−12.5m，低于设计底高程 −5.3m，所以本工程港池不需开挖，模型计算无需概化处理码头及引桥按高桩透水结构处理，使用等效糙率对桩群的阻水情况进行概化。

9. 模型验证

在工程附近冯马庙水文站处取一采样点，用冯马庙水文站实测水位值与之验证，验证成果见图 7.1-13 和图 7.1-14。从图可知，二维模型模拟水位过程线与实测值过程线能

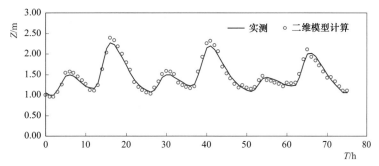

图 7.1-13 二维模型"98·6"大水组合潮（水）位验证成果图
[冯马庙（1998 年 6 月 25 日 20∶00 至 28 日 23∶00）]

较好地吻合,相位、潮差基本一致,符合技术规程规定的精度要求,所建模型可以用来进行工程计算。

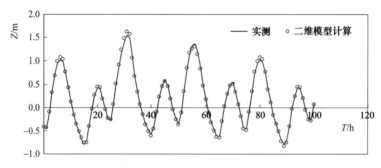

图 7.1-14 二维模型"2001·2"枯水组合潮(水)位验证成果图

[冯马庙(2001年2月7日17:00至11日21:00)]

解析:针对本项目工程特点及防洪评价研究的需要,分别建立了珠江三角洲网河区一维潮流数学模型和工程附近河段二维潮流数学模型,一维模型范围包括整个珠江三角洲网

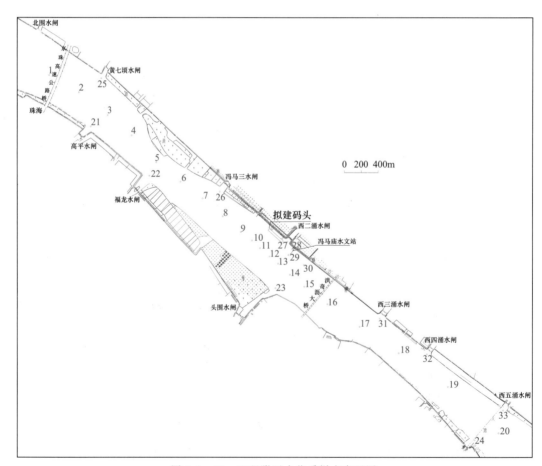

图 7.1-15 工程附近水位采样点布置图

河区，涵盖了工程可能影响的范围，用于分析工程引起的分流比等变化；二维模型对工程概化较精细，能模拟工程局部水动力变化情况，分析工程对水位、水动力和河势特征变化的影响。模型方法选择和模型设计均比较合适，可用作珠江三角洲网河区建设项目防洪评价模型选择借鉴。

7.1.4 防洪评价计算

7.1.4.1 壅水分析计算

为分析码头工程对上、下游河道水位的影响，在拟建工程上下游及相邻水道共布置33个水位采样点，具体位置见图7.1-15。

码头伸出岸线约60m，码头前沿线与现有岸线基本平行，为顺岸式高桩码头。相对于工程建设前河道来说，工程后主要是码头区域桩基阻水。各频率设计洪（潮）水位下，工程后，不考虑码头泊位等开挖，码头工作平台按实体进行概化，引桥按高桩透水结构处理，各设计频率条件下，以洪为主设计水位变化统计成果见表7.1-4，以潮为主设计水位变化统计成果见表7.1-5。

表 7.1-4　　　　各设计频率洪水组合下工程前后水位变化统计表　　　　单位：m

采样点	距工程距离	5年一遇		10年一遇		20年一遇		50年一遇		100年一遇		200年一遇	
		工程前	变化值	工程前	变化值	工程前	变化值	工程前	变化值	工程前	变化值	工程前	变化值
1	3350	2.227	0	2.360	0	2.447	0	2.540	0	2.580	0	2.630	0
2	2660	2.231	0	2.364	0	2.445	0	2.542	0	2.573	0	2.640	0
3	2230	2.211	0	2.345	0	2.397	0	2.517	0	2.535	0	2.590	0
4	1860	2.180	0	2.316	0	2.379	0	2.487	0	2.523	0	2.572	0
5	1450	2.049	0	2.192	0	2.251	0	2.317	0	2.340	0.001	2.395	0.001
6	1070	2.013	0.001	2.159	0.001	2.216	0.001	2.277	0.002	2.306	0.002	2.352	0.002
7	750	2.041	0.001	2.185	0.001	2.246	0.002	2.300	0.003	2.331	0.003	2.372	0.004
8	440	2.039	0.002	2.183	0.002	2.245	0.003	2.306	0.004	2.333	0.004	2.388	0.005
9	160	2.041	0.002	2.185	0.002	2.246	0.005	2.313	0.005	2.341	0.006	2.397	0.007
10		2.037	0.001	2.181	0.001	2.241	0.001	2.309	0.001	2.340	0.005	2.391	0.005
11	工程处	2.038	-0.001	2.183	-0.002	2.244	-0.002	2.311	-0.002	2.344	0.001	2.388	0.001
12		2.036	-0.003	2.180	-0.004	2.241	-0.004	2.308	-0.004	2.343	-0.004	2.385	-0.004
13	130	2.031	-0.003	2.175	-0.003	2.236	-0.003	2.305	-0.003	2.339	-0.003	2.381	-0.006
14	310	2.023	-0.002	2.168	-0.002	2.228	-0.002	2.295	-0.002	2.331	-0.002	2.372	-0.002
15	520	2.015	0	2.160	0	2.221	0	2.289	0	2.323	0	2.362	0
16	860	2.002	0	2.148	0	2.208	0	2.280	0	2.311	0	2.356	0
17	1320	1.926	0	2.078	0	2.131	0	2.206	0	0.239	0	2.286	0
18	1880	1.837	0	1.996	0	2.047	0	2.124	0	2.157	0	2.204	0
19	2560	1.774	0	1.937	0	1.983	0	2.063	0	2.101	0	2.145	0
20	3350	1.724	0	1.891	0	1.939	0	2.017	0	2.059	0	2.097	0

续表

采样点	距工程距离	5年一遇		10年一遇		20年一遇		50年一遇		100年一遇		200年一遇	
		工程前	变化值	工程前	变化值	工程前	变化值	工程前	变化值	工程前	变化值	工程前	变化值
21 (高平水闸)	2230	2.212	0	2.346	0	2.411	0	2.551	0	2.510	0	2.584	0
22 (福龙水闸)	1380	2.059	0	2.202	0	2.261	0	2.337	0.001	2.344	0.001	2.393	0.001
23 (头围水闸)	310	2.029	−0.002	2.173	−0.002	2.233	−0.002	2.299	−0.002	2.337	−0.002	2.379	−0.002

表 7.1-5　　　　　各设计频率潮水组合下工程前后水位变化统计表　　　　单位：m

采样点	距工程距离	5年一遇		10年一遇		20年一遇		50年一遇		100年一遇		200年一遇	
		工程前	变化值	工程前	变化值	工程前	变化值	工程前	变化值	工程前	变化值	工程前	变化值
1	3350	2.308	0	2.456	0	2.622	0	2.818	0	2.943	0	3.082	0
2	2660	2.312	0	2.460	0	2.620	0	2.820	0	2.936	0	3.092	0
3	2230	2.292	0	2.441	0	2.572	0	2.795	0	2.898	0	3.042	0
4	1860	2.261	0	2.412	0	2.554	0	2.765	0	2.886	0	3.024	0
5	1450	2.130	0	2.288	0	2.426	0	2.595	0	2.703	0	2.847	0
6	1070	2.094	0	2.255	0	2.391	0	2.555	0	2.669	0.001	2.804	0.001
7	750	2.122	0.001	2.281	0.001	2.421	0.001	2.578	0.001	2.694	0.002	2.824	0.002
8	440	2.120	0.001	2.279	0.001	2.420	0.002	2.584	0.002	2.696	0.003	2.84	0.003
9	160	2.122	0	2.281	0	2.421	0	2.591	0	2.704	0.003	2.849	0.004
10		2.118	0	2.277	0.001	2.416	0.001	2.587	0.001	2.703	−0.001	2.843	−0.002
11	工程处	2.119	−0.001	2.279	−0.001	2.419	−0.001	2.589	−0.001	2.707	−0.002	2.84	−0.003
12		2.117	−0.002	2.276	−0.002	2.416	−0.002	2.586	−0.002	2.706	−0.003	2.837	−0.003
13	130	2.112	−0.001	2.271	−0.001	2.411	−0.001	2.581	−0.001	2.702	−0.001	2.833	−0.003
14	310	2.104	−0.001	2.264	−0.001	2.403	−0.001	2.573	−0.001	2.694	−0.001	2.824	−0.001
15	520	2.096	0	2.256	0	2.396	0	2.567	0	2.686	0	2.814	0
16	860	2.083	0	2.244	0	2.383	0	2.558	0	2.674	0	2.808	0
17	1320	2.007	0	2.174	0	2.306	0	2.484	0	2.602	0	2.738	0
18	1880	1.918	0	2.092	0	2.222	0	2.402	0	2.520	0	2.656	0
19	2560	1.855	0	2.033	0	2.158	0	2.341	0	2.464	0	2.597	0
20	3350	1.805	0	1.987	0	2.114	0	2.295	0	2.422	0	2.549	0
21 (高平水闸)	2230	2.293	0	2.442	0	2.586	0	2.829	0	2.873	0	3.036	0
22 (福龙水闸)	1380	2.140	0	2.298	0	2.436	0	2.615	0	2.707	0	2.845	0
23 (头围水闸)	310	2.110	−0.001	2.269	−0.001	2.408	−0.001	2.577	−0.001	2.700	−0.001	2.831	−0.001

由表可知，工程附近潮水水面线高于洪水水面线。

在以洪为主潮水位相应的 20%～0.5% 设计频率洪水条件下，工程后码头上游水位最大增加值分别为 0.003m、0.003m、0.005m、0.005m、0.006m，0.007m，水位增加值大于 0.001m 的影响范围为工程上游 1450m 以内。工程下游冯马庙水文站附近水位降低，水位最大下降约 0.007m。

在以潮为主洪水位相应的 20%～0.5% 设计频率潮水条件下，工程后码头上游水位最大增加值为 0.004m，水位增加值大于 0.001m 的最大影响范围为工程上游 1070m 以内。冯马庙水文站附近水位降低，水位最大下降约 0.005m。

拟建工程附近各设计频率潮水位高于相应的设计频率洪水位，工程后在各设计频率潮水条件下，码头上游水位最大增加值为 0.004m。可见，工程后码头对工程所在河道产生的壅水影响较小，对河道防洪影响较小。

码头施工期，水域疏浚采用抓斗式挖泥船施工，码头桩基施工直接在水上设打桩船进行打桩施工，河道内不设施工围堰。按最不利情况考虑，施工期码头前沿至后方岸线间假设为不透水，在以洪为主潮水位相应的 2% 频率条件下，工程后码头上游水位最大增加值为 0.010m，因此，施工期对上游防洪（潮）水位影响不大。

解析： 由于码头工程阻水主要发生在近岸，加上工程所在河道较宽，码头引起的水位壅高沿河道横断面分布并不一致，因此本项目防洪评价壅水计算采用的是二维模型，二维模型可以准确计算码头产生壅水在河道平面上的变化情况，不仅能计算壅水的长度和范围，还能得到沿河道横断面上的壅水分布情况。由于工程河道为感潮河段，报告中分别计算了以洪为主和以潮为主两种不同设计频率水文组合下的工程壅水情况。

7.1.4.2 河势影响分析计算

由于码头阻水及泊位水域的开挖，导致工程附近水域水动力等发生变化，可能对工程附近的河道的河势产生影响。河势影响分析主要包括汊道分流比、滩槽和河岸变化、水动力变化等。

1. 工程对河道分流比的影响分析

拟建工程位于洪奇沥水道的下段，距离其上游的分流汊道较近（约 4.55km）。汊口以上为洪奇沥上段，汊口以下为洪奇沥下段。在汊口处，西侧黄沙沥汇入，东侧有上横沥、下横沥分出。采用一维模型计算汊道分流比。汊口位置及分流比统计断面布置见图 7.1-16。汊口各水道设计洪峰流量成果见表 7.1-6，汊口各水道设计洪峰流量分配情况见表 7.1-7，工程建设后汊口各水道分流比变化情况见表 7.1-8（不考虑开挖）。从表可知，工程建设后，下横沥的分流比略有增大，洪奇沥下段的分流比略有减小。在 5 年一遇至 200 年一遇频率洪水条件下，洪奇沥下段的分流比减小约 0.01%，下横沥分流比增大约 0.01%。由此可见，工程建设对河道分流比影响很小。

2. 工程对河道流态、流速的影响分析

为了便于分析，在工程附近及上下游河道布置了 73 个流速采样点。工程水动力条件计算采用 "98·6" 洪水、"99·7" 中水和 "2001·2" 枯水等三组典型水文组合。

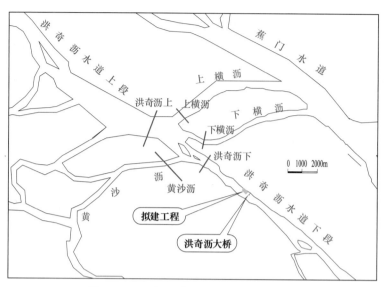

图 7.1 - 16　汉口分流比统计断面布置图

表 7.1 - 6　　　　　　　　汉口附近各断面设计洪峰流量成果表

断面		设计洪峰流量/ (m³/s)					
		频率 20%	频率 10%	频率 5%	频率 2%	频率 1%	频率 0.50%
入口	洪奇沥上	11904	12598	13453	14380	15081	15856
	黄沙沥	1588	1666	1749	1852	1926	2012
	合计	13492	14264	15202	16232	17007	17868
出口	上横沥	2239	2374	2527	2702	2835	2985
	下横沥	4477	4738	5040	5390	5640	5936
	洪奇沥下	6775	7152	7635	8140	8532	8947
	合计	13491	14264	15202	16232	17007	17868

表 7.1 - 7　　　　　　　　汉口附近各断面设计洪峰流量分配比例表　　　　　　　　　　%

断面		设计洪峰流量分配比					
		频率 20%	频率 10%	频率 5%	频率 2%	频率 1%	频率 0.50%
入口	洪奇沥上	88.23	88.30	88.50	88.60	88.70	88.70
	黄沙沥	11.77	11.70	11.50	11.40	11.30	11.30
	合计	100.00	100.00	100.00	100.00	100.00	100.00
出口	上横沥	16.60	16.60	16.60	16.60	16.70	16.70
	下横沥	33.18	33.20	33.20	33.20	33.20	33.20
	洪奇沥下	50.22	50.10	50.20	50.10	50.10	50.10
	合计	100.00	100.00	100.00	100.00	100.00	100.00

表 7.1 - 8　　　　　　　　　　汉口附近各断面分流比变化值表　　　　　　　　　　%

断　面		分流比变化值					
		频率 20%	频率 10%	频率 5%	频率 2%	频率 1%	频率 0.50%
入口	洪奇沥上	0.00	0.00	0.00	0.00	0.00	0.00
	黄沙沥	0.00	0.00	0.00	0.00	0.00	0.00
	合计	0.00	0.00	0.00	0.00	0.00	0.00
出口	上横沥	0.00	0.00	0.00	0.00	0.00	0.00
	下横沥	0.01	0.01	0.01	0.01	0.01	0.01
	洪奇沥下	-0.01	-0.01	-0.01	-0.01	-0.01	-0.01
	合计	0.00	0.00	0.00	0.00	0.00	0.00

　　工程后由于码头阻水及泊位开挖，工程附近流速、流态发生相应调整。从工程前后流场对比图来看，在码头阻水及泊位开挖的综合作用下，工程附近的流速主要呈减少变化，流速及流向变化主要集中泊位及码头水域，在洪水、中水、枯水三种水文组合情况下，工程后流速变化及影响范围依次减少，流速减小幅度介于 -0.01～-0.22m/s，流速减小幅度超过 0.02m/s 的范围为港池上游 140m 至港池下游 400m，码头后方岸线向对岸方向约 110m 的区域内；码头工作台下水域流速减少最大，泊位区域工程前最大流速为 0.62m/s、0.63m/s、0.70m/s，工程后分别减少了 0.17m/s、0.17m/s、0.19m/s，港池由于没有开挖，所以流速除了靠近泊位的约 20m 范围内流速减少 0.01～0.05m/s 外，港池其他区域流速基本没有变化。此外，由于码头的阻水作用影响，港池与右岸间局部水域流速有所增加，增加幅度为 0.01～0.02m/s。

　　在洪水、中水、枯水三种水文组合落急情况下，工程下游西二涌水闸闸口处流速没有变化；冯马庙水文站附近流速均为减少，最大减少值为 0.038m/s。枯水涨急情况下，西二涌水闸闸口处及冯马庙水文站附近流速均无变化。

　　在洪水、中水、枯水三种水文组合落急情况下，流向变化最大的是位于码头工作台与 2 号引桥连接处的 40 号采样点，变化值分别为 11.5°、7.76°、7.58°。西二涌水闸闸口处流向最大变化为 3.7°，冯马庙水文站附近流向最大变化为 0.7°。枯水涨急情况下，流向变化最大的是位于泊位西南角附近的 12 号采样点，变化值为 6.13°，西二涌水闸闸口处流向变化为 0.43°，冯马庙水文站附近流向变化为 0.42°。工程后工程附近流向一般变化在 2°以内。

　　工程前河道下泄的径流流向基本沿河道轴线方向，流路顺直。工程后在码头阻水及泊位开挖的综合影响下，下泄径流行进至工程区由于地形等的影响，开挖水流向港池中轴线方向偏移，当水流接近码头末端时，水流向河道左岸偏移，水流在进入及流出码头时偏移幅度较为明显；码头工作平台下水域由于桩基较密，阻水较大，流速减小较明显。水流流出工程区域后，流态变化逐渐减少。西二涌水闸闸口处水流向码头方向略有偏移。涨潮时，流态变化特征类似落潮时期，流向变化与落潮时刚好相反。从整体上来看，工程后仅码头附近流态发生了一定的变化，其他区域流态较为顺直，变化极小。工程对河道整体流态和流势影响不大。

报告中给出了各典型水文条件下的计算采样点特征流速、流向变化统计成果，各种水文条件下工程前后附近流态对比图，各种水文条件下流速变化等值线图，限于篇幅，本书略，流态对比图和流速变化等值线图可参见第 5 章防洪评级计算后处理示例。

3. 工程对河道水流动力轴线变化的影响分析

从水流动力轴线图（略）及工程前后流速分布等值线图（略）可知，由于泊位开挖和码头平台阻水的综合作用，在洪水水文条件下，工程后 0.5m/s、1.0m/s、1.5m/s 流速等值线向码头对岸偏移，2.0m/s 流速等值线在工程中、下游靠近港池区域略向码头侧偏移外，其余均向码头对岸偏移，位于码头工作台及泊位处的 0.5m/s 流速等值线偏移幅度最大。工程后，水流动力轴线向码头对岸偏移，偏移距离约为 0.6m，流速等值线及水流动力轴线的偏移主要出现在港池上游 300m 至港池下游 640m 内。可见，工程后水流动力轴线变化较小。

4. 工程对滩槽和岸线变化的影响分析

河道滩槽分布以及河岸变化是影响河势的一个重要因素。综合以上分析，拟建工程引起的水动力变化，局限在工程附近水域。工程建设后，由于泊位开挖，改变了局部区域的地形环境，从而使工程区域附近水流流态产生相应的调整，码头及泊位内水域流速降低，港池及右岸间局部水域流速有所增加，但工程对河道的流速、流态影响仅局限在工程附近，且流速变化值较小，因此，工程对洪奇沥水道演变不会产生明显的影响，河道滩槽演变会延续近期的趋势，基本处于稳定状态。

综上所述，拟建工程对其附近水域的水流动力环境影响较小，工程对所在河道的河势稳定的影响不大。

解析：由于珠江三角洲网河区河道密布，各条水道相互连通，对于珠江三角洲网河区河道内建设项目，其工程对河势的影响范围往往会超出工程自身所在的河段以外，因此分流比变化分析是珠江三角洲网河区河道内建设项目河势影响分析计算中的重要内容，建在干流河段上的码头工程不得因改变河道过流断面形状或改变水流流态而引起河道潮量、分流比产生明显变化。建在分汊河段上的码头工程不得显著影响分汊河道分流比，分流比变化量不应超过 5%。除此之外，河势影响分析计算还包括流速、流态变化分析、水动力轴线变化分析、滩槽和岸线变化影响分析等。本报告分别计算分析了珠江三角洲典型洪水、中水、枯水水文组合情况下码头工程对河道分流比、流速流态、水流动力轴线、滩槽和岸线变化等的影响，由于工程阻水不大，工程建设后对河势影响较小。

7.1.4.3　冲刷与淤积分析计算

1. 拟建工程对河道冲淤的影响分析

河床的冲刷与淤积取决于水流挟沙力及水流的含沙量的大小，若水流挟沙力大于水流含沙量，且此时水流流速大于泥沙起动流速，则床面冲刷；反之，若水流挟沙力小于水流含沙量，则床面淤积。

（1）挟沙力表达式。

从挟沙力的基本表达式出发，挟沙力计算公式中的一些参数需要由实测资料、试验数据或泥沙模型确定。根据流速、水深与挟沙力的相关关系，潮流挟沙力表达式采用窦国仁公式，该公式如下：

$$S^* = \alpha \frac{\gamma_s}{\frac{\gamma_s - \gamma}{\gamma}C^2} \frac{U^3}{h\omega}$$

式中：α 为淤积系数；ω 为悬浮泥沙沉降速度；U 为潮流速度；h 为平均水深；C 为谢才系数。

由上述公式知，挟沙力与流速成正比，与水深成反比。本研究根据上述公式，定性分析工程附近及河口区河道的冲刷与淤积变化。

（2）冲淤演变影响分析。

根据工程前后流场对比图和流速变化等值线图分析知，工程前后流速、流态变化主要趋势为：近岸流速受码头阻水作用的影响有所减小；码头泊位处平均开挖 2.05m，水深加大，使得该区流速减小；港池水域原有高程为 −7.1～−12.5m，设计底高程为 −5.3m，不需要开挖，因此该区域流速除靠近泊位的水域流速略有减小外，港池内其他水域流速基本不变。根据挟沙力公式，流速降低，水流挟沙力减小，将可能导致流速减少水域泥沙淤积，洪、枯季不同，涨、落潮流不同，来流大小不同，淤积程度均会不同。由于流速变化幅度较小，在洪水、中水、枯水三种水文组合情况下，流速变化最大值为 0.22m/s，因此挟沙力变化幅度也较小，冲淤变化较小。

由于工程前后流速、流态变化主要位于工程附近区域，其他水域基本没有变化，因此，拟建工程对所在洪奇沥水道的整体冲淤演变影响较小。

2. 港池的淤积计算与分析

由于港池、泊位开挖后，水深增加，流速变小，水流挟沙力降低，开挖水域出现回淤是不可避免的。根据工程附近河道有关泥沙资料，结合流速变化，利用经验公式近似分析工程对泊位水域的淤积影响。

参考《河口航道开挖后的回淤计算》，采用罗肇森公式计算港池、航道回淤厚度，计算公式为：

$$p = \frac{\alpha \omega S_* T}{\gamma_c}\left[1 - \left(\frac{v_2}{v_1}\right)^2 \frac{H_1}{H_2}\right]\frac{1}{\cos n\theta}$$

式中：p 为时间 T 内的淤积厚度，m/a；α 为淤积系数，计算取 0.67；ω 为泥沙沉降速度，计算中取 0.0004m/s；S_* 为工程前水流挟沙力，泊位取 0.16kg/m³；γ_c 为泥沙淤积干容重，计算中工程港区取 857kg/m³；T 为淤积历时，取一年为 31536000s；v_1、v_2 分别为开挖前和开挖后的平均流速，m/s；H_1、H_2 分别为开挖前和开挖后的水深，m；θ 为航槽与水流流向的夹角，(°)；n 为水流通过挖深航槽的转向系数。

拟建工程港池水域现状河底高程已满足工程港池底设计高程−5.3m 的要求，工程不需要对港池水域河床进行开挖。工程泊位开挖面积为 6776m²，平均开挖深度约 2.05m，利用该公式计算码头泊位处的淤积厚度约为 0.79m，淤积量约为 5369m³。

解析： 冲刷与淤积分析计算是防洪评价计算的主要内容之一，码头工程引起的河道冲淤变化一般局限在码头工程附近区域，导致河道整体冲淤变化不会太大。本报告通过分析河道挟沙力的变化分析了工程对河道整体冲淤变化影响，又采取港池回淤公式计算分析了工程区域的泥沙淤积情况。计算分析思路和方法较好的结合了工程的特点。

7.1.4.4 工程对潮排、潮灌影响分析

珠江三角洲地区河道纵横交错，由于河道分隔，堤岸围成可供耕作和居住的围区。这些围区多为田地村庄，一般地势低洼，易积水成涝。对于潮汐地区，农田灌溉经常需利用短时间的涨潮带来的淡水进行引水。排涝的方式是利用低潮位时段进行抢排，抢排水头差一般为 0.1～0.2m，低低潮位升高则减小了排水水头，降低了排水能力。高高潮位降低，则降低了灌溉水利工程的引水水头，不利于进行潮灌。因此工程对河道潮排、潮灌能力的影响主要体现在枯水期高高潮位及中水期低低潮位变化上。

工程前后中、枯水潮（水）位变化统计结果见表 7.1-9。从表可知，工程后（只考虑码头阻水的情况），工程上游河道在"99·7"中水条件下低低潮位最大增加 0.001m，最大影响范围至工程上游 440m 左右。在"2001·2"枯水条件下的高高潮位最大降低 0.001m。最大影响范围至上游 440m 左右。工程上游的水闸在"99·7"中水条件下的低低潮位及"2001·2"枯水条件下高高潮位均没有变化，工程下游除西二涌水闸在"99·7"中水条件下的低低潮位减少了 0.005m，在"2001·2"枯水条件下高高潮位减少了 0.001m 外，其余水闸潮位均无变化。可见，工程对河道潮排、潮灌水位均影响很小。

表 7.1-9　　　典型水文组合下工程建成前后潮（水）位变化统计表　　单位：m

采样点	距工程距离	中水组合低低潮位		枯水组合高高潮位	
		现状	变化值	现状	变化值
1	3350	0.427	0	1.327	0
2	2660	0.429	0	1.322	0
3	2230	0.411	0	1.317	0
4	1860	0.386	0	1.313	0
5	1450	0.273	0	1.301	0
6	1070	0.231	0	1.293	0
7	750	0.256	0	1.291	0
8	440	0.252	0.001	1.288	−0.001
9	160	0.253	0.001	1.286	−0.001
10		0.248	0	1.284	0
11	工程处	0.249	0	1.283	0
12		0.246	−0.001	1.281	0
13	130	0.242	0	1.280	0
14	310	0.235	0	1.277	0
15	520	0.228	0	1.274	0
16	860	0.214	0	1.269	0
17	1320	0.142	0	1.257	0
18	1880	0.065	0	1.243	0

续表

采样点	距工程距离	中水组合低低潮位		枯水组合高高潮位	
		现状	变化值	现状	变化值
19	2560	−0.014	0	1.24	0
20	3350	−0.093	0	1.235	0
21（高平水闸）	2230	0.410	0	1.318	0
22（福龙水闸）	1380	0.276	0	1.301	0
23（头围水闸）	310	0.239	−0.001	1.278	0
24（砂仔上水闸）	3210	−0.092	0	1.236	0
25（黄七顷水闸）	2550	0.428	0	1.321	0
26（冯马三水闸）	640	0.253	0	1.289	0
27（西二涌水闸）	36	0.247	−0.005	1.282	−0.001
28（冯马庙水文站）	150	0.240	−0.001	1.279	0
29（冯马庙水文站）	150	0.240	−0.001	1.279	0
30（桦润码头附近）	350	0.227	0	1.276	0
31（西三涌水闸）	1460	0.121	0	1.252	0
32（西四涌水闸）	2150	0.031	0	1.242	0
33（西五涌水闸）	3210	−0.099	0	1.239	0

解析： 潮排、潮灌是珠江三角洲地区的一大特色，针对珠江三角洲网河区建设项目防洪评价，一般都需要计算分析工程对潮排、潮灌的影响，本报告采用典型中水和枯水组合，针对性地分析了工程对潮排潮灌的影响，具有较好的代表性。

7.2 广佛环线陈村隧道工程防洪评价实例和评价要点解析

7.2.1 工程概况和工程特性

工程位置： 拟建广佛环线穿（跨）越陈村水道隧道工程位于佛山市顺德区与广州市番禺区交界的陈村水道上，上游距陈村涌口约 3.10km，下游距榄尾撬水道口约 4.90km，地理位置如图 7.2-1 所示。

建设规模： 隧道工程以两条单线盾构隧道沿东西向横穿陈村水道，盾构始发井位于陈村水道西侧，距离陈村水道约 0.6km，接收井设置在城际广州南站，距离陈村水道约 2.6km，盾构隧道外径 9.0m，隧道顶部覆土最小厚度为 22.4m。

防洪标准： 拟建工程的防洪标准采用 100 年一遇。

建设方案： 广佛城际在距离陈村水道约 0.6km 至广州南站（距离陈村水道约 2.6km）段以两条单线盾构隧道下穿陈村水道，隧道外径 9.0m，隧道线路与河道水流方向夹角约 35°。该段线路平面为直线，线路纵坡为 −29.5‰、−8.5‰ 的单向坡。隧道轨面高程为

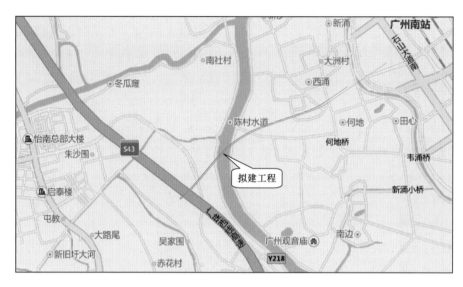

图 7.2-1　拟建工程（陈村隧道段）地理位置示意图

－33.74m～－35.74m，隧道顶部覆土最小厚度为 22.4m。拟建工程平面布置如图 7.2-2 所示，隧道工程断面图如图 7.2-3 和图 7.2-4 所示。

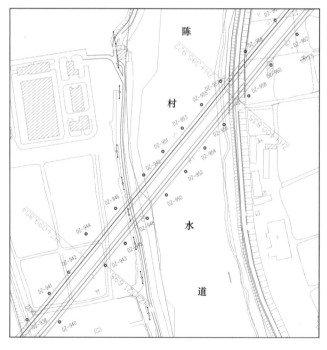

图 7.2-2　拟建工程平面布置图

本项目防洪评价关键点： 本项目为隧道穿越河道工程，工程在河床地下穿过，对河道不阻水，不会造成河道壅水、流速流态等水动力变化和河势稳定变化等影响，工程对防洪的影响重点应该关注工程对堤防稳定的影响，从工程自身安全的影响上还要重点关注工程

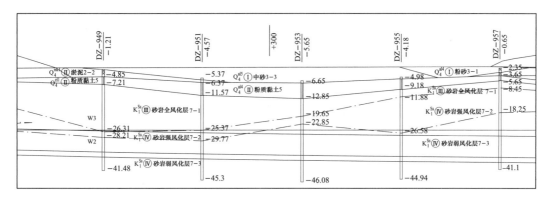

图 7.2-3　陈村水道段隧道工程断面图（左线）（高程珠江基面，单位：m）

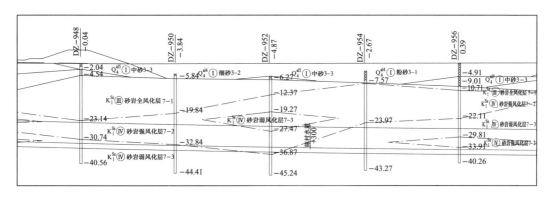

图 7.2-4　陈村水道段隧道工程断面图（右线）（高程珠江基面，单位：m）

河段自身的河床冲淤稳定，因此，本项目防洪评价的关键点主要有以下几点：一是要交代清楚工程与堤防的位置关系，明确出隧道入土点位置，同时对工程处的河床地质情况有所分析，评价工程对堤防安全的影响；二是对工程附近河道的河床演变进行细致分析；三是对工程河段进行极限冲刷计算分析，评价河床稳定性；四是工程对堤防渗流、抗滑等稳定性影响分析。以下主要针对这几个关键点进行介绍。

工程与河道堤防的搭接关系。本线路在新城涌东侧出地面后跨越佛山一环、潭州水道，设陈村站后下穿陈村水道进入广州境内，在武广客专广州南站东广场石壁南二路地下设城际广州南车站，与佛莞线连接。拟建工程左岸陈村围堤防下左线隧道隧顶至堤顶距离约为 30m，右线隧道隧顶至堤顶距离约为 30.24m；右岸石龙围堤防下左线隧道隧顶至堤顶距离约为 32.52m，右线隧道隧顶至堤顶距离约为 32.61m，拟建工程盾构始发井距离陈村水道约 0.6km，接收井设置在城际广州南站，距离陈村水道约 2.6km，出入路面口均不在堤防管理范围内，因此拟建工程的建设不会对堤防搭接产生影响。

施工方法包括施工工艺、机械设备型号及振动的影响范围、施工工期和弃土的处理 4 方面内容。

（1）施工工艺。陈村隧道下穿陈村水道段采用盾构法施工，盾构是在隧道施工期间，进行地层开挖及衬砌拼装时起支护作用的施工设备。盾构法施工工艺为：①在盾构法隧道的起始端和终端各组建一个工作井；②盾构在起始端工作井内安装就位；③依靠盾构千斤顶推力将盾构从起始井的墙壁开孔处推出；④盾构在地层中沿设计轴线推进，在推进的同时不断的出土和安装衬砌管片；⑤及时向衬砌背后的空隙注浆，防止地层移动和固定衬砌环位置；⑥盾构进入终端工作井并被拆除。

（2）机械设备型号及振动的影响范围。本线盾构机初步确定采用海瑞克或日本奥村盾构机，根据施工经验，振动范围约盾构隧道周边4.5m，施工中对河道及河堤影响较小。

（3）施工工期。陈村隧道设计总工期为36个月，预计下穿陈村水道施工工期为2个月。由于目前开工具体时间还没有确定，因此当进行下穿陈村水道段施工时是否为汛期，目前还不能完全确定。根据本段地质情况及隧道埋深判断，下穿段施工是否在汛期对水道防洪影响较小。

（4）弃土的处理。弃土处理采用商业化模式，不在影响河道防洪安全的范围内进行弃土。

解析：报告清晰地交代了工程与堤防的位置关系和施工方法，从工程方案来看，隧道工程从平面距离和纵向距离上均距离堤防较远，出入路面口均不在堤防管理范围内，拟建工程的建设不会对堤防搭接产生影响。施工工艺采用盾构施工，施工期也不会对河床和堤防造成破坏，工程方案基本不会对堤防和河床造成影响。

7.2.2 地形、地貌、工程地质概况

7.2.2.1 地层岩性及地质构造

陈村水道位于珠江三角洲的高平原，当地称之为高沙田或高围田，地面高程一般为0.5~0.9m，这类高平原基本上位于珠江三角洲的中北部，是年代较老、围垦较早的河漫滩平原。陈村水道东侧是番禺台地，北部为广州台地，是珠江三角洲地区台地的主要分布区。番禺台地主要由下古生界变质岩及侏罗系砂岩、页岩构成。在水道西岸的高平原内，还广泛分布一些残丘，（如都宁岗、勒竹岗等），这些残丘岩性多样，不仅有古火山遗迹，也有由其他多类岩性的基岩构成小山体。

1. 地层岩性

经勘察揭示，结合区域地质资料对比分析，本工程段范围内所经过的地层岩性，按其成因和时代分类主要有：第四系人工填土层（Q4ml）、第四系全新统海陆交互沉积层（Q4mc）、白垩系下统基岩（K1）。现分述如下。

（1）第四系人工填土层（Q4ml）。

〈1-1〉素填土（Q4ml1）：普遍分布于地表，颜色主要为褐灰色，组成物较杂，有黏土、砂石、混凝土块、碎石块等，稍湿，松散—稍密状。实测标准贯入试验值N为1~13击，标贯平均击数5.33击。

（2）第四系全新统海陆交互沉积层（Q4mc）。

〈2-2〉淤泥（Q4mc1）：深灰色、灰黑色，成分以黏粒为主，黏性较好，土质不均，含少量砂，流塑，含有机质，有腥味。实测标准贯入试验值N为1~11击，标贯平均击数3.79击。推荐基本承载力为40kPa。

〈3-1〉粉砂（Q4mc4）：灰色、灰黄色，饱和为主，成分主要为石英、长石，砂质不均，含少量淤泥，呈层状断续分布。松散为主，实测标准贯入试验值 N 为 $1\sim13$ 击，标贯平均击数 5.37 击，推荐基本承载力为 60kPa。

〈3-3〉中砂（Q4mc5）：灰色、灰黄色，饱和，成分主要为石英、长石，砂质不均，含少量淤泥，多呈透镜体状断续分布。松散—稍密，实测标准贯入试验值 N 为 $2\sim20$ 击，标贯平均击数 10.21 击，推荐基本承载力为 200kPa。

〈3-4〉粗砂（Q4mc5）：灰褐色，饱和，成分主要为石英、长石，砂质不均，含少量黏粒和砾石，呈透镜体状分布。松散—稍密，实测标准贯入试验值 N 为 $7\sim14$ 击，标贯平均击数 10 击，推荐基本承载力为 250kPa。

〈4-1〉粉质黏土（Q4mc1）：浅黄色、浅灰色，硬塑为主，局部软塑，主要由黏粒组成，刀切面光滑，可搓成条，土质均匀。总体呈层状连续分布。实测标准贯入试验值 N 为 $2\sim30$ 击，标贯平均击数 20.14 击。推荐基本承载力软塑层 100kPa，硬塑层 120kPa。

（3）白垩系下统基岩（K1）。

〈7-1〉全风化层：为砂岩，灰色、棕红色，全风化，原岩结构已经破坏，岩芯呈土状，水浸易软化崩解。实测标准贯入试验值 N 为 $10\sim59$ 击，标贯平均击数 36 击。推荐基本承载力为 200kPa。

〈7-2〉强风化层：为砂岩，棕红色、深灰色，强风化，泥质、铁质胶结，裂隙很发育，岩芯呈碎块状、局部短柱状，锤击易碎。推荐基本承载力为 400kPa。

〈7-3〉弱风化层：为砂岩，棕红色、深灰色，弱风化，泥质、铁质胶结，中厚层状构造，裂隙稍发育，岩芯呈短柱状、柱状。推荐基本承载力为 600kPa。

2. 地质构造

本区在大的构造单元上属华南准地台之三水断陷盆地。根据区域地质资料，本段与线路相交的主要断层有石碣断层、雷岗断层、雷岗东断层、广从断层及大石断层。上述构造在线路通过区内均被第四系地层所覆盖。

（1）断裂。

石碣断层（f1）：正断层，破碎带宽约 20m，断带由构造角砾岩、硅化岩组成，局部可见次橄榄玄武岩。该断层错断下第三系地层。

雷岗断层（f2）：正断层，破碎带宽度大于 65m，断带处硅化构造角砾岩、硅化岩相间出现，角砾呈不规则棱角状，大小混杂，后期具磨圆及定向排列的眼球状构造。该断层上盘为下第三系地层，下盘为白垩系地层。

雷岗东断层（f3）：断层破碎带可见构造角砾岩、断层泥和构造透镜体。

广从断层（f4）：断带内可见构造角砾岩，具磨圆现象，被断层泥充填。该断层展布于白垩系及第三系地层中。

（2）新构造运动特征。

区内基岩地层最新的是下第三系始新统，从渐新世至早更新世，区内处于整体抬升侵蚀剥蚀过程中，晚更新世以来则表现为继承性断块升降。

7.2.2.2 水文地质特征

（1）地表水。

线路沿线河流纵多，水网密布，均属珠江水系。主要河流有佛山水道、东平水道、吉利涌、潭州水道、陈村水道等，均为通航河道，河宽一般 80～200m，水量较大，水质一般较好。

（2）地下水。

1）地下水赋存及类型。隧道范围内地下水类型主要有两种：一种为赋存于第四系土层中的孔隙水，另一种为基岩风化裂隙水。

第四系孔隙水，主要赋存于第四系地层中的粉砂〈3-1〉、中砂〈3-3〉、粗砂〈3-4〉中。海陆交互含水层厚度较大，分布较连续，径流畅通，渗透性好，水量较为丰富。局部呈尖灭状及透镜体分布，其上覆杂填土及素填土，局部直接出露地表，为第四系孔隙潜水。

基岩风化裂隙水主要赋存于白垩系下强、弱风化砂岩风化节理裂隙中，含水层埋深和厚度差异较大，砂岩节理裂隙较发育，水量一般。由于岩性及裂隙发育程度的差异，其富水程度与渗透性也不尽相同，裂隙发育，连通性较好，渗透性较强，富水性好。

2）地下水的补给、径流、排泄条件。本区地下水补给主要通过大气降水入渗及侧向径流补给，地下水的总体流向与地形一致，由东北流向西南，垂向上基岩裂隙水与第四系孔隙水通过越流相互连通补给。排泄方式主要为蒸发及侧向径流排泄等。

3）地下水位及动态特征。本次勘察期间测得地下水位埋深 0.4～6.1m，平均水位埋深为 2.1m，水位高程-3.70～2.22m。地下水位与季节、气候、地下水赋存、补给及排泄有密切的关系，每年的 5—10 月为雨季，大气降水丰沛，水位会明显抬升，冬季因降水减少地下水位随之下降。水位年变化幅度为 0.5～2.5m。

7.2.2.3 主要工程地质问题

（1）不良地质的分布特征及工程措施建议。

1）砂土液化：工点范围内 15m 以上的饱和砂层及粉土层，松散—稍密为主，经液化判定，绝大部分属可液化地层，建议均按可液化地层考虑。

2）软土震陷：场地区分布的淤泥质土、淤泥层，孔隙大，抗剪强度较低，承载力较低，在地震力或机械振动作用下，容易发生剪切破坏，因孔隙水排出受到压缩，导致地面沉陷，需要考虑软弱土震陷的影响。

（2）特殊岩土的评价及工程措施建议。

工作区的特殊岩土主要有软土、人工填土、风化岩。

1）软土。工点范围内广泛分布有淤泥、淤泥质土，层厚 0.30～10.90m，呈流塑状，具有高孔隙度、高压缩性、低透水性和富含有机质等特征。属强度低、稳定性差、变形量大、承载力低的软弱地基土。其主要物理力学指标：天然含水量 W 为 12.9%～77.4%，孔隙比 e 为 0.268～2.058，不排水抗剪强度 c 为 5.0～12kPa，ϕ 为 4.2°～12.2°。

2）膨胀岩土。第四系残积土及白垩系泥岩、砂岩风化层，根据化验结果，其自由膨胀率 F_s 为 12%～134%，平均值 71.53%；阳离子交换量 $CEC=38～185$mmol/kg，平均值 95.11 mmol/kg；蒙脱石含量 M 为 3.2%～13.2%，平均值 7.13%，一般具弱膨胀性。

该层具遇水软化和暴露时间长易开裂等特点，基坑开挖时，应防止水泡和暴露时间过长，及时封闭工作面。

解析：工程地质特性是分析工程处河床稳定性的重要参考，也是计算分析工程对堤防渗流、抗滑稳定性等所需参数选取的主要依据，报告中详细介绍了工程处的地质特性，便于后面的防洪评价计算。

7.2.3 河道演变

7.2.3.1 研究河段的总体河势分析

总体上看，隧址河段平面上呈微弯型河道，基本呈南北走向，西岸凸出，东岸微凹。河段宽度沿程变化不大，河宽大致在 200m 左右。深槽宽，江心洲和滩少，主槽呈"U"形，水流动力轴线基本在主槽内，左右摆幅不大。

1999 年，研究河段中除了工程下游厘涌水闸水深较浅，河床高程大于 −3m，其余区域河床均在 −3m 以下，主槽基本位于河道中部，在隧址河段上游湾顶，河床逐渐加深，河道中心高程在 −4m 及 −5m 以下。而 2002 年，−3m 等高线范围、区域扩大，由河道中部外延至河道近岸处，研究河段中部冲刷出 −4m 深槽，除了工程下游厘涌水闸附近水域，其他区域 −4m 深槽基本贯通，深槽位置与 1999 年基本一致。2006 年，−4m 等高线全河段贯通，沿程更加清晰顺畅，范围扩大至河道东、西两岸附近，与 −3m、−2m、−1m 等高线走势基本一致，在研究河段的上游湾顶、中部厘涌水闸及下游联安水闸附近主槽出现较大的三个 −5m 左右深坑，隧址段及上游河道出现零星的 −5m 小深坑。2012 年，−4m 等高线范围有所扩大，但位置无明显变化，同时 −5m 等高线范围变大，2006 年出现的深坑向上、下游延伸，范围有所扩大。隧址处 −5m 小深坑也不断发育变大，2006 年的隧址上游 −5m 小深坑发育为一个大深坑，与上下游呈贯通之势，主槽位置基本不变，动力轴线位置也基本不变。总体上看，陈村水道两岸设有堤防，为约束性河道，岸线比较稳定，隧址附近河段河道走势历年变化较小，但因人为因素（主要是挖砂）和西江、北江分流比变化，河床变化明显，1999—2012 年，河段由 −3m 深坑到贯通主槽，然后出现 −4m 深坑至贯通主槽，最后出现 −5m 大深坑，深度明显增大，范围也在扩大。

7.2.3.2 研究河段的河床演变分析

1. 研究河段 1999—2012 年深泓线的平面变化

不同年份深泓沿程平面摆动幅度如图 7.2−5 所示。总体而言，1999—2012 年，河道深泓线整体在平面上变化幅度较小。2004—2007 年，陈村水道进行了的航道整治，河床整体冲深，致使拟建隧道工程上、下游深泓向西岸移动，最大摆幅为约 30m。

1999—2012 年，隧道上游河段深泓呈自东向西摆动的变化趋势，但变幅较小，最大摆动幅度约为 32m。隧道穿越河段河床深泓逐渐由东向西移动，但整体波动不大，最大摆幅为 22m（向西岸）。隧址至下游厘涌水闸附近，河床深泓也基本为自东向西摆动，摆幅也在 30m 以内。隧址下游厘涌水闸至联安水闸段，1999—2006 年间，深泓东西向最大摆幅出现在水闸附近，仅为 16m，深泓整体波动幅度较小。

可见，1999—2012 年，工程所在河段深泓波动较小，整体无明显变化，河道深泓处于较稳定的时期。

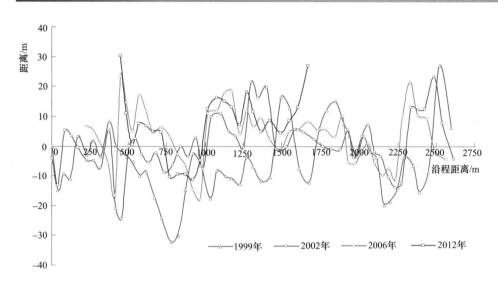

图 7.2-5 不同年份深泓沿程平面摆动幅度图

(隧址上游 1km 至下游联安水闸段)

2. 研究河段 1999—2012 年深泓线的纵向变化

图 7.2-6 表示工程所在河段在 1999—2012 年的深泓线沿程变化。表 7.2-1 为深泓平均高程值及其变化表。从图、表可知，1999 年以来，深泓逐渐下降，但总体而言深泓下降速率微小。1999—2002 年深泓年均下切速率为 0.050m/a，隧址附近 3 年间深泓下降 0.569m。2002—2006 年间，深泓下切幅度略有增加，年均下切速率为 0.075m/a，隧址附近此期间深泓下降 1.245m。2006—2012 年，年均下切速率为 0.050m/a，隧址附近近 6 年间深泓下降 0.059m。

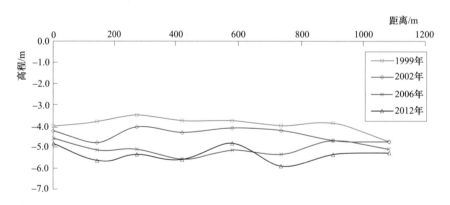

图 7.2-6 工程河段深泓线沿程变化图

总体而言，1999—2012 年，隧址所在陈村水道河道河床呈不断下切变化趋势，但变化幅度不大，下降沿程平均值为 0.75m，年平均下降速率为 0.058m/a。2004—2007 年，陈村水道的航道整治是导致其河床有较明显的下切的一个重要因素，此外，随着经济建设的高速发展，大规模基建投资使河砂需求剧增，人工采砂对河床演变产生了较大的影响，也导致河道深泓有所下切。

表 7.2-1	深泓平均高程值及其变化表		
不同年份深泓平均高程表（珠基，m）			
年份	1999	2002	2006	2012
深泓平均高程	-4.07	-4.22	-4.52	-4.82
不同时段深泓平均高程降低值及年均下降速率			
起止年份	时段长度/a	降低值/m	年均下降速率/（m/a）
1999—2002	3	0.15	0.050
2002—2006	4	0.30	0.075
2006—2012	6	0.30	0.050
1999—2012	13	0.75	0.058

3. 研究河段 1999—2012 年断面形态变化

图 7.2-7 为广佛环线隧址断面历年形态对比图，图 7.2-8 为工程上、下游其他 8 个采样断面的（位置见图 7.2-9 所示，断面自左岸至右岸）对比图，其中隧址断面对比图为由工程穿越河道上下游约 180m 范围内的地形河床最深点所作冲刷包络线。

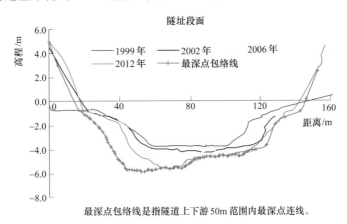

最深点包络线是指隧道上下游50m范围内最深点连线。

图 7.2-7 广佛环线隧址断面对比图（横坐标起点为北岸）

工程上游 1~4 号断面：1999—2002 年，4 个断面西岸均表现为微淤，中部及东岸为冲刷，尤以近东岸处冲刷最为明显，最大冲刷约为 1.5m 左右；2002—2006 年，4 个采样断面处，近西岸河床基本稳定，中部河床和东岸河床继续冲刷，河床最大下切幅值约为 1.2m；2006—2012 年间，受航道整治工程等人类活动影响，1 号断面河床向西岸移动约 7m，2 号断面向东、西两岸分别扩宽 6m 左右，4 个断面河床局部淤积，以冲刷为主，以航道所在河床下切最为明显。

工程上游 5~8 号断面：1999—2002 年，4 个断面总体呈下切变化，东侧近岸有所淤高，最大下切达 4m，最大淤高达 2m；2002—2006 年，4 个采样断面所在河道以整体冲刷下切为主，东岸下切幅度大于中部，最大下切幅值约为 1.1m，7 号、8 号西岸有所淤高，最大淤厚为 1.6m；2006—2012 年，各断面河床仍以下切变化为主，最大下切幅值约为 1.0m，8 号断面西岸略有淤高，最大淤厚在 0.6 左右。航道所在河床下切最为明显。

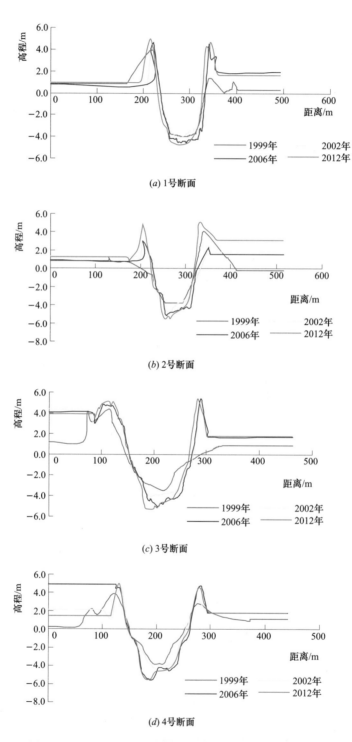

(a) 1号断面

(b) 2号断面

(c) 3号断面

(d) 4号断面

图 7.2-8 (一)　1～8 号断面对比图 (横坐标起点为西岸)

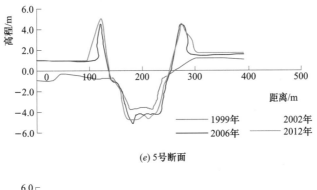

(e) 5号断面

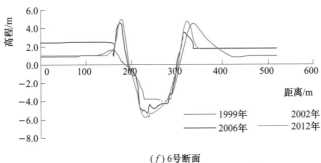

(f) 6号断面

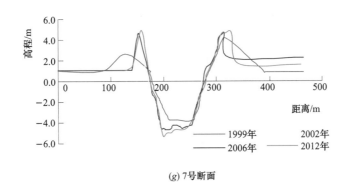

(g) 7号断面

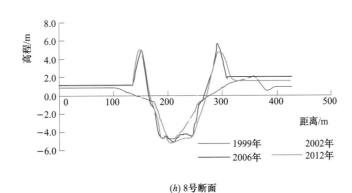

(h) 8号断面

图 7.2-8 (二) 1~8号断面对比图 (横坐标起点为西岸)

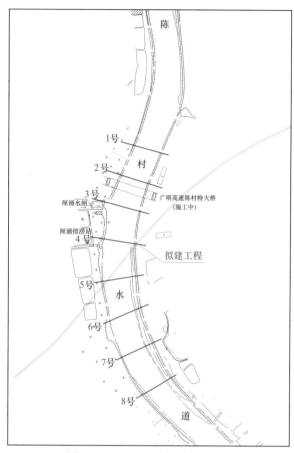

图 7.2-9　1～8 号断面布置位置图
（横坐标起点为西岸）

从隧址断面对比图可以看出，隧址所处河床，1999—2002 年，距西岸 45～136m 范围内，河床轻微冲刷，其中，以近东岸（距西岸 120m 附近）河床下切最为明显，下切速率约为 0.76m/a。2002—2006 年，受 2004 年开始的航道整治工程的影响，距西岸 50～86m 范围内，河床明显下切，下切最大幅度约为 1.53m；另外，在距西岸 95～120m 范围内，河床微幅下切，下切最大幅度约为 0.61m。2006—2012 年，中部至东岸河床稳定，距西岸 30～92m 范围内河床在航道整治工程影响下继续下切，最大下切幅值在 1.50m 左右。据历年工程上下游共 150m 范围内的地形河床最深点作冲刷包络线推知，河床高程整体保持在 −6m 以上。

4. 研究河段 1999—2012 年河床演变规律分析

（1）从河床等高线变化来看，1999—2012 年，研究河段的 −2m 及 −3m 等高线处于不断向两岸外扩的发育过程中，发育速度逐渐降低。1999 年河床水深较浅，未出现 −4m 等高线；在北江网河水道大范围、大规模河床采砂等人为因素影响下，2002 年出现 −4m 等高线，且呈贯通之势；受 2004—2007 年陈村水道航道整治工程影响，2006 年，河床继续冲深，工程上下游出现 −5m 等高线，2012 年 −5m 等值线向岸大幅扩大，接近贯通。

（2）从研究河段深泓平面变化来看，1999—2012 年间，河床整体刷深，隧道上游河段深泓呈自东向西摆动的变化趋势，但变幅较小，最大摆动幅度约为 32m。隧道穿越河段河床深泓逐渐由东向西移动，但整体波动不大，最大摆幅为 22m（向西岸）。隧址至下游厘涌水闸附近，河床深泓也基本为自东向西摆动，摆幅也在 30m 以内。可见，1999—2012 年间，工程所在河段深泓波动较小，整体无明显变化，河道深泓处于较稳定的时期。

（3）从深泓线的纵向变化看，1999 年以来，深泓逐渐下降，但总体而言深泓下降速率微小。1999—2002 年深泓年均下切速率为 0.050m/a，隧址附近 3 年间深泓下降 0.569m。2002—2006 年间，深泓下切幅度略有增加，年均下切速率为 0.075m/a，隧址附近此期间深泓下降 1.245m。2006—2012 年，年均下切速率为 0.050m/a，隧址附近近 6 年间深泓下降 0.059m。总体而言，1999—2012 年，隧址所在陈村水道河道河床呈不断下切变化趋势，但变化幅度不大，河床相对较稳定。

（4）从横断面变化来看，1999—2002 年，河床总体微幅下切，工程上游近西岸河床和下游近东岸侧下切较明显。2002—2006 年，河床整体以下切为主，但趋势相对稳定。2006—2012 年，河床仍表现为总体下切，局部略有淤积，河床演变规律不变。从广佛环线陈村隧址中线断面及冲刷包络线来看，沉管靠近西岸的河床，高程在时间和空间上变化均相对较大。纵向上，靠近西岸的河床底高程逐渐增大，水深由深变浅，呈现不断冲刷之势。

（5）从河床冲淤强度及冲淤量分析来看，1999—2012 年，各时间段内河床变化基本一致，除近西岸浅滩有微幅淤积，河床总体以下切为主，下切幅度因具体断面位置的不同而异，但总体幅度相差不大。1999—2002 年，0～-4m 浅滩略有淤积，淤积强度为 0.018m/a，-4m 以下河床下切，冲刷强度为 0.033m/a；2002—2006 年，受航道整治影响，河床整体下切，0～-4m 冲刷强度为 0.032m/a，-4m 以下冲刷强度为 0.065m/a；2006—2012 年，0～-4m 浅滩和-4m 以下深槽冲刷强度分别为 0.065m/a、0.028m/a。总体而言，1999—2012 年，河床呈逐年下切状态，但平面形态整体稳定。

7.2.3.3　研究河段河床演变原因分析

上述演变规律的主要成因有三：首先，陈村水道沿程的大规模航道整治工程缩窄了中水和低水位以下的河床宽度，稳定了深槽位置，水流挟沙能力增强，对河底下切有一定的影响；其次，北江网河水道大范围、大规模河床采砂，使陈村水道水位和深泓高程明显下降，河床容积显著增大；其三，由于北江网河河底高程下切幅度和速度大于西江网河，导致 1993 年以来三水断面分流比显著提升，且居高不下，使三水断面径流造床动力增大了一倍，大大增强了陈村水道各段的造床动力。此外，自 1994 年来接连发生的大洪水对中、低水河床也有一定的冲刷作用。

近十几年来，影响陈村水道河床演变的诸多因素，其产生影响的广度和强度以及主次地位各不相同。①2006—2012 年，陈村水道非航道水域河床形态变化基本上以水流、泥沙和河床边界相互作用的自然演变过程为主，沿程有冲有淤，变化幅度甚小。因此，陈村水道在自然动力条件下的河床形态变化是相对缓慢的。②2004—2007 年，陈村水道按三级航道标准进行整治，整治范围包括陈村水道全程及顺德水道的濠溶口至火烧头 4km 段，主要工程包括裁弯取直、疏浚、炸礁、筑坝、护岸、航标改造等项目，投资 1.1 亿元。整治后该水道从 500 吨级的通航能力提升为 1000 吨级。从 2002—2012 年河床的下切情况来看，航道整治工程改变河床边界形态及其对冲淤变化的调整作用是积极而显著的。③从整治工程开始前 1999—2002 年的河床形态特征（深泓高程和宽深比）的对比来看，河床东、西两侧近岸河床下切幅度较大，河床采砂成为改变陈村水道边界形态和水流、泥沙条件的主导因素，其局部影响较大，但总体影响小于航道整治工程。

7.2.3.4　河床演变趋势预测

从上述的历史和近期河床演变分析可以看出，陈村水道经大规模航道整治后，加之较早发生于该河段的人工采砂活动，以及上游分流比的变化，以致该河段在 1999—2012 年表现为以冲刷为主，呈现出逐年冲深之变化趋势，但总体而言，冲刷幅度较小，其中，1999—2002 年河床的冲刷与人工采砂活动向上游河道迁移有关；2002—2006 年，河床的明显下切主要出现在近西岸处，主要受 2004 年开始的陈村航道整治工程影响，以及近几年连续发生的几场洪水等因素的影响；2006—2012 年，同样由于受上游分流比变化，航道维护，人类采砂等因素影响，河床虽有局部淤积，但整体仍以冲刷为主，冲刷轻微。

近年来，北江网河河床高程下切幅度和速度大于西江网河，导致 1993 年以来三水断面分流比显著提升，大大增强了陈村水道的造床动力，有利于河槽冲刷。同时北江网河段 2003 年人工采砂的禁止，2008 年珠江三角洲全面禁止采砂及目前航道相对稳定，使得三水分流比相对稳定，随着河道管理的加强以及在自然演变规律作用下，陈村水道近期河床将趋于稳定。

解析： 隧址处的河床演变关系到隧址处的河道稳定性，河床稳定性对隧道自身的安全至关重要，工程河段的河床演变趋势尤其是深泓变化，对管线的埋设深度和冲刷安全具有非常重要的参考意义。本报告从工程河段的河势变化、深泓平面、纵向变化、断面形态变化、冲淤变化等几个方面详细分析了工程河段近期演变特征，还分析了河床近期演变的原因和未来演变的趋势，河床演变分析内容非常充实，可以为确定隧道埋深和极限冲刷研究提供参考。

7.2.4　冲刷与淤积分析计算

7.2.4.1　计算边界条件

1. 水文条件

极限冲刷计算的水文边界条件如下，先由一维河网潮流泥沙数学模型计算，然后为工程局部二维潮流泥沙数学模型提供边界。（模型介绍可参见 4.3 潮流泥沙数学模型的介绍，这里不再详述。）

（1）三水、马口 100 年一遇设计洪峰流量遭遇下游河口"2005·6"洪水潮型低潮位。

（2）三水、马口 200 年一遇设计洪峰流量遭遇下游河口"2005·6"洪水潮型低潮位。

（3）三水、马口 300 年一遇设计洪峰流量遭遇下游河口"2005·6"洪水潮型低潮位。

由于缺大洪水时的实测泥沙资料，极限冲刷计算的来沙条件根据工程段含沙量分析选取。中洪水时（陈村水道上游碧江断面流量在 $-100\sim200\text{m}^3/\text{s}$，上游潭州水道弼教断面流量在 $600\sim1240\text{m}^3/\text{s}$），碧江断面含沙量集中在 $0.033\sim0.33\text{kg/m}^3$ 之间，弼教断面含沙量在 $0.09\sim0.43\text{kg/m}^3$ 之间。考虑最不利情况，采用清水冲刷，故在极限冲刷计算中假定上游来流为清水。

泥沙模式极限冲刷计算时间按河道流速与河床床沙的起动流速关系自动判断。由于河床床沙在冲刷过程中不断地粗化，而河道流速随着河道的冲深而逐渐减小，当河道流速减小到等于河床床沙的启动流速时，河床床沙不再起动，此时河床冲刷停止。

2. 工程地质

根据工程地质分析得知，隧址处河中钻孔资料表明，广佛环线陈村隧道所在河段主槽河床从上到下前四层分别为：①中砂 3-3：层厚约为 0.8m；②粉质黏土：层厚为 5.2m；③全风化砂岩：层厚为 13.8m；④强风化砂岩。

采用的底沙级配调整方程中，将底床由上至下分成 4 层，表层为泥沙交换层，第四层为底层，中间两层为过渡层，悬沙与底沙的直接交换限制在交换层中。根据岩土参数表，粉质黏土直接快剪强度为 17.59kPa，抗冲流速在 $0.15\sim0.20\text{m/s}$ 左右，可由 $v=5\sim7\sqrt{d_{50}}$ 反算粒径。根据"1999·7"中洪水期间实测资料，陈村水道上游碧江站床沙中值粒径为 0.027mm。因此，底层河床床沙中值粒径选用 $d_{50}=0.25$mm，表层河床床沙中值粒径根据实测资料取值 $d_{50}=0.027$mm。

　　3. 计算工况及河床边界条件

　　拟建隧道工程位于陈村水道与陈村涌交叉点下游的一个东西向弯道的中部，由于弯曲河道水动力条件较为复杂，加上航道维护整治、采砂等人为因素影响，河床下切对隧道工程安全的影响至关重要。

　　本工程采用盾构法施工，无需进行基槽开挖，主要需进行现状河床边界条件下的泥沙数学模型计算，具体计算条件如下。

　　现状河床边界：初始地形边界工程所在河段采用 2012 年 2 月实测地形，其他模拟区域地形采用 2002 年及 2006 年实测地形。

7.2.4.2　平面冲淤变化

　　图 7.2-10 为 2012 年 2 月实测地形遭遇 300 年一遇洪水极限冲刷后等高线图。

　　从图中可以看出，300 年一遇洪水极限冲刷后，工程所在河道整体冲深，原河道中心的 -5m 等高线扩散至河道东、西两侧近岸处，河道中心出现 -8m 大深坑，并呈贯通之势。隧址附近最低标高为 -8.55m（位于上游近隧址、河道中心略近东岸处，北京坐标为（38422457.72，2542315.50）），较现状（2012 年 2 月实测）地形局部最深高程低约 3.5m。300 年一遇洪水现状边界条件的冲刷总体上表现出槽冲滩淤的特征。

7.2.4.3　隧址中线及附近河道断面形态变化

　　在隧道线位附近取 5 个断面（断面布置方向为由西岸至东岸，3 号断面位于广佛环线陈村隧址中线处，4 号、2 号断面分别位于隧址上、下游 25m 处，5 号、1 号断面分别位于隧址上、下游 50m 处），不同断面的冲刷前后河床形态比较如图 7.2-11 所示（以西岸为起点）。1~5 号的起点坐标见表 7.2-2。

表 7.2-2　　　　　　　　　　特征断面起点坐标（1954 北京坐标系）

断面编号	x	y	起点位置备注
1	38422286.88	2542265.98	广佛环线陈村隧址中线上游 50m 处
2	38422296.54	2542236.31	广佛环线陈村隧址中线上游 25m 处
3	38422303.78	2542207.32	广佛环线陈村隧址中线处
4	38422308.56	2542176.02	广佛环线陈村隧址中线上游 25m 处
5	38422321.79	2542152.07	广佛环线陈村隧址中线下游 50m 处

　　在不利水文条件下，以 2012 年 2 月实测地形为基础，工程附近各断面最大冲刷深度和最低冲刷标高见表 7.2-3~表 7.2-5。由表可知，隧址中线断面最大冲刷深度和最低标高点均出现在 300 年一遇水文组合。

　　(1) 广佛环线陈村水道隧址中线（3 号断面）所处河床冲刷后最低标高为 -8.34m，距离西岸 221.8m，其北京坐标为：（38422445.49，2542377.95），最大冲刷深度为 3.81m，距离西岸 231.1m，较本断面河床最低处沿隧道方向向东北偏移 9.3m。

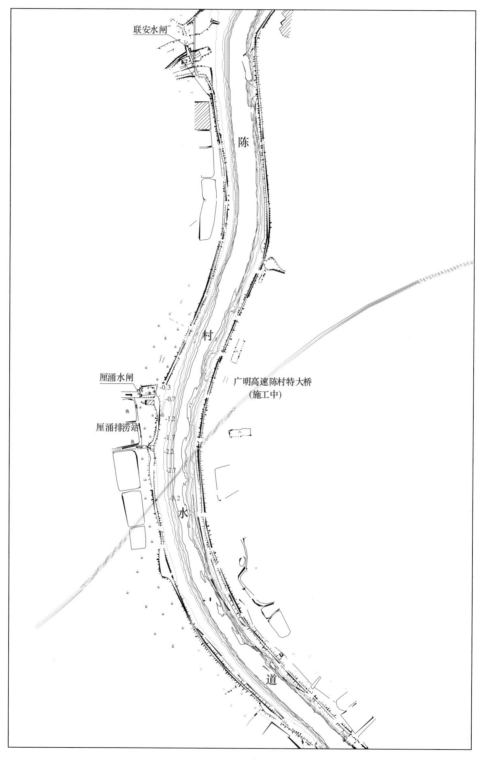

图7.2-10 2012年2月实测地形极限冲刷后等高线图（单位：m）

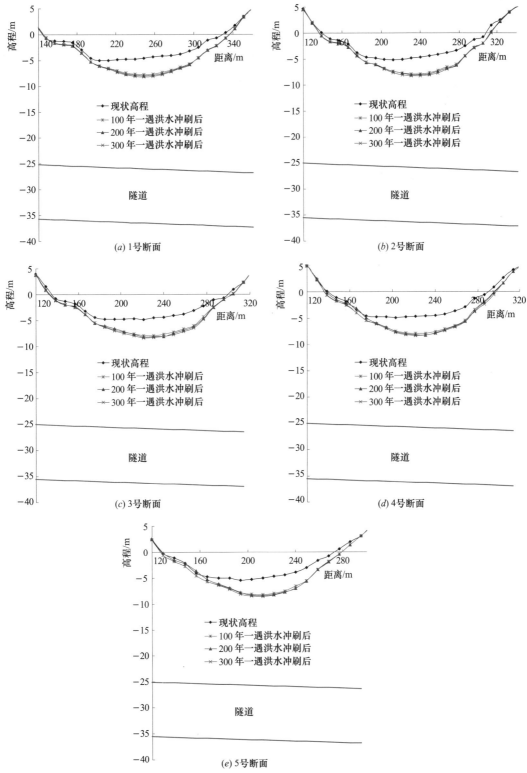

(a) 1号断面

(b) 2号断面

(c) 3号断面

(d) 4号断面

(e) 5号断面

图 7.2-11 陈村不同断面的冲刷前后断面形状示意图

（2）广佛环线陈村水道隧址中线上游 25、50m（4 号、5 号断面）所处河床冲刷后最低标高分别为－8.33m、－8.55m，分别距离西岸 221.8m、212.6m，其北京坐标分别为：（38422450.26，2542346.65）和（38422457.72，2542315.50），最大冲刷深度分别为 3.68m、3.62m，分别距离西岸 231.1m、221.8m，较本断面河床最低处沿隧道方向向东北偏移 9.3m、9.2m。

（3）隧址中线下游 25、50m（2 号、1 号断面）所处河床冲刷后最低标高分别为－8.30m、－8.23m，分别距离西岸 240.3m、249.5m，其北京坐标分别为：（38422450.44，2542420.86）和（38422446.49，2542457.75），最大冲刷深度分别为 3.78m、3.77m，分别距离西岸 249.5m、258.8m，较本断面河床最低处沿隧道方向向东北偏移 18.4m、9.3m。

表 7.2-3　　　　　100 年一遇洪水条件下最大冲刷深度和最低冲刷标高

断　面	1 号断面	2 号断面	3 号断面	4 号断面	5 号断面
冲刷后最低标高/m	－7.79	－7.91	－7.97	－7.93	－8.22
相应的冲刷深度/m	3.20	3.07	3.15	3.28	3.21
最低标高点离北岸起点距离/m	249.5	231.1	221.8	221.8	212.6
最大冲刷深度/m	3.32	3.31	3.44	3.30	3.31
相应的河底标高/m	－7.69	－7.66	－7.93	－7.88	－7.98
最大冲刷点离北岸起点距离/m	258.8	249.5	231.1	231.1	221.8

表 7.2-4　　　　　200 年一遇洪水条件下最大冲刷深度和最低冲刷标高

断　面	1 号断面	2 号断面	3 号断面	4 号断面	5 号断面
冲刷后最低标高/m	－8.06	－8.13	－8.15	－8.25	－8.42
相应的冲刷深度/m	3.48	3.29	3.33	3.67	3.42
最低标高点离北岸起点距离/m	249.5	231.1	221.8	231.1	212.6
最大冲刷深度/m	3.49	3.41	3.68	3.67	3.53
相应的河底标高/m	－7.85	－8.02	－8.10	－8.25	－8.20
最大冲刷点离北岸起点距离/m	258.8	240.3	240.3	231.1	221.8

表 7.2-5　　　　　300 年一遇洪水条件下最大冲刷深度和最低冲刷标高

断　面	1 号断面	2 号断面	3 号断面	4 号断面	5 号断面
冲刷后最低标高/m	－8.23	－8.30	－8.34	－8.33	－8.55
相应的冲刷深度/m	3.65	3.69	3.51	3.67	3.54
最低标高点离北岸起点距离/m	249.5	240.3	221.8	221.8	212.6
最大冲刷深度/m	3.77	3.78	3.81	3.68	3.62
相应的河底标高/m	－8.14	－8.14	－8.30	－8.25	－8.29
最大冲刷点离北岸起点距离/m	258.8	249.5	231.1	231.1	221.8

7.2.4.4 隧址上下游河床剖面形态变化

垂直于隧址中线方向剖 3 个断面，300 年一遇洪水遭遇下游"2005·6"潮型低潮位条件下，不同断面在冲刷前后河床形态比较见图 7.2-12～图 7.2-14（横坐标起点为西

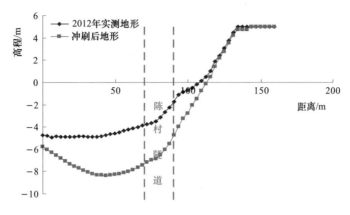

图 7.2-12 1-1 断面冲刷前后断面形状示意图（300 年一遇）

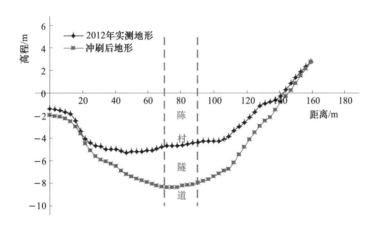

图 7.2-13 2-2 断面冲刷前后断面形状示意图（300 年一遇）

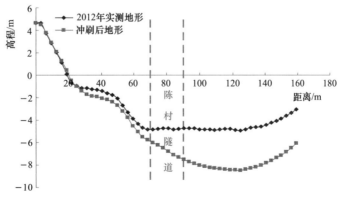

图 7.2-14 3-3 断面冲刷前后断面形状示意图（300 年一遇）

北侧)。3 个断面的起点坐标见表 7.2－6，3 个断面的宽度均为 160m，其中 63～83m 区域为隧道。从图中可以看出，总体上，河床的形态变化与其所处位置有关，隧址所在河道主槽淘冲比较剧烈，最大冲深达 3.81m；而近岸的浅滩处则地形变化较小，处于微冲状态，由于近凸岸侧流速较大于凹岸侧，凸岸侧冲刷也明显较凹岸大。

表 7.2－6 特征断面起点坐标（1954 北京坐标系）

断面编号	x	y
1－1	38422413.77	2542453.924
2－2	38422391.05	2542429.039
3－3	38422363.53	2542404.153

7.2.4.5 工程实施后滩槽格局分布分析

河道滩槽分布、岸线边界及动力轴线变化是影响河势稳定的主要因素。滩槽分布的变化影响动力轴线的改变；反过来，动力轴线又反作用滩槽分布，动力轴线的变化亦影响滩槽分布的改变。滩槽分布、动力轴线改变小，对河势稳定的影响小；反之，对河势稳定的影响相应会大一些。

通过泥沙数学模型计算成果分析，不同水文组合条件下冲刷后河道滩槽分布、动力轴线的变化情况如下：在本计算水文组合条件下，隧道工程所在的陈村水道滩槽均有所冲刷，冲刷宽度约为 110m，其中，以主槽冲刷最为明显，最大冲刷幅度约达 3.81m。

根据计算结果，300 年一遇洪水遭遇下游"2005·6"低潮位组合条件下，极限冲刷后河道深泓线变化如图 7.2－15 所示。从图中可以看出，极限冲刷后，凸岸侧河床的下切较凹岸侧明显，河道主槽略向凸岸侧摆动，但摆幅较小，最大偏移约为 4.1m。

根据计算结果，300 年一遇洪水遭遇下游"2005·6"低潮位组合条件下，极限冲刷后河道动力轴线变化如图 7.2－16 所示。从图中可以看出，大洪水极限冲刷后，河道主槽冲刷明显，主槽向凸岸侧发育，隧址工程所在弯曲河段动力轴线总体以向凸岸（东侧）移动为主，但移动幅度较小，最大偏移约为 3m。

工程所处河段位于一个东西向弯曲河段的中部，水流条件较为复杂。一方面在弯道环流的作用下，水面凹岸高凸岸低；另一方面，弯道凹岸由于离心力作用，其相应点受到的水压力大于静水压力。

通常情况下，环流使得含沙量高的水体和较粗的泥沙集中靠近凸岸，并在凸岸乘积下来。而凹岸的水相对较清，一般表现为清水冲刷。在弯道凹岸冲刷的泥沙，其中以弯顶稍下游冲刷最甚，这部分泥沙由底层水体带向弯道凸岸，并在凸岸淤积，形成浅滩。本研究中未出现一般弯道演变中的凹岸冲刷，凸岸淤积现象的主要原因为：一是河床受清水冲刷，凸岸附近的含沙量远小于当地的水流挟沙力，因此发生冲刷；二是由于水流中挟带的悬移质含沙量本身就很少，由横向环流从凹岸带到凸岸的悬沙数量也少，加上凸岸没有高程较低的边滩，因而凸岸不发生淤积。

7.2.4.6 隧址河段稳定性评价

据前述河床演变分析可知，陈村水道近期河床演变的主要原因是人工大量采砂和航道整治工程等人类活动引起的河床形态的巨大变化及水文变异，分析工程河段变化的稳定

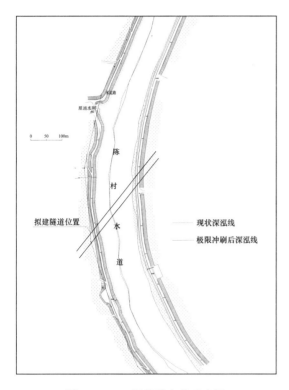

图 7.2-15 深泓线变化示意图

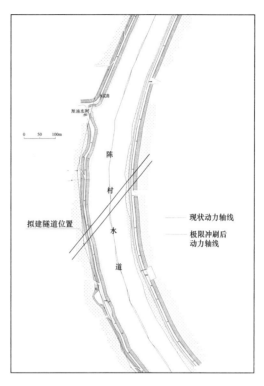

图 7.2-16 动力轴线变化趋势示意图

性，可从其变化原因得到启示。

20 世纪 90 年代以来，陈村水道上游河道航道整治，加上西北江网河大规模的无序采砂，导致河床急剧下切。而北江网河区由于临近城镇，其河床采砂从时间效应及规模上都早于西江干流，导致思贤滘两侧北江水位下降幅度明显大于西江水位下降幅度，从而西江水大量补给北江水，造成三水分流比显著增大，下泄进入北江三角洲河道的流量显著增加。统计资料表明，1988 年以前，三水、马口分流比有相对稳定、密切的相关关系，三水分流比基本维持在 13‰～15‰ 之间。然而，由于 1988 年以来航道整治及大规模的人工采砂等引起的马口、三水附近的河道断面形态发生了很大的变化，根据 1993—2003 年三水分流比计算结果，三水分流比增大后维持在 21‰～26‰ 之间（1999 年特殊年除外），较 1988 年以前相应增大了 8‰ 左右，基本维持在同一数量级内，稳定性较好。

目前，能够影响三水分流比的关键因素仍是航道整治（包括下游广州出海航道在内）和人工采砂，尤其是以滘口区附近的河床采砂影响最大。据调查，北江网河区河段 2003 年已禁止采砂，西江下游西滘口以下大部分河段也禁止采砂，西江中上游采砂仍在继续，但基本远离滘口位置并且采砂量及采砂点都进行了严格控制，对滘口区内附近的水面线短期内影响不大。目前航道整治工程已大部分完成。因此，初步认为三水分流比近期内相对稳定。因此形成的河床形态也在近期将保持稳定状态。

2004 年至 2006 年年底，陈村水道按通航 1000 吨级船舶的内河Ⅲ级航道标准进行了航道整治工程，经整治后上工程所在河床满足航道要求，人类对其影响将减小。现状地形条件下，广佛环线陈村隧道隧址中线所处河床最低点为－4.83m，极限冲刷后最低标高为－8.55m。为安全起见，施工期至运行后应该采取相应的防护措施，严禁人工采砂、河道疏浚等明显改变河床地形的活动。

综上可得：现状地形条件下，广佛环线陈村隧址所处河床最低点为－5.6m，300年一遇洪水条件下最大冲刷3.81m，极限冲刷后河床最低标高为－8.55m（发生在隧址上游略近东岸处），根据设计资料，陈村隧道轨面高程为－33.7～－35.7m，隧顶高程约为－26.55～－28.55m，隧道顶部覆土最小厚度为22.4m，考虑河床最大冲刷影响后，隧顶至河床之距离介于－18～－20m范围内，满足隧顶覆土最小厚度要求，隧道裸露河床几率小，隧道埋深较合理。

解析： 穿河、穿堤建筑物埋深要综合根据工程河段未来航道疏浚的要求和在设计洪水下的河道极限冲刷深度确定。工程埋深应在规划疏浚河道底高程和极限冲刷后河床高程以下，预留一定尺度的安全埋深。本项目采用潮流泥沙数学模型进行了极限冲刷研究，分析了在最不利条件下工程河段的平面冲淤变化、河道断面变化、河床剖面变化以及工程实施后的滩槽格局分布变化，还对隧址河段河床稳定性进行了评价，对确定隧址埋深、评价工程自身安全和河床稳定性提供了非常充分的技术参考依据。

如果项目没有极限冲刷专题研究时，应结合工程水域泥沙特性、水流特性，采用起动流速经验公式进行估算。

7.2.5　工程对堤防渗透稳定影响分析计算

7.2.5.1　渗流分析基本原理及计算方法

1. 渗流基本方程与边界条件

以二向渗流问题考虑（$x-z$垂直剖面），渗流的基本微分方程：

$$\frac{\partial}{\partial x}\left(K_x \frac{\partial h}{\partial x}\right)+\frac{\partial}{\partial z}\left(K_z \frac{\partial h}{\partial z}\right)=S_s \frac{\partial h}{\partial t} \qquad (7.2-1)$$

初始条件：

$$h(x,\ z,\ 0)=h_0(x,\ z) \qquad (7.2-2)$$

边界条件：

水头边界

$$h\,|_{\Gamma 1}=h_1(x,\ z,\ t),\ t \geqslant 0 \qquad (7.2-3)$$

流量边界

$$K_x \frac{\partial h}{\partial x}\cos(n,x)+K_z \frac{\partial h}{\partial z}\cos(n,z)=q \quad 在\ \Gamma_2\ 上, t \geqslant 0 \qquad (7.2-4)$$

当不考虑压缩性时（7.2-2）式可简化为：

$$\frac{\partial}{\partial x}\left(K_x \frac{\partial h}{\partial x}\right)+\frac{\partial}{\partial z}\left(K_z \frac{\partial h}{\partial z}\right)=0 \qquad (7.2-5)$$

式中：h 为总水头，m；K_x、K_z 为 x 方向、z 方向的渗透系数；S_s 为单位储水量，即单位体积饱和土体在下降1个单位水头时，由于土体压缩和水体的膨胀所释放出来的储存水量，当不可压缩时，$S_s=0$。

堤坝渗流场常遇到两种边界条件。第一类边界 Γ_1 为已知边界水头值。第二类边界 Γ_2 为已知或计算出的边界流量值，堤坝渗流情况如图 7.2-17 所示。不透水边界属于第二类特例，即为 $\frac{\partial h}{\partial n}=0$，自由面（浸润线）边界，在稳定渗流时 $\frac{\partial h^*}{\partial n}=0$（这里用 h^* 来表示自由面上各点的水头），而在非稳定渗流，自由变化中的自由面作为流量补给边界应为：

$$q=\mu\frac{\partial h^*}{\partial t}\cos\theta \qquad (7.2-6)$$

式中：μ 为土体给水度；θ 为自由面法线与铅直线夹角。同时，自由面上各点又必须满足恒等于垂直坐标高度的第一类边界条件，即：

$$h^*=z \qquad (7.2-7)$$

对于上述渗流微分方程的解答，根据变分原理为求下面的泛函数取最小值：

$$x(h)=\iint\limits_{\Omega}\left\{\frac{1}{2}\left[K_x\left(\frac{\partial h}{\partial x}\right)^2+K_z\left(\frac{\partial h}{\partial z}\right)^2\right]+S_s h\,\frac{\partial h}{\partial t}\right\}\mathrm{d}x\mathrm{d}z+\int\limits_{\Gamma_2}qh\,\mathrm{d}\Gamma \qquad (7.2-8)$$

上式右端的末项为第二类边界积分，经过取泛函极小值后在计算中即自动达成第二类边界条件。至于第一类边界条件，则在计算中直接赋给已知的边界水头值。

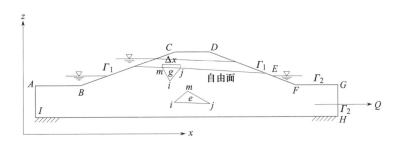

图 7.2-17 堤坝渗流示意图

2. 求解方法

渗流自由面的确定是渗流计算的主要内容，用有限元法计算一个物理过程，它要求计算区域的边界必须是完全确定的。然而，堤坝渗流是具有渗流自由面的无压渗流，而自由面位置恰恰是未知的，并为工程设计所十分关心和需要的，因此需要通过渗流计算求出。如前面所述，渗流自由面必须满足条件 $h^*=z$。这样，渗流自由面位置就需要在计算中通过迭代来确定。本报告采用的迭代步骤如下。

（1）根据渗流概念和经验大概假定一条渗流自由面，以确定有限元法的计算区域。

（2）将假定的渗流自由面作为第二类边界，计算渗流自由面结点水头值 h^*。

（3）比较假定渗流自由面节点的计算水头值 h^* 和其位置高程 z，判断其是否满足条件 $h^*=z$。若不满足，则用计算水头值 h^* 去改变结点坐标 z 坐标，形成新的假定渗流自由面，同时确定新的有限元法计算区域。反复上述计算步骤，直至渗流自由面上的结点全部满足 $|h-z|\leqslant\varepsilon$（$\varepsilon$ 是给定的允许精度）为止。

7.2.5.2 本工程渗流稳定分析方法

拟建工程穿越堤防渗流分析的重点是隧道穿越对于原河道及堤防地基土体的影响。工程在穿越过程中总是不可避免会对管道周边的原土体产生扰动，影响原土体的密实度，使隧道周围土体的渗透系数增大（随着土体的孔隙率增加），甚至可能会沿着管道周边形成一条渗流通道，这对于堤防的稳定和安全是相当不利的。对于上述这些可能出现的情况，在分析中，报告采用了增大管道周围一定范围内的土体的渗透系数的方法来模拟。然而，隧道穿越对原土体可能产生的影响（产生多大扰动，对多大范围产生影响）取决于穿越的施工质量，即包括施工中对周围土体产生扰动的大小、施工中所用泥浆质量、泥浆与外管壁及周围土体结合的情况，以及原来土体各个方面的性质所决定的。因此，在没有试验数据的情况下，穿越后隧道周围土体的各个特征参数值无法直接确定，只能在计算中拟定，即选用一些较为危险的情况，选取一些偏安全的参数来模拟隧道穿越产生的影响。

报告采取了如下的方法：拟定影响范围内的渗透系数为隧道穿越所经过的土层中渗透系数最大的那层土的渗透数值。

拟建隧道穿越对其周围土体的影响范围取为 1/2 工程直径，本工程直径为 9km，故取其影响范围为隧道上下各 4.5km（在以下图中以红色线标示工程，以黄色线标示影响范围）。

7.2.5.3 计算工况及边界条件

拟建工程处左、右两岸分别为陈村围和石龙围，左岸、右岸堤防的现状防洪标准分别为 50 年一遇及 100 年一遇。本次渗流计算的水力边界考虑最不利情况，河道两岸均按 100 年一遇设计洪水位选取，而背水侧为无水条件（设计水位参照堤防设计报告选取）。比较隧道穿越前后堤防渗流场的变化，各计算工况及其水力边界条件见表 7.2 - 7。

表 7.2 - 7 各计算工况及其水力边界条件表

工况	河岸	工程建设情况	河道水位/m	岸坡背水侧高程
1	左岸 （陈村围）	工程前	3.81	地面高程为 1.56m
2		工程后	3.81	地面高程为 1.56m
3	右岸 （石龙围）	工程前	3.81	地面高程为 1.86m
4		工程后	3.81	地面高程为 1.86m
5	左岸 （陈村围）	工程前	3.81	地面高程为 1.56m
6		工程后	3.81	地面高程为 1.56m
7	右岸 （石龙围）	工程前	3.81	地面高程为 1.86m
8		工程后	3.81	地面高程为 1.86m

7.2.5.4 计算参数

表 7.2 - 8 摘自《陈村 2 号隧道设计说明》（中铁第一勘察设计院，2012 年 4 月），由此可确定左岸（陈村围）及右岸（石龙围）穿越断面工程前计算所涉及到的穿越岩层的渗透系数（见表 7.2 - 9）。

表 7.2 - 8 堤防主要土体物理力学指标建议值

编号	土层名称	时代与成因	强度 / (kN/m³)	直接快剪		固结快剪	
				凝聚力 c /kPa	内摩擦角 φ / (°)	凝聚力 c /kPa	内摩擦角 φ / (°)
1	素填土	Q4ml	18.52	15.00	12.00		
2	淤泥质土	Q4mc	17.15	8.83	7.36	10.06	8.83
3	淤泥	Q4mc	15.19	5.48	4.68	7.50	6.45
4	粉砂	Q4mc	17.64		30.00		
5	细砂	Q4mc	18.13		32.00		
6	中砂	Q4mc	18.62		34.00		
7	粗砂	Q4mc	19.11		34.00		
8	粉质黏土	Q4mc	18.62	17.60	15.80	22.20	20.53
9	粉土	Q4mc	19.11			21.60	14.80
10	粉质黏土	Q4el	19.70	14.40	13.20	24.30	17.20
11	全风化岩	K₁	19.99	16.20	13.50		
12	强风化岩	K₁	23.81	50.00	25.00		
13	弱风化岩	K₁	24.99	200.00	35.00		

表 7.2 - 9 穿越岩层的渗透系数表

岩土分层	岩土名称	时代与成因	渗透系数 K/ (m/d)
〈1 - 1〉	素填土	Q4ml	0.800
〈2 - 1〉	淤泥质土	Q4mc	<0.001
〈2 - 2〉	淤泥	Q4mc	<0.001
〈3 - 1〉	粉砂	Q4mc	4.000
〈3 - 2〉	细砂	Q4mc	4.000
〈3 - 3〉	中砂	Q4mc	10.000
〈3 - 4〉	粗砂	Q4mc	20.000
〈4 - 1〉	粉质黏土	Q4mc	0.005
〈4 - 2〉	粉土	Q4mc	0.500
〈5〉	粉质黏土	Q4el	0.003
〈7 - 1〉	全风化岩	K1	0.080
〈7 - 2〉	强风化岩	K1	0.520
〈7 - 3〉	弱风化岩	K1	0.520

7.2.5.5 计算结果及分析

1. 渗透变形允许坡降计算

渗透变形的形式及其发生发展过程，与地质条件、土粒级配、水力条件，防渗排渗措施等因素有关，通常可归结为管涌、流土、接触冲刷和接触流土4种类型。根据穿越断面两岸的土层分布情况来看，主要考虑黏性土（素填土、淤泥）的流土破坏和各砂层（粉砂、中砂等）的管涌破坏。以下对这两种破坏的渗透坡降进行复核计算。

黏性土的流土临界坡降参照太沙基公式计算。

$$J_c = \left(\frac{r_s}{r} - 1\right)(1 - n) \qquad (7.2 - 9)$$

式中：J_c 为临界坡降；r_s 为土粒容重；r 为水容重；n 为土体的孔隙率。

2. 计算成果分析

表 7.2-10 统计了各工况下穿越断面处左、右两岸堤防背水坡坡脚处最大渗透坡降的计算成果。

表 7.2-10   **最大渗透坡降计算成果表**

河岸	工程建设情况	渗透变形				
		位置	所在土层	计算最大坡降/%	允许出渗坡降/%	是否破坏
左线左岸堤防（陈村围）	工程前	背水坡	素填土	0.41	0.49	否
	运行期	背水坡	素填土	0.46	0.49	否
左线右岸堤防（石龙围）	工程前	背水坡	素填土	0.42	0.49	否
	运行期	背水坡	素填土	0.46	0.49	否
右线左岸堤防（陈村围）	工程前	背水坡	素填土	0.42	0.49	否
	运行期	背水坡	素填土	0.47	0.49	否
右线右岸堤防（石龙围）	工程前	背水坡	素填土	0.43	0.49	否
	运行期	背水坡	素填土	0.46	0.49	否

工程左岸、右岸的陈村围、石龙围堤防均为素填土，经过长期稳定，均具有较好的防渗效果。由计算结果可知，工程建成后，虽然隧道穿越对于堤防的渗流稳定性产生了一定的影响，但是工程后左右两岸背水坡坡脚最大渗流坡降均小于出口处（背水坡坡脚处）所在土层允许的渗透坡降，不会造成堤基的渗透破坏，并且穿越工程左右两岸的出土点距离堤防较远，因此，两岸堤防的渗透稳定在工程运行期满足规范要求。

7.2.6 工程对堤防抗滑稳定影响分析计算

7.2.6.1 计算原理

边坡稳定计算采用 GB 50286—2013《堤防工程设计规范》推荐的瑞典圆弧法，该法属于条分法的一种，适用于计算各种地貌形态的均质、非均质和人工斜坡的抗滑稳定性及建筑物地基的稳定性，适用于软土黏土地区，其基本假定为：①自然边坡稳定计算假定滑动破坏面为圆形；②假定作用在土条侧向垂直面上的合力平行于土条底面；③考虑稳定渗流时对土坡的影响是采用替代容重法；④地震对土坡的稳定影响采用拟静力法。

瑞典圆弧法计算公式为：

$$K_s = \frac{\sum_{i=1}^{n}\{[(w_i \pm V_i)\cos\alpha_i - u_i b_i \sec\alpha_i - Q_i \sin\alpha_i]\text{tg}\phi' + c_i' b_i \sec\alpha_i\}}{\sum_{i=1}^{n}[(W_i \pm V_i)\sin\alpha + M_c/R]} \qquad (7.2-10)$$

式中：K_s 为土坡抗滑稳定安全系数；W_i 为土条自重，kN；Q_i、V_i 分别为水平和垂直地震惯性力（向上为负，向下为正），kN；b_i 为土条宽度，m；α_i 为土条重力线与通过此条块底面中点的半径宽度，m；c_i' 为土的有效凝聚力，kN/m²；ϕ' 为土的有效内摩擦角，（°）；R 为滑动圆弧的半径，m；u_i 为作用于土条底边上的孔隙水压力，kPa；M_c 为土条中心至滑动圆心的垂直距离，m。

在边坡抗滑稳定计算中，考虑渗流作用的影响，渗流计算结果由上节的有限元计算提供，由于拟建工程区域地震设防烈度为 7 级，故不考虑地震对抗滑稳定的影响，式（7.2-10）可简化为：

$$K_s = \frac{\sum_{i=1}^{n}[(w_i\cos\alpha_i - u_i b_i \sec\alpha_i)\text{tg}\phi' + c_i b_i \sec\alpha_i]}{\sum_{i=1}^{n}W_i\sin\alpha} \qquad (7.2-11)$$

7.2.6.2　计算方法

1. 稳定渗流期有效应力计算方法

对于稳定渗流期圆弧滑动条分法计算示意图如图 7.2-18 所示。（7.2-11）式的孔隙水压力 u 和土条自重分别按式（7.2-12）和式（7.2-13）计算。

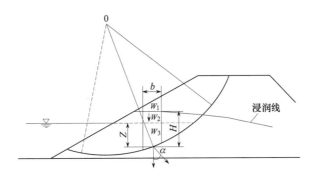

图 7.2-18　稳定渗流期圆弧滑动条分法计算示意图

$$u = r_w H - r_w Z \qquad (7.2-12)$$

$$W = W_1 + W_2 + W_3 \qquad (7.2-13)$$

式中：H 为条块底部中点至浸润线的距离，m；Z 为条块底部中点至坡外水位的距离，m；W_1 为浸润线以上的土块湿重，kN；W_2 为浸润线和外水位之间的饱和容重，kN；W_3 为外水位以下的浮容重，kN；其余符号同前。

2. 水位骤降其有效应力计算方法

水位下降有水位骤降和水位缓降两种情况。所谓水位骤降，一般指水位降落很快，以致在降落过程中没有显著的水量从图中排出，土体仍全部饱和，边坡内自由面或浸润线基本保持不变。所谓缓降，是指在水位降落过程中，自由面有显著下降。

大量边坡稳定性分析表明，水位下降时，边坡的最不利情况为水位骤降引起的滑坡。其主要原因是，由于内部超孔隙水压力增加，土体有效应力降低。对于水位骤降下边坡稳定计算方法示意图，可参考图 7.2-19。为了安全考虑，假定浸润线的位置没有随水位下降而改变。

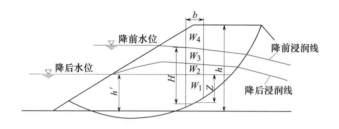

图 7.2-19　水位骤降下边坡稳定计算方法示意图

孔隙水压力 u 表示为：

$$u = r_w H - r_w Z \tag{7.2-14}$$

式中：H 为条块底部中点至骤降前浸润线的距离，m；Z 为条块底部中点至骤降后坡外水位的距离，m；

对于式（7.2-14）中土条重量 W 表示为：

分子土条重量 $W = (W_1 + W_2)$ 土体的浮重 $+ (W_3 + W_4)$ 土体的湿重

分母土条重量 $W = (W_1)$ 土体的浮重 $+ (W_2)$ 土体的饱和容重 $+ (W_3 + W_4)$ 土体的湿重

在稳定渗流期和水位骤降期下，堤身设计断面内最小安全系数和相应的滑裂面利用最优化原理搜索。

7.2.6.3　计算工况

根据 GB 50286—2013《堤防工程设计规范》8.2.2 的要求，对于拟建工程两岸堤防的抗滑稳定分析，选取以下不利的水力边界计算工况：左岸陈村围及右岸石龙围在 100 年一遇的设计洪水位下，堤坡形成稳定渗流后，背水坡的稳定复核计算。

7.2.6.4　计算参数

（1）堤防坡比。

根据穿越断面的堤防情况，两岸堤围的内外坡比见表 7.2-11。

表 7.2-11　　　　　　　　　　两 岸 堤 防 坡 比 表

堤　防	坡　　比	
	迎水坡	背水坡
左线左岸（陈村围）	1∶3.2	1∶3.1
左线右岸（石龙围）	1∶3.3	1∶5.0
右线左岸（陈村围）	1∶3.2	1∶3.1
右线右岸（石龙围）	1∶6.5	1∶5.0

（2）土层物理力学指标。

根据表 7.2-8 可确定左岸（陈村围）及右岸（石龙围）穿越断面工程前计算所涉及的各土层物理力学指标，见表 7.2-12。

表 7.2-12 两岸主要土层物理力学指标建议值

编号	土层名称	天然容重 γ / (kN/m³)	直接快剪		固结快剪	
			凝聚力 c /kPa	内摩擦角 ϕ / (°)	凝聚力 c /kPa	内摩擦角 ϕ / (°)
1	素填土	18.52	15.00	12.00		
2	淤泥质土	17.15	8.83	7.36	10.10	8.83
3	淤泥	15.19	5.48	4.68	7.50	6.45
4	粉砂	17.64		30.00		
5	细砂	18.13		32.00		
6	中砂	18.62		34.00		
7	粗砂	19.11		34.00		
8	粉质黏土	18.62	17.60	15.80	22.20	20.53
9	粉土	19.11			21.60	14.80
10	粉质黏土	19.70	14.40	13.20	24.30	17.20
11	全风化岩	19.99	16.20	13.50		
12	强风化岩	23.81	50.00	25.00		
13	弱风化岩	24.99	200.00	35.00		

7.2.6.5 计算结果及分析

拟建工程处两岸堤防均已按规划的防洪标准完成达标加固。参照 GB 50286—2013《堤防工程设计规范》中关于土堤抗滑稳定安全系数的规定（见表 7.2-13），100 年一遇防洪标准的堤防等级为 2 级，相应的在正常运行条件下的最低抗滑稳定安全系数为 1.25；相应的在正常运行条件下的最低抗滑稳定安全系数为 1.10。

表 7.2-13 土堤抗滑稳定安全系数

堤防工程的级别		1	2	3	4	5
安全系数	正常运行条件	1.30	1.25	1.20	1.15	1.10
	非常运行条件	1.20	1.15	1.10	1.05	1.05

两岸边坡抗滑稳定计算成果表见表 7.2-14。由计算结果可知：①右岸石龙围在相同河道水位条件下，工程前的稳定计算结果与堤防加固工程设计报告中的设计计算结果较为吻合，因此模型采用的土层参数及选取的水力计算边界条件均较为合适。②拟建工程施工完成后，两岸堤防在各工况下的抗滑稳定安全系数略有降低，但是均大于规范规定的允许安全系数，满足规范要求。因此，拟建工程的建设不会对堤防的稳定产生明显的不利影响。

表 7.2 - 14 土堤抗滑稳定安全系数

河岸	工程建设情况	河道水位	坡面	抗滑稳定安全系数 K		比较分析
				计算值	规范值	
左线左岸堤防（陈村围）	工程前	100 年一遇洪水 3.81m	背水坡	2.477	1.15	$K>[K]$
	工程后	100 年一遇洪水 3.81m	背水坡	2.477	1.15	$K>[K]$
左线右岸堤防（石龙围）	工程前	100 年一遇洪水 3.81m	迎水坡	2.354	1.30	$K>[K]$
	工程后	100 年一遇洪水 3.81m	迎水坡	2.354	1.30	$K>[K]$
右线左岸堤防（陈村围）	工程前	100 年一遇洪水 3.81m	背水坡	2.540	1.15	$K>[K]$
	工程后	100 年一遇洪水 3.81m	背水坡	2.537	1.15	$K>[K]$
右线右岸堤防（石龙围）	工程前	100 年一遇洪水 3.81m	迎水坡	2.683	1.30	$K>[K]$
	工程后	100 年一遇洪水 3.81m	迎水坡	2.683	1.30	$K>[K]$

解析：工程为穿堤隧道工程，工程对河道防洪的影响主要体现在对堤防安全稳定的影响，工程从堤身下方穿越，有可能对堤防安全造成影响的主要是堤防渗透稳定和抗滑稳定。报告根据工程河段的地质特性和堤防断面，详细计算了工程前后堤防的渗透稳定性和抗滑稳定性，从计算结果来看，由于工程穿越出入土点距离堤防较远，穿越堤身处埋深较深，工程不会对堤防的渗透稳定和抗滑稳定造成影响。

第8章
河口区涉水工程防洪评价典型实例解析

　　珠江河口地区人口密集，经济社会发展迅速。在河口开发治理的涉水工程建设中，对河口形态及滩槽分布格局及河口区的泄洪纳潮将会产生一定的影响，因而对防洪安全提出了更高的要求。

　　珠江河口区域涉水工程防洪评价相对于珠江三角洲网河区和内河涌涉水工程防洪评价有着更高的要求，一是河口区水沙运动规律较网河区河道和内河涌更加复杂，防洪评价分析和计算的难度更大；二是河口区建设项目影响程度和范围更大，由于河口区是珠江流域出口尾闾，承担着珠江流域洪水顺畅宣泄最关键的作用，河口区涉水工程的建设不仅可能会对河口区自身的防洪纳潮造成影响，甚至还有可能会影响到上游网河区河道，因此河口区建设项目防洪评价研究的范围和深度均较上游网河区河道和内河涌更广。

　　从防洪评价计算的角度来看，河口区涉水工程防洪评价计算的主要技术手段较网河区复杂，若工程壅水影响位于八大口门控制水位站以下，可直接用河口区二维模型计算；若工程壅水影响范围超过口门控制水位站，若仅仅采用河口区二维模型计算，就不能正确计算拟建工程的影响，有必要建立河网区一维模型与河口区二维模型联解的整体模型。

　　此外，由于河口区开发利用程度高，规划中许多大型工程正在实施或者将要实施，这类大型工程对河口区水沙运动条件会造成一定的影响，因此河口区建设项目防洪评价计算的工况往往除了要考虑现状条件下的工况外，还需考虑规划实施后的工况。

　　由于珠江河口的重要地位，加上珠江河口区经济发达，建设项目众多，防洪评价难度较大，本章分别选取了河口区典型的围垦工程、航道工程和特大桥梁类工程防洪评价报告作为典型案例，介绍河口区防洪评价报告的编制重点。

　　首先介绍的是《虎门港（太平）客运口岸搬迁工程防洪评价报告》，通过该案例进一步认识珠江河口区较常见的滩涂围垦类建设项目防洪评价的要点。

　　此外，珠江河口为喇叭形河口，面向南海，易受咸潮影响。近几十年来，由于全球气候变化、海平面上升、珠江枯水期来水减少、河道无序采砂、下游储水能力不足等原因，河口地区咸潮上溯现象日益严重，已直达中山、广州等珠三角地区，澳门及珠海等地供水形势十分严峻。因而，珠江三角洲及河口区域对于可能引起更大范围咸潮的上溯或入侵的建设项目，还应在通常的防洪影响分析基础上，增加咸潮影响方面研究内容。本章将以《广州港出海航道三期工程防洪影响评价报告》为例，对珠江河口航道整治类可能引起咸潮影响增大的建设项目防洪评价进行实例解析和评价要点分析。

港珠澳大桥是珠江口特大型的涉水建设项目,工程横跨珠江口的伶仃洋水域,连接珠海、澳门和香港三地。工程西起珠海拱北—澳门国际机场一线,东至香港大屿山,跨伶仃洋水域的长度约 35.525km,是珠江口大型的涉水工程。兹以《港珠澳大桥工程防洪评价报告》(珠江水利科学研究院编制)为例,对珠江河口跨河建筑物防洪评价进行实例解析和评价要点分析。

8.1 太平客运码头工程防洪评价实例和评价要点解析

8.1.1 工程概况和工程特性

项目概况:东莞市虎门港(太平)客运口岸搬迁工程。拟建工程所在地位于东莞市虎门镇,狮子洋东岸,西北侧距虎门大桥约 1.7km。项目位置如图 8.1-1 所示。

围垦陆域高程为 3.54m,相当于堤防的防洪标准为 20 年一遇;陆域护岸参考 50 年一遇防洪标准设计,顶部高程为 4.64m,相当于堤防的防洪标准为 50 年一遇。

图 8.1-1 拟建工程位置示意图

方案简介:港区陆域由现有堤岸向南侧水域建设护岸围填而成,陆域高程 3.54m,占用水域面积约 4.896 万 m²。陆域三面护岸总长 724m,其中东(下游侧)护岸长 271m,西(上游侧)护岸长 273m,南护岸长 180m。拟建工程总平面布置见图 8.1-2。围垦陆域外缘连线与珠江河口治导线的距离在 131~162m 之间,位于珠江河口规划治导线范围内。

陆域形成后,在陆域上游水域建设 7 个客船泊位,码头面设计高程为 3.54m(理论基面为 5.50m），500GT 客船泊位呈突堤式布置，共布置 4 个突堤，两突堤间距离 55m，突堤宽 15m，长 65m；每个突堤两侧各设置一个泊位，由南往北 1～7 号共 7 个泊位，单个泊位长 65m。码头港池底部高程为－5.16m。

图 8.1-2 工程总平面布置示意图

（地形为 2011 年实测，北京 54 坐标，高程为珠江基面，单位：m）

防洪评价关键点： 本项目位于珠江河口狮子洋近岸水域，项目类型总体上属于滩涂围垦类工程，同时利用围垦建设码头泊位，该项目的防洪评价关键点主要有几个方面，一是河床演变分析，从顺应河势发展的角度考虑，若工程所在区域属于自然淤积发展的状态，则滩涂围垦才不至于对河道自身的演变造成大的影响，若工程区域河床较不稳定，滩槽冲淤变化较剧烈，则滩涂围垦可能会对河势稳定有较大不利影响；二是该项目位于虎门口大虎水文站以下，工程影响可能超出大虎水文站以上，虎门水道是珠江重要的泄洪纳潮通道，防洪评价计算是本项目的另一关键点，需要合理确定模型范围和水文组合，重点关注防洪评价内容和计算结果，准确评价工程影响；三是工程港池距离堤岸较近，加上新建陆域护岸，港池开挖深度较大，需要对陆域护岸和堤防的稳定性进行计算评价；四是要注意工程与珠江河口综合治理规划的关系，工程建设不应对珠江河口综合治理规划造成较大影响。

以下主要针对以上关键点进行介绍。

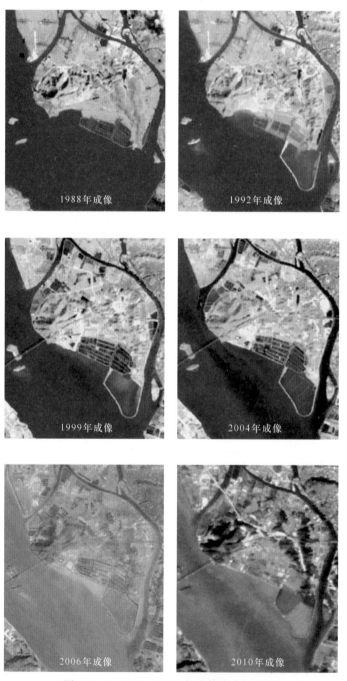

图 8.1-3　1988—2010 年岸线变化对比图

8.1.2 工程附近河段河床演变分析

拟建工程位于狮子洋虎门口东岸,上游距虎门大桥约 1.7km,下距口门处沙角电厂 4.8km。狮子洋虎门口水域内径潮流动力复杂,加之口门外伶仃洋影响,局部河床地形变化较大,河床演变特征相当复杂。利用水域不同时期的实测地形资料,通过不同时期等高线的变化比较,从宏观上分析相应时期过程区域的地形变化情况,了解工程附近区域的冲淤演变规律。

8.1.2.1 岸线变化

工程附近岸线的变化所收集的资料主要有 1988 年、1992 年、1999 年、2004 年、2006 年和 2010 年的遥感信息图像进行岸线对比。图 8.1-3 为工程附近岸线变化对比图,从图可见,虎门口工程附近岸线的变化,受人类活动的影响,变化比较大。各个时期图像工程附近的岸线变化明显不同,1988 年工程附近的岸线基本为自然岸线状态,人为干预较少;至 1992 年在太平水道汇入狮子洋的汇流口上游,人为围垦了大部分滩涂,使太平水道汇流口外移;到 1999 年,由于期间虎门大桥建设,并于 1997 年 7 月 1 日通车,上横档与虎门大桥中心桥墩相连,大桥左岸下游处的凹岸港湾被围垦与下游平顺连接;直至 2004 年图像显示,1997—2004 年,该段岸线的变化和人为开发利用减少,基本上与现在岸线一致;2006 年和 2010 年岸线基本保持不变,但工程区域岸滩淤积明显可见。

8.1.2.2 滩槽演变分析

1. 断面形态变化

为了详细地了解工程区域河道的变化情况,利用 1989 年、1995 年、2005 年水下地形图把拟建工程附近区域剖分为 12 个分析断面,如图 8.1-4 所示,断面间距约 200 ～250m。

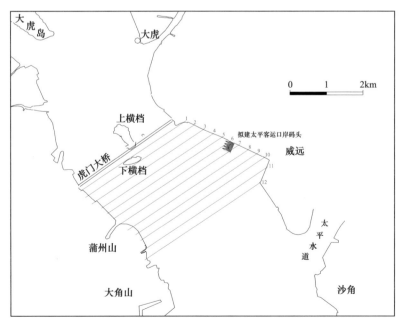

图 8.1-4 工程附近分析断面布置示意图

为分析工程附近河道的断面变化情况，选取拟建工程附近特征分析断面 2 号、5 号、7 号和 12 号的断面，图 8.1-5 为工程附近河道特征断面形态变化图，2 号断面位于虎门大桥下横档末端、5 号断面位于拟建工程上游 200m、6～7 号断面位于码头断面、12 号断面为拟建工程下游，距码头 7 号断面 1.6km。由图分析可知，1989 年、1995 年、2005 年河道断面形态相对稳定，基本可见滩槽总体上是逐年淤高。

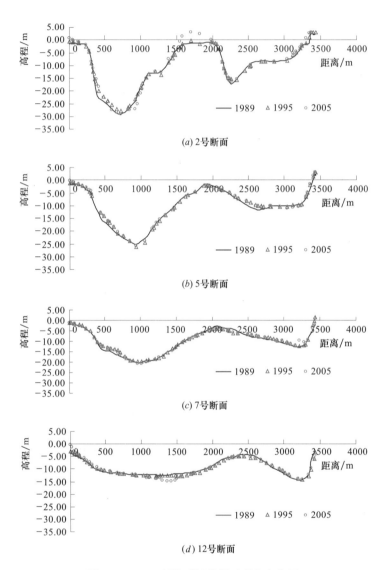

(a) 2 号断面

(b) 5 号断面

(c) 7 号断面

(d) 12 号断面

图 8.1-5　工程附近河道断面形态变化图

2. 等高线的变化

图 8.1-6～图 8.1-8 是拟建工程附近区域 1989 年、1995 年、2005 年—3m、—5m、—10m 等高线变化对比图，由图分析可知，左右岸等高线变化趋势一致，分别为 1995 年等高线位于 1989 年外侧，2005 年位于 1995 年外侧，说明滩地逐年淤长。

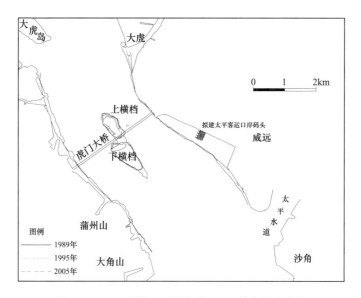

图 8.1-6　工程附近不同年份−3m 等高线变化图

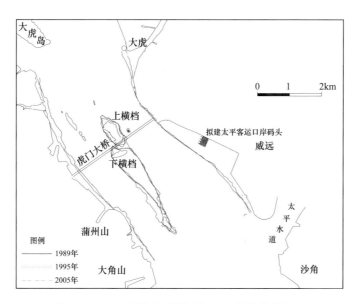

图 8.1-7　工程附近不同年份−5m 等高线变化图

3. 深泓平面变化

工程附近河段 1989 年、1995 年和 2005 年的深泓线平面变化如图 8.1-9 所示，从图中可以看出，拟建工程附近河道深泓线相对稳定，深泓靠近左岸，1995 年相对 1989 年深泓位移在 100m 以内变化；而 2005 年相对 1995 年深泓线位移变化也在 100m 以内，随水流方向略向左右摆动，但与 1989 年相比，深泓线较接近，其摆动幅度也相对于 1995 年小。

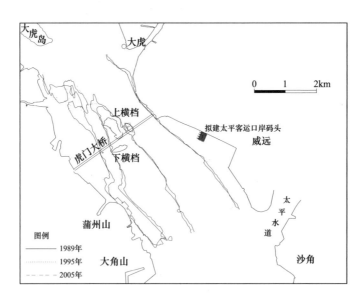

图 8.1-8　工程附近不同年份-10m 等高线变化图

图 8.1-9　工程附近河道深泓平面变化图

4. 深泓纵向沿程变化

表 8.1-1 为工程附近河段河道断面平均高程和深泓高程沿程变化情况，图 8.1-10 为拟建工程附近约 2.5km 范围内的深泓高程沿程变化图。由表和图可知，全河段深泓高程的变化，1989 年为-30.28～-14.58m，1995 年为-27.80～-14.14m 之间，2005 年为-29.79～-14.83m 之间；各年最高深泓断面基本都是 12 号断面，最低深泓断面除 1995 年为 3 号断面外，其余为 1 号断面，深泓变化是从上游往下游逐步上升。

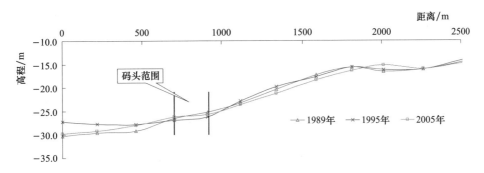

图 8.1-10 工程附近河道深泓高程沿程变化图

表 8.1-1 工程附近河段河道断面平均高程和深泓高程沿程变化

断面编号	断面平均高程/m			深泓高程/m		
	1989 年	1995 年	2005 年	1989 年	1995 年	2005 年
1	−10.98	−11.76	−12.90	−30.28	−27.22	−29.79
2	−10.62	−10.35	−12.19	−29.53	−27.68	−29.18
3	−10.71	−10.70	−10.77	−29.21	−27.80	−28.03
4	−10.42	−10.56	−10.51	−26.50	−26.91	−26.16
5	−10.66	−10.43	−10.46	−25.19	−26.18	−25.70
6	−10.46	−10.12	−10.24	−23.28	−22.82	−23.63
7	−10.33	−10.02	−10.16	−20.40	−19.77	−21.25
8	−10.23	−10.11	−10.06	−17.29	−17.75	−18.40
9	−9.97	−9.95	−9.96	−15.59	−15.62	−16.40
10	−9.94	−10.03	−9.91	−16.59	−16.26	−15.22
11	−9.75	−9.95	−9.86	−16.15	−16.08	−16.03
12	−9.66	−9.79	−9.89	−14.58	−14.14	−14.83

5. 断面平均高程沿程变化

图 8.1-11 为拟建工程附近河段断面平均高程沿程变化图，断面平均高程沿程变化与断面深泓高程沿程变化情况基本一致，从上游往下游逐步抬高。由图和表知，河段断面平均高程的变化，在 0m 水位下，1989 年在 −10.98～−9.66m 之间，1995 年在 −11.76～−9.79m 之间，2005 年在 −12.90～−9.86m 之间。可见在码头附近区域，其断面平均高程是逐年抬高的。

6. 工程河段冲淤变化

根据河道的平面滩槽分布形态和断面形态，以及拟建工程所处的位置，以 −5m 等高线为滩槽的分界线，计算的工程附近河段的冲淤变化情况见表 8.1-2，1989～2005 年冲淤厚度平面分布如图 8.1-12 所示。

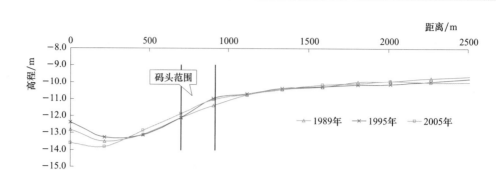

图 8.1-11 工程附近河段断面平均高程沿程变化图

表 8.1-2 工程附近河段冲淤变化情况表

滩槽	时段	冲淤量/（万 m³）		冲淤情况	
		总冲淤量	年均冲淤量	冲淤厚度/m	冲淤强度/（m/a）
−5m 以下河槽	1989—1995	126.779	21.130	0.187	0.031
	1995—2005	36.675	3.667	0.054	0.005
	1989—2005	163.454	10.216	0.244	0.015
−5m 以上滩地	1989—1995	36.114	6.019	0.205	0.034
	1995—2005	83.141	8.314	0.533	0.053
	1989—2005	119.255	7.453	0.701	0.044

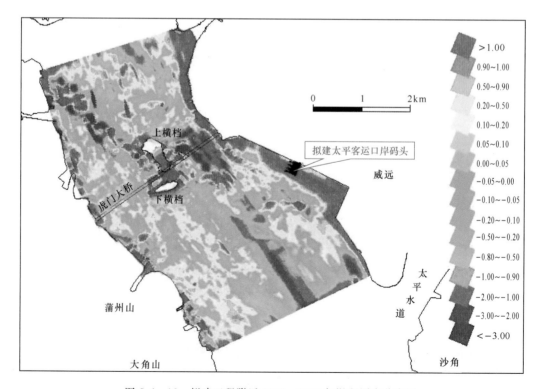

图 8.1-12 拟建工程附近 1995—2005 年淤积厚度分布图

由上述的表和图可知，不同时段不同位置其淤积形态不同，对于−5m以下河槽，1989—1995年，河槽淤积126.779万 m³，淤积厚度为0.187m，年均淤积量为21.130万 m³，淤积强度0.031m/a；1995—2005年淤积减缓，河槽淤积36.675万 m³，淤积厚度为0.054m，年均淤积量为3.667万 m³，淤积强度为0.005m/a；而对于1989—1995年整个时段，河槽淤积量为163.454万 m³，总淤积厚度为0.244m，年均淤积量为10.216万 m³，淤积强度为0.015m/a。对于滩地来说，1989—1995年淤积厚度为0.206m，淤积强度0.034m/a，与河槽的淤积强度相近；而1995—2005年滩地的淤积加大，淤积厚度为0.533m，淤积强度为0.053m/a，其淤积强度是河槽的10倍；对1989—2005年整个时段，滩地的淤积强度为0.044m/a，是河槽整个时段淤积速率的3倍。说明河段滩地与河槽淤积不一致，滩地比河槽快。

从淤积厚度的分布图来看，1989—1995年主要淤积部位为工程所在河段的左岸、右岸岸滩和上横档岛上游，其间在大横档岛上游和右侧出现冲刷槽，河槽下切。1995—2005年主要淤积在河段左岸、右岸滩地，左岸滩地淤积大于右岸，河槽淤积小，滩地淤积分布均匀，大部分在左岸岸滩淤积。

7. 小结

综上所述，拟建工程河段的岸线比较稳定，河道深泓高程和断面平均高程从上游至下游沿程逐步升高，河段整体淤积，岸滩淤积大于河槽，码头所在的左岸正在淤积发展中。

8.1.2.3 演变趋势分析

根据河床演变以及河道水沙变化分析，可以认为，在虎门潮汐通道体系基本保持稳定的控制性前提下，工程附近狮子洋水域滩槽演变与河势变化趋势，初步分析认为有如下几点。

（1）广州出海航道浚深，将有利于狮子洋潮流动力的保持和增强，提高北江下泄水沙的向外输移能力。广州出海航道从黄埔新沙港一直向外进入外伶仃洋，伶仃洋西槽水深从−9.0m浚深到−11.5m，将再加深到−13.0m，加大了沿程的水沙输移能力。目前，西槽在涨潮、落潮往返作用下淤积有限，基本能保持稳定。凫洲水道进入虎门后，虎门落潮主流以西南方向进入西槽，进入虎门口内的数量不多。根据近期遥感流态特征的初步分析，发现从伶仃西槽上溯的涨潮主流从流路轴线上，比1980年更为顺直；虎门口涨潮流影响区可直达东江南支流出口附近，总的来讲，广州出海航道的浚深维护，对保持该段水道的水沙输移态势，促进滩槽长期不淤或少淤、滩槽冲淤平衡有利，有益于拟建项目建成后泥沙减淤维护。

（2）虎门口两侧开发整治后潮流动力集中，对保持近期该段槽道稳定、局部扩展有直接影响，中长期深槽冲淤将保持基本平衡。1990年后，受虎门口缩窄后通道涨落潮流流势集中影响，涨潮流循伶仃洋东槽、西槽进入狮子洋，因而有利于延接川鼻深槽的狮子洋中下段潮流通道冲刷发展。虎门潮汐通道体系的长期稳定，有利于狮子洋深槽长期保持平稳。

（3）工程附近狮子洋河道历年河床演变过程，反映了人为活动对本水域滩槽冲淤、河势变化有一定的影响，但程度有限。东江三角洲南、北干流的挖沙、广州港出水航道疏浚以及狮子洋东岸港口码头的建设等一系列人为活动实施后，虽使得河段水流动力发生明显变化，即水流动力加强，导致狮子洋出现河床下切，深槽扩展，浅滩萎缩等现象。但总体河道的低含沙量，使得淤积作用不强盛，河床演变幅度较小，河势变化趋缓。

纵观狮子洋河道历年河床演变过程，在自然状态下，狮子洋河道的河床演变向淤积的方向发展。人为活动对本水域有显著影响，东江北干流的挖沙工程、广州港出海航道疏浚工程以及狮子洋东岸港口码头的建设等一系列工程的实施后，使得水流动力发生明显变化，即水流动力加强，导致狮子洋深槽变得更加顺直，浅滩面积萎缩。

（4）拟建工程位于虎门威远炮台与太平水道河口北岸围垦区北侧外缘连线的凹口处河道滩地，河段的岸线比较稳定，在自然状态下，该区域为涨潮流及落潮流形成弱回流区，由前面分析可知，河段整体淤积，岸滩淤积大于河槽。

解析： 对于滩涂类围垦工程，河床演变分析是判断滩涂围垦可行性的重要依据之一。本项目对工程附近河段的近期河床演变规律进行了详细分析，对未来演变趋势也进行了定性分析，根据分析结论，工程区域属于自然淤积形成的边滩，近年来处于淤积发展趋势，说明滩涂围垦不至于破坏工程河段河势自然的发展规律。河床演变分析主要通过历年地形资料，分析认识工程河段的岸线变化、深泓变化、滩槽变化、河床冲淤变化、河势稳定特征和滩槽发育趋势。对于珠江河口地区，河床演变分析往往会利用遥感影像成果，结合遥感图片资料来进行分析。

8.1.3 水文分析计算

涉水工程的防洪影响评价项目包括工程建设对河道防洪、排涝、河势稳定等方面，根据水利部《河道管理范围内建设项目防洪评价报告编制导则》，建设项目防洪影响的计算条件一般应分别采用所在河段的现状防洪、排涝标准或规划标准，建设项目本身的设计（校核）标准以及历史上最大洪水。对没有防洪、排涝标准和防洪规划的河段，应进行有关水文分析计算。

8.1.3.1 洪潮遭遇特点

经过对 1915—2000 年实测洪水资料的统计分析，西江、北江洪水在思贤滘遭遇类型有 3 种：①两江洪峰遭遇，经统计西北两江最大洪峰在思贤滘遭遇的有 15 年，占统计年数的 17.7%，如 1915 年、1968 年、1994 年洪水；②西主北从，这种类型的洪水有 54 次，占统计年数的 63.5%，如 1947 年、1949 年、1998 年洪水；③北主西从，这种类型的洪水有 16 次，占统计年数的 18.8%，如 1931 年、1982 年洪水。

据 1954—1985 年资料统计，北江、流溪河洪水遭遇机会甚少。两江同时出现最大洪峰的仅有 1 次（1974 年 6 月 27 日洪水），约占统计年数的 3%。若以三水站出现年最大洪峰与牛心岭站出现年最大洪峰进行遭遇统计，则在 32 年资料中，没有发生遭遇的情况。

东江洪水自成系统，与西江、北江洪水遭遇的机会极小，据统计，仅 1966 年 6 月 24 日博罗洪峰与思贤滘峰现时间相同。但是，2005 年 6 月几乎同时出现三江大洪水，根据报道，本次洪水，西江梧州出现超百年一遇洪水，最大洪峰流量为 53000m³/s，北江石角站最大洪峰流量为 13500m³/s，思贤滘马口分流 52100m³/s（频率为 0.4%），三水分流 16400m³/s（频率超过 1%），东江河源洪水达 400 年一遇（按现状频率统计成果计算），说明由于近年来水文情势的不断变化，三江洪水遭遇的几率可能存在。

以牛心岭代表流溪河，三水、马口代表西江、北江洪水进入南沙地区的控制站，博罗为东江出口控制站，舢舨洲站代表潮汐站。若各代表站出现年最大洪峰流量的当天，舢舨洲也出现年最高潮位，称之为洪、潮遭遇，反之为不遭遇。根据 1956—1985 年 30 年同步资料统计，牛心岭、三水、马口、博罗 4 站洪峰流量与舢舨洲年最高潮位均没有发生遭遇。但西江、北江、东江发生较大洪水时，常遇到珠江河口是大潮期，洪、潮互相顶托，洪水不能畅泄入海，使洪（潮）水位升高，如 1915 年洪水和 2005 年 6 月洪水。根据实测资料分析，2005 年 6 月西江、北江、东江三江洪水，遭遇下游约 20 年一遇大潮，同时，流溪河水库开闸泄洪，洪潮相互顶托，广州水道中大站出现 2.68m 的历史最高水位。

8.1.3.2　设计洪潮水面线计算边界条件的确定

根据以上的洪潮遭遇规律，西江、北江下游及其三角洲河网河道设计洪潮水面线计算考虑两种洪潮遭遇情况，取以洪为主及以潮为主两种计算工况计算成果的高值作为设计洪潮水面线。①以洪为主，即上边界取各站的设计洪峰流量；而下边界以八大口门水文控制站（大虎、南沙、冯马庙、横门和灯笼山、黄金、西炮台、黄冲水文站）的多年平均汛期高潮位。②以潮为主，下边界以八大口门水文控制站各级频率的年最高潮位设计值，而上边界取各站的多年洪峰流量均值相对应。关于珠江三角洲网河区设计洪（潮）水面线，广东省水利厅及水利部珠江水利委员会均有相应的研究成果，但其成果均建立在珠江三角洲网河区八大出海口门水文控制站（大虎、南沙、冯马庙、横门和灯笼山、黄金、西炮台、黄冲水文站）以上。拟建工程在虎门水道大虎以下，目前还没有相应的设计洪潮水面线计算成果，需要进行补充延伸，依据《珠江流域防洪规划》成果，补充延伸计算主要采用珠江水利科学体研究院的珠江三角洲及河口区一维、二维联解潮流数学模型进行。

赤湾站作为伶仃洋海区控制站，由 1964—2002 实测高潮位资料进行统计分析，求各种频率设计高潮位和多年汛期高潮位平均值，舢舨洲站由 1955—1993 实测高潮位资料进行统计，求得各种频率设计高潮位和多年汛期高潮位平均值。

8.1.3.3　计算水文条件的选取

防洪评价计算选用水文条件有两种：一是设计洪潮水文组合；二是典型年水文条件。

1. 设计洪潮水文组合

计算设计频率取 1%、2%、5%、10% 等 4 组，分为以洪为主和以潮为主两种遭遇情况。以洪为主的上边界取各站的设计洪峰流量，以潮为主的上边界取各站的多年洪峰流量均值。珠江三角洲网河区设计洪潮水面线计算边界采用珠江水利委员会 2007 年 7 月颁布的《珠江流域防洪规划》成果，有关水面线计算的边界条件可见 4.2.2 水文分析常用水文组合。

2. 典型年洪水过程

本项目数学模型研究选取以下 3 个典型水文条件，它包括洪水、中水、枯水（包括大潮、中潮、小潮）等珠江口近年来口门治理研究的代表水文组合，工程对附近区域潮排、潮灌、潮量、流速及流态等的影响分析与评价采用"98·6"洪水组合、"99·7"中水组合、"2001·2"枯水组合等多组珠江口近年来具代表性的大规模同步实测水文组合，各典型水文组合时间段见表 8.1-3。3 种典型水文组合水文特征见表 8.1-4。

表 8.1 - 3 　　　　　　　　　　　3 种典型水文组合计算时段

水文组合		开始时刻	结束时刻	总时长/h
"98·6"	洪水组合	1998 年 6 月 25 日 20：00	6 月 28 日 21：00	73
"99·7"	中水组合	1997 年 7 月 15 日 23：00	7 月 23 日 17：00	186
"2001·2"	枯水组合	2001 年 2 月 7 日 17：00	2 月 15 日 23：00	198

表 8.1 - 4 　　　　　　　　　　　3 种典型水文组合实测数据

径潮组合		编号	"98·6"	"99·7"	"2001·2"
		类型	洪水组合 （大潮、中潮、小潮）	中水组合 （大潮、中潮、小潮）	枯水组合 （大潮、中潮、小潮）
马口洪峰流量/（m³/s）			46200	26700	2051
三水洪峰流量/（m³/s）			16200	8588	674
大虎潮位 /m	高高		1.80	1.51	1.63
	低低		−0.79	−1.09	−1.39
赤湾潮位 /m	高高		1.24	1.36	1.28
	低低		−1.39	−1.54	−1.43

"98·6"洪水组合，珠江口典型洪水代表，北江三水站达百年一遇洪水，最大洪峰流量为 $16200 \text{m}^3/\text{s}$，西江马口站超 50 年一遇，最大洪峰流量为 $46200 \text{m}^3/\text{s}$，计算时段 73h（1998 年 6 月 25 日 20：00 至 28 日 21：00），合计 3d 洪水，为分析拟建工程对珠江口及上游地区泄洪能力影响的代表洪水，计算时同时考虑洪水、潮汐两种因素的综合作用。

"99·7"中水组合，计算时段 186h（1999 年 7 月 15 日 23：00 至 23 日 17：00），合计 7.8d，为分析拟建工程对珠江口上游地区潮排能力影响的代表潮型。

"2001·2"枯水组合，计算时段 198h（2001 年 2 月 7 日 17：00 至 15 日 23：00），合计 8.3d，为分析拟建工程对珠江口上游地区枯季潮灌影响的代表潮型，是珠江三角洲河网区同步大测流枯水组合。

解析：本项目位于珠江河口区，其洪水来源于上游珠江三角洲，本项目分析了珠江三角洲洪潮遭遇特点，分别选取了珠江三角洲常用的设计洪潮水文条件和典型水文组合进行防洪评价计算的水文条件，选取的设计水文条件来自于已颁布的水文成果、典型水文组合是珠江三角洲和河口地区近年来具有较好代表性的常用水文组合。

8.1.4 数学模型选择

拟建工程地处珠江三角洲，内伶仃洋湾顶，工程附近河网纵横交错，其水动力条件既受上游河道下泄的径流的影响，也受下游经出海口门上溯的潮流的影响，本研究采用珠江三角洲网河区一维、二维潮流泥沙数学模型联解方法进行。

模型的方法和介绍可参见第 4 章数学模型介绍有关内容，这里不再重复介绍，仅介绍一下本项目防洪评价选取的数学模型范围。

1. 一维模型

研究范围基本上包括了西江、北江三角洲、东江三角洲及广州水道等。模型上边界取自马口（西江）、三水（北江）、老鸦岗（流溪河）、麒麟嘴（增江）、博罗（东江）、石嘴（潭江）

水文（位）站，下边界取至八大口门的大虎（虎门上游的黄埔左、黄埔右及东江四口门的大盛、麻涌、漳澎、泗盛和沙湾水道为三沙口潮位站）、南沙（蕉门）、冯马庙（洪奇门）、横门（横门）、灯笼山（磨刀门）、黄金（鸡啼门）、西炮台（虎跳门）及官冲（崖门）潮位站。

　　断面布置：本模型共布设了 3521 个断面，模拟河道长度约 1350km，模型断面距离约 10～2000m 不等。

　　2. 二维模型

　　采用珠江水利科学研究院自行开发的贴体正交曲线网格划分程序对二维模型计算区域剖分，网格布置如图 8.1-13 所示。二维模型有 10 个上边界，1 个下边界。二维模型上

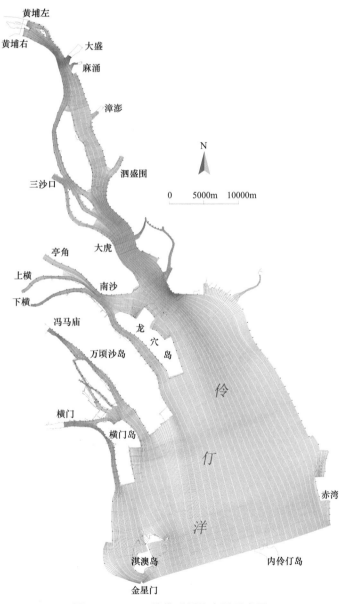

图 8.1-13　二维模型网格布置示意图

边界为一维模型连接断面，分别是东江南支流为泗盛断面，倒运海水道为漳澎断面，麻涌河为麻涌断面，东江北支流为大盛断面，狮子洋水道上边界分别为黄埔左、右断面，沙湾水道为三沙口断面，蕉门水道为蕉门断面，洪奇门水道为洪马庙断面、横门水道横门断面等 10 个连接断面。下边界为内伶仃金星门、伶仃东、赤湾一带。

二维模型网格大小疏密沿河道河势宽窄变化不等，拟建工程附近网格最密，网格最大尺寸 80m×45m，网格最小尺寸 10m×6m，共布置网格共 672×1118 个。模拟水域面积约 1450km²。

解析： 数学模型设计需重点关注模型范围是否足够，模型工程概化是否准确。要求模型范围应能充分涵盖工程可能影响的河道范围，模型上下游边界水文条件应有依据，且满足进出口边界稳定要求，模型网格尺寸能充分体现工程涉水建筑物的形状和尺寸。本项目工程影响可能会超出大虎水道影响到珠江三角洲网河区，因此需要建立包括珠江三角洲和河口区的一维、二维联解数学模型。模型网格在工程处也进行了加密，能较好的对工程进行概化。

8.1.5 壅水计算分析

对于壅水的防洪评价，一般是按照偏安全来考虑工程方案，壅水分析只考虑陆域及实体码头阻水建筑物的效应，不考虑航道港池开挖等减小阻水影响的部分。

8.1.5.1 运行期壅水计算分析

根据防洪评价的需要，在工程附近各河道共布置 22 个潮位采样点，水位采样点布置如图 8.1-14 所示，潮位计算频率洪水组合选取 1%、2%、5%、10%共计 4 组，分以洪

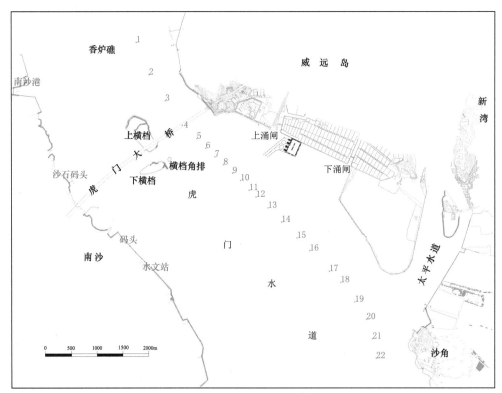

图 8.1-14 水位采样点布置示意图

为主和以潮为主两种遭遇情况；典型洪潮组合水文条件下潮位变化主要以"98·6"大水、"99·7"中水、"2001·2"枯水等典型水文条件进行分析。不同频率洪潮组合潮位变化潮位统计结果见表8.1-5和表8.1-6。

1. 设计洪潮水文条件下潮（水）位变化分析

拟建工程地处珠江河口，工程附近各设计频率潮水位高于相应的设计频率洪水位。

在以洪为主各频率（1%、2%、5%、10%）洪水条件下，拟建工程实施后，下泄的径流受到拟建工程的阻水，工程上游水位普遍抬高，水位抬高范围在0.001～0.010m之间，工程下游水位有所降低，水位降低值在0.003m以内。其影响范围上游约3.7km，下游约2.0km。

表8.1-5　　　　拟建工程在以洪为主条件下潮位变化计算成果表　　　单位：m

测点	位置	距离/m	P=1%		P=2%		P=35%		P=10%	
			工程前	变化值	工程前	变化值	工程前	变化值	工程前	变化值
1	码头上游	3680	1.747	0.001	1.741	0	1.732	0	1.732	0
2		3027	1.744	0.005	1.74	0.001	1.727	0	1.726	0
3		2437	1.729	0.008	1.727	0.002	1.714	0.001	1.715	0
4		1908	1.718	0.010	1.717	0.003	1.702	0.002	1.705	0.001
5		1524	1.721	0.010	1.72	0.003	1.704	0.003	1.705	0.003
6		1328	1.726	0.009	1.724	0.004	1.708	0.004	1.707	0.003
7		1037	1.724	0.009	1.722	0.004	1.705	0.004	1.704	0.002
8		865	1.723	0.009	1.721	0.002	1.704	0.004	1.703	0.002
9		642	1.725	0.008	1.721	0.003	1.702	0.004	1.702	0.002
10		415	1.724	0.008	1.721	0.003	1.703	0.003	1.702	0.001
11	码头区域	185	1.723	0.007	1.719	0.003	1.701	0.003	1.701	0.001
12		0	1.723	0.007	1.719	0.003	1.701	0.003	1.701	0
13			1.722	0.003	1.719	0.002	1.700	0.003	1.700	0
14		-337	1.724	0.001	1.721	0.001	1.7	-0.001	1.701	-0.001
15	码头下游	-794	1.725	-0.001	1.723	-0.001	1.701	-0.001	1.701	0
16		-1131	1.727	-0.003	1.725	-0.002	1.702	0	1.701	0
17		-1661	1.73	-0.001	1.728	-0.001	1.704	0	1.702	0
18		-1956	1.731	-0.001	1.729	0	1.705	0	1.702	0
19		-2406	1.735	0	1.732	0	1.708	0	1.704	0
20		-2794	1.738	0	1.735	0	1.711	0	1.706	0
21		-3142	1.742	0	1.739	0	1.715	0	1.709	0
22		-3468	1.744	0	1.742	0	1.717	0	1.713	0

在以潮为主各频率（1%、2%、5%、10%）洪水条件下，虎门口主要接受下游伶仃洋潮水为主，拟建工程实施后，由于工程的阻水作用，工程上游及工程附近设计水位降低，降低值在0.001～0.008m之间；工程下游潮位有所抬高，抬高幅度在0.010m以内；

其影响范围上游约 2.5km，下游约 3.15km。

表 8.1 - 6　　　　　　拟建工程在以潮为主条件下潮位变化计算成果表　　　　　单位：m

测点	位置	距离/m	P=1%		P=2%		P=5%		P=10%	
			工程前	变化值	工程前	变化值	工程前	变化值	工程前	变化值
1		3680	2.556	0	2.418	0	2.259	0	2.171	0
2		3027	2.575	0	2.438	0	2.273	0	2.178	0
3		2437	2.588	−0.001	2.460	0	2.284	0	2.182	0
4	码头上游	1908	2.598	−0.003	2.476	−0.001	2.292	0	2.184	0
5		1524	2.608	−0.005	2.490	−0.002	2.304	0	2.191	0
6		1328	2.613	−0.007	2.497	−0.003	2.31	0	2.195	0
7		1037	2.616	−0.008	2.5	−0.004	2.314	−0.001	2.196	0
8		865	2.619	−0.006	2.502	−0.006	2.317	−0.001	2.197	−0.001
9		642	2.622	−0.004	2.504	−0.004	2.321	−0.002	2.199	−0.002
10		415	2.626	−0.003	2.506	−0.002	2.325	−0.003	2.202	−0.002
11	码头区域	185	2.631	−0.001	2.508	−0.001	2.33	−0.001	2.204	−0.001
12		0	2.635	0.001	2.509	0.001	2.334	0	2.207	0
13		0	2.641	0.003	2.513	0.002	2.342	0.001	2.211	0.001
14		−337	2.648	0.005	2.512	0.003	2.347	0.002	2.216	0.002
15		−794	2.655	0.008	2.516	0.005	2.354	0.004	2.221	0.003
16		−1131	2.662	0.010	2.523	0.008	2.36	0.005	2.226	0.002
17	码头下游	−1661	2.669	0.010	2.537	0.008	2.368	0.003	2.233	0.001
18		−1956	2.671	0.008	2.544	0.005	2.371	0.001	2.236	0
19		−2406	2.673	0.005	2.555	0.002	2.376	0	2.242	0
20		−2794	2.673	0.003	2.561	0	2.38	0	2.248	0
21		−3142	2.674	0.001	2.565	0	2.385	0	2.256	0
22		−3468	2.676		2.568	0	2.389	0	2.264	0

2. 在典型水文条件下潮（水）位变化分析

由工程前后大水、中水、枯水水文条件下特征潮位变化的统计结果表明，拟建工程对潮位的影响较小。

（1）洪水潮位变化（"98·6"大水组合）。

工程引起大水高高潮位的变化，工程后最大降低 0.001m，影响范围在工程上游 200m 以内。

工程引起大水低低潮位的变化，工程后最大抬高 0.002m，抬高 0.001m 影响范围在工程上游约 400m 以内。

在"98·6"大水条件下，工程引起高高、低低潮位的变化，高高潮位的降低和低低潮位的抬高，引起潮差减少。工程所处的虎门口，洪水期间主要以宣泄上游洪水为主，低低潮位抬高增大了潮流对洪水的顶托作用，潮差减少，潮汐动力有所减弱。

（2）中水潮位变化（"99·7"中水组合）。

工程引起中水高高潮位的变化，工程后最大降低 0.001m，影响范围在工程上游 200m 以内。

工程引起中水低低潮位的变化，工程后最大抬高 0.001m，影响范围在工程上游约 200m 以内。

（3）枯水潮位变化（"2001·2"枯水组合）。

工程引起枯水高高潮位的变化，工程后最大降低 0.001m，降低 0.001m 影响范围在工程上游约 400m 以内。

工程引起枯水低低潮位的变化，工程后最大抬高 0.001m，抬高 0.001m 影响范围在工程上游约 400m 以内。

（4）小结。

在大水条件下，工程后高高潮潮位最大降低约 0.001m，发生于拟建工程上游约 200m 处；低低潮最大抬高约 0.002m，发生于拟建工程上游约 300m 处；中水、枯水条件下，高高潮潮位最大降低约 0.001m，低低潮最大抬高约 0.001m，发生于拟建工程上游约 200m 处。

综上所述，工程建设后，工程上游的潮位影响为高高潮位有所降低，而低低潮位普遍有所抬高，高高潮潮位降低和低低潮位抬高变化 0.001m 的影响在工程上游约 400m 以内，工程对河道的潮位变化影响不大。

8.1.5.2 施工期壅水计算分析

拟建工程的施工期建设内容主要为临时围堰工程和护岸工程，陆域形成稳定后再进行码头建设。工程施工时在护岸前沿线外 18m 处为围堰前沿线填筑砂袋围堰，顶宽 3m，顶标高为 1.06m，坡度 1：3。

施工期防洪标准为 5 年一遇。拟建工程施工期围堰阻水比运行期大，下泄的径流受工程的阻水，上游水位普遍抬高，水位抬高范围在 0.001～0.012m 之间，下游水位有所降低，水位最大降低值在 0.008m 以内。其影响范围上游约 4.3km，下游约 2.4km。

工程施工期对防洪的影响，主要是泥沙处理时对防洪的影响。本工程陆域形成回填料为水域疏浚土吹填，建议采用大型绞吸式挖泥船将疏浚土通过排泥管线直接吹填到本工程造陆，以减少施工时掀起的泥沙对周围水域的影响。

施工期围堰在拟建护岸前沿线外 18m 处，故占用的河道内面积比运行期陆域围填的河道内面积要大，工程施工期对防洪的影响比运行期大。

解析：本项目壅水计算分析的内容非常全面，从计算的水文条件上，既计算了设计频率洪水、潮水条件下的工程壅水情况，也计算了典型洪水、中水、枯水水文组合下工程的壅水影响；从计算的工况来看，既计算了工程运行期的壅水影响，也计算分析了工程施工期的壅水影响。

8.1.6 河势影响计算分析

8.1.6.1 工程对河道流速、流向变化影响分析

为了详细地了解工程后码头附近水域的水动力变化，模型模拟除考虑码头桩柱、围垦等建筑物的阻水，按码头实际情况进行精确地概化，同时考虑港池、回旋水域、航道开挖

等影响，以便更好地反映工程建设前后局部水域水动力影响变化。为了便于分析，在工程附近及上游、下游河道布置了 44 个流速采样点，流速采样点布置如图 8.1-15 所示。工程水动力条件计算采用"98·6"洪水、"99·7"中水和"2001·2"枯水等三组典型水文代表组合。

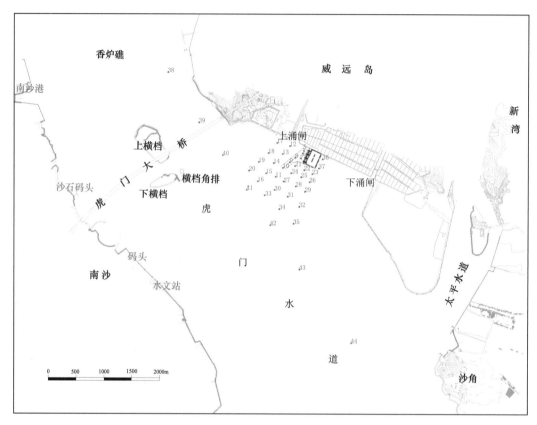

图 8.1-15　拟建工程流速采样点布置示意图

解析：报告中给出了各典型水文条件下，工程前后特征流速、流向变化统计成果表，拟建工程附近局部流态对比图，工程前后流速等值线图，工程前后流速变化等值线图，限于篇幅，本书不再一一罗列。

1. 工程附近水域水下地形的变化

由于拟建工程是建于狮子洋东岸的滩地上，滩地高程在 $-1.0\sim-2.0\text{m}$ 之间，围垦陆域占用水域面积约 4.896 万 m^2，陆域高程为 3.54m，围垦区域上游（西侧）突出河道长度为 273m，拟建 4 个突堤 7 个 500GT 码头泊位，突堤宽为 15m，两突堤间间距为 55m，每个停泊水域长度为 65m，回旋水域开挖标高分别 -5.16m。陆域东侧突出河道 271m，陆域南侧上下游 180m 为 10000GT 预留码头，停泊水域和回旋水域开挖标高分别 -11.46m。

工程陆域的阻水及码头前沿回旋水域、进港航道及港池的开挖，这些综合因素导致工程附近水域的流速发生了一定的变化。

2. 工程附近涨潮、落潮流速、流向的变化

工程区域流速、流态的变化，仅局限于码头工程区域及相邻周围区域，典型洪水"98·6"洪水组合、"99·7"中水组合、"2001·2"枯水组合，其流速、流向变化及影响范围（见表 8.1-7）如下。

表 8.1-7 各典型水文条件下流速变化 0.01m/s 影响范围统计表 单位：m

潮型	涨 潮		落 潮	
	上游	下游	上游	下游
"98·6"	1085	861	580	942
"99·7"	785	637	430	700
"2001·2"	1066	776	634	705

注 表中影响范围距离起算：上游为码头陆域上游边缘、下游为码头陆域下游边缘。

在码头陆域上游（西侧）4 个突堤式，共 7 个泊位，由于陆域形成后的阻水作用，由于码头陆域是建在河道浅滩上，4 个突堤间的港池、回旋水域通过浚深形成，水深的增加导致流速普遍降低，陆域的阻水导致 500GT 码头区域的流速流向变化及流态改变。

在"98·6"洪水组合水文条件下，工程前，工程区域现状涨急流速在 0.00～0.40m/s 之间，落急流速在 0.00～1.07m/s 之间。工程后涨急时 1～7 号港池流速降低 0.00～0.14m/s，回旋水域流速降低 0.00～0.15m/s，进港航道流速降低 0.00～0.12m/s，回旋水域外侧（上游）近岸流速降低 0.00～0.08m/s，由于陆域阻水的关系，港区流向偏转加大，在 0°～180°之间；在南护岸外侧（南护岸与狮子洋航道之间区域），流速降低在 0.00～0.03m/s 之间，流向偏转小于 10°；陆域下游的东护岸，流速降低约 0.00～0.06m/s，流向偏转较大；狮子洋进出航道流速影响很小。落急时港区流速降低在 0.00～0.05m/s 之间，港池和回旋水域流向变化较大，在 0°～190°之间。流速变化 0.01m/s 影响范围为上游 1085km，下游 950m。

在"99·7"中水组合水文条件下，工程前，工程区域现状涨急流速在 0.00～0.30m/s 之间，落急流速在 0.00～0.72m/s 之间。工程后涨急时 1～7 号港池和回旋水域流速降低 0.00～0.07 m/s，流向变化在 0°～204°之间；进港航道流速降低 0.00～0.07m/s，回旋水域上游近岸流速降低 0.00～0.02m/s，由于陆域阻水的关系，流向偏转加大，流向偏转在 0°～204°之间；在南护岸外侧与狮子洋航道之间，流速降低不明显，流向偏转小于 7°；陆域下游的东护岸，流速降低约 0.00～0.04m/s，流向偏转较大；狮子洋进出航道流速影响很小。落急时港区（港池和回旋水域及进港航道）流速降低在 0.00～0.04m/s 之间，流向变化在 0～229°之间。流速变化 0.01m/s 影响范围为上游 800m，下游 700m。

在"2001·2"枯水组合水文条件下，工程前，工程区域现状涨急流速在 0.00～0.61m/s 之间，落急流速在 0.00～0.90m/s 之间。工程后流速流向变化与"99·7"相似。涨急时 1～7 号港池流速降低 0.00～0.10m/s，回旋水域流速降低 0.00～0.11m/s，进港航道流速降低 0.00～0.11m/s，回旋水域上游近岸流速降低 0.00～0.05m/s，由于陆域阻水导致流向偏转较大，流向偏转在 0°～183°之间；在南护岸外侧与狮子洋航道之间，流速降低在 0.00～0.02m/s 之间，流向偏转小于 8°；陆域下游的东护岸流速降低约 0.00

～0.05m/s，流向偏转较大；狮子洋进出航道流速影响很小。落急时港区（港池、回旋水域及进港航道）流速降低在 0.00～0.06m/s 之间，流向变化在 0°～184°之间。流速变化 0.01m/s 影响范围为上游 1066m，下游 705m。

综上所述，在洪水、中水、枯水水文条件下，工程之前，工程区域最大流速为 1.07m/s，工程之后，涨急时港区（港池、回旋水域及进港航道）流速最大降低 0.15m/s，流向偏转在 0°～204°之间；落急时港区流速最大降低 0.06m/s，流向偏转在 0°～229°之间。在南护岸外侧与狮子洋航道之间，流速降低在 0.00～0.03m/s 之间，流向偏转小于 10°，陆域下游的东护岸流速降低约 0.00～0.06m/s，流向偏转较大。工程建设对狮子洋进出航道流速、流向影响很小。其流速变化 0.01m/s 最大影响范围分别小于上游 1085m 和下游 942m。

8.1.6.2　工程对河道水流流态变化影响分析

分析工程前后的流态变化，可知工程区域的平面变化有如下特征。

（1）从整体流态上看，由于狮子洋深水航道靠近拟建工程，且码头是建于河道浅滩区域，浅滩区域的水深相对较浅，码头对水流的阻碍作用不是很大，对上下游流态、流速的影响相对较小。工程前，由于拟建工程区域河岸浅滩，上游有威远炮台向外突出，下游太平河口区域上游，有大片以前围垦陆地突出，拟建工程位于上下游突出连成河岸凹部之间，该区域在工程前流速相对较小，流速缓慢，其流态较为平顺，是泥沙的集中淤积区。工程建设后，涨急时水流被码头所阻，在上游 500GT 码头区域，7 号泊位的突堤至堤防之间，存在一个弱回流区。在码头围垦下游，也存在一个流速方向指向堤防的弱回流。500GT 码头 1～7 号泊位水流流向偏转较大或倒向，除港区（港池、回旋水域及进港航道）外，回旋水域上游流向偏转小于 22°，其他区域影响不大，流向偏转小于 10°。

（2）该工程建设后，由于码头陆域阻水和回旋水域的局部开挖，使回旋水域及其附近水域的流态产生了一定的变化，主要是在开挖水域的四周，由于开挖后其水下地形发生变化，从而流向发生了一定的偏转，除 500GT 码头区域外，涨急、落急时刻流向变化幅度一般在 22°之内，工程处靠近桩柱等区域的个别点流向变化略大。

（3）狮子洋航道处的流向变化较小，工程影响区域外其余水域流速无明显变化，工程对其所在的河道的主槽的流向影响较小。

（4）工程区域及周边整体上不存在不利的流态。

综上所述，工程修建对流向的影响仅局限在工程附近，对狮子洋水道潮汐通道的流态影响较小。

8.1.6.3　工程对河道水流动力轴线变化分析

由数学模型的研究成果，工程前后的流态变化图、流速等值线图、流速变化等值线图、河道动力轴线变化图可知：工程后河道动力轴线变化的影响基本一致，其影响范围仅局限于拟建工程附近及上游、下游，工程区域上游动力轴线右移，随着与工程距离的加大，水流动力轴线的偏移量逐渐减小，最大位移约为 2m，影响范围在工程区域上游约 150m，下游约 200m 范围内。其上游虎门大桥以上基本与原河道动力轴线一致；工程区域下游至伶仃洋湾顶，水动力轴线逐渐恢复原河道状态。因此，拟建工程建成后，动力轴线影响仅局限于工程所在河段，其主槽水流动力轴线变化较小。

8.1.6.4　工程对河势、河岸稳定的综合影响分析

河道的流速分布、滩槽以及河岸的变化是影响河势的一个重要因素。综合以上分析成果，拟建工程引起河道地形的变化，范围仅局限在工程附近水域。工程建设后，由于码头主体工程陆域的建设及港池和航道的开挖，改变了局部区域的地形环境，从而使工程局部及附近水流流态、流速产生相应的调整，如码头开挖水域流速略有降低，港池和进港航道上游部位流速有所增加，但工程对附近河道的整体流速、流态影响较小，对河道的整体冲淤变化不会产生大的影响，不会使其河势发生变化。但工程建设后，港池及航道部位流速降低，港池部位可能会有一定淤积，洪枯季不同，涨落潮流不同，来流大小不同，淤积程度会不同。

拟建工程所处水域为强潮流弱径流河段。其泥沙主要来源于上游下泄的泥沙及随潮流挟带的上溯泥沙，还包括少量河道内的局部搬运泥沙。工程建设后，由于工程区域的地理形状以及该段河道边滩水深较浅，新建护岸和堤防的近岸流速小于 0.10m/s，且堤防的堤脚及新建护岸都有护坡，工程建设引起的水动力条件变化不会改变河岸的形状，工程建设对河岸的影响不大。

综上所述，由于港池、航道开挖以及码头主体工程的建设，工程所在区域的局部地形有所改变，相应水动力条件发生了变化，但对其所在河道的整体河势影响不大。

解析：本项目位于珠江河口区，河势影响分析主要分析工程后对水动力变化的影响，本报告详细分析了工程前后的流速、流态变化，计算成果非常丰富，包括流速流向变化统计表、工程前后流态对比图、工程前后流速等值线图、工程前后流速变化等值线图、工程前后动力轴线变化图等，可作为河口区建设项目防洪评价河势影响分析的示范。

8.1.7　工程对河道纳潮量的影响分析

拟建工程位于南海潮流上溯区，工程建设会不会影响到附近河道的纳潮能力，是必须研究的问题之一，因为纳潮量的改变会影响到河道潮排、潮灌和河道的冲淤变化等方面。

工程前后的潮差、流速变化较小，其潮量变化也较小。在不考虑码头开挖的情况下，工程前后河道纳潮量的变化统计成果见表 8.1-8。

表 8.1-8　　　　工程对河道纳潮量影响统计成果表　　　　单位：万 m³

潮型	涨　潮			落　潮		
	现状	变化值	变化/%	现状	变化值	变化/%
"99·7"	24636	－14	－0.11	80435	－9	－0.01
"2001·2"	74481	－17	－0.02	69396	－29	－0.04

在 "99·7" 中水条件下，在工程位置上游狮子洋断面工程后涨潮量减少 0.11%，落潮量减少 0.01%。

在 "2001·2" 枯水条件下，在工程位置上游狮子洋断面工程后涨潮量减少 0.02%，落潮量减少 0.04%。

由此可见，在中水、枯水条件下，工程建设对河道纳潮量的影响不大。

解析：纳潮是珠江河口水域的一个重要功能，对于河口区建设项目，不应影响到潮汐通道纳潮量发生明显变化，本项目所在的狮子洋为虎门口重要的纳潮通道，因此在防洪评

价计算中需要分析工程对狮子洋纳潮量变化的影响。本报告通过数学模型计算，分析了典型中水、枯水水文组合下工程前后河道纳潮量的变化情况，通过涨落潮量的统计结果来看，工程对狮子洋纳潮量影响不大。

8.1.8　陆域护岸和堤防的稳定计算

8.1.8.1　陆域护岸稳定计算复核

拟建工程陆域由现有堤岸向南侧水域建设护岸围填而成，陆域总面积约 4.896 万 m^2。护岸总长 724m，其中东（下游侧）护岸长 271m，西（上游侧）护岸长 273m，南护岸长 180m，设计高程为 3.54m（理论基面为 5.50m），护岸上有高程为 4.64m（理论基面为 6.60m）的防浪墙，陆域上建有港区大楼、宿舍、停机坪、停车场以及其他相应的配套设施等，港池、回旋水域等都需要开挖，护岸岸坡稳定安全相当重要，必须对陆域的稳定安全和抗滑性能进行计算。

本项目工程可行性研究报告中利用港口工程的有关设计规范计算，利用荷载计算护岸岸坡的稳定，其护岸整体稳定性计算结果见表 8.1-9。

表 8.1-9　　　　　　　　　工程可行性研究报告中护岸稳定主要计算结果

护岸	持久组合抗力分项系数	地震组合分项系数
东护岸	1.32	1.11
西护岸	1.31	1.10
南护岸	1.32	1.11

该计算方法与 GB 50286—98《堤防工程设计规范》计算存在一定的差异，依据《堤防工程设计规范》的相关计算方法，对护岸岸坡的抗滑稳定进行了复核。

1. 计算原理

瑞典圆弧法和简化毕肖普法均为近年来堤防抗滑稳定计算中普遍采用的两种刚体极限平衡法。最早的瑞典圆弧法是不计条块间作用力的方法，计算简单，已积累了丰富的经验，但理论上有缺陷，且当孔隙压力较大和地基软弱时误差较大。简化毕肖普法计及条块间作用力，能反映土体滑动土条之间的客观状况，但计算比瑞典圆弧法复杂。由于计算机的广泛应用，使得计及条块间作用力方法的计算变得比较简单，容易实现，而且在确定强度指标及选取合适的安全系数方面也积累了不少经验，国内已有很多单位编出了电算程序，使用很方便。

边坡稳定计算采用规范使用的简化毕肖普法，该法属于条分法的一种，适用于计算各种地貌形态的均质、非均质和人工斜坡的抗滑稳定性及建筑物地基的稳定性，适用于软土黏土地区。基本假定：①自然边坡稳定计算假定滑动破坏为圆形；②考虑土条间的推力，但不计分条间的摩擦力；③考虑稳定渗流时对土坡的影响时采用替代容重法；④地震对土坡的稳定影响采用拟静力法；⑤考虑水位降落时渗流的影响。

简化毕肖普法计算公式为：

$$F_s = \frac{\displaystyle\sum_{i=1}^{n} \frac{1}{m_{a_i}}\left[C_i'b_i + \left(W_i\left(1 \pm \frac{1}{3}K_hC_z\right) - u_ib_i\right)\mathrm{tg}\phi'\right]}{\displaystyle\sum_{i=1}^{n} W_i\left(1 \pm \frac{1}{3}K_hC_z\right)\sin\alpha + \sum_{i=1}^{n} K_hC_zW_i\frac{l_i}{R}}$$

$$m_{a_i} = \cos\alpha_i + \mathrm{tg}\phi'_i \sin\alpha / F_s$$

式中：F_s 为土壤抗滑稳定安全系数；W_i 为土条自重，kN；b_i 为土条宽度，m；C'_i 为土的有效凝聚力，kN/m^2；ϕ' 为土的有效内摩擦角，（°）；R 为滑动圆弧的半径，m；u_i 为作业于土条边上的孔隙水压力，Pa；l_i 为土条中心至滑动圆心的垂直距离，m；K_h 为水平震动加速系数；C_z 为综合影响系数，一般可取 0.25。

2. 计算边界条件

岸坡稳定受河道水位及渗流等因素的影响，由于陆域由填海而成，护岸内外的水位相差较小，可以认为渗流平衡后水位持平，浸润线保持不变，计算时不考虑渗流的影响。在不考虑渗流影响的情况下，计算采用最优化原理搜索计算断面内最小安全系数和相应滑裂面。考虑潮水位变化的影响，以最高潮位到最低潮位所花时间潮位变化速率，计算码头极端高水位骤降到极端低水位时，寻找每一水位下最危险滑弧面及相应最小抗滑安全系数，比较各水位状态下的最小安全系数，取其最小值为最不理想安全系数。

水位下降有水位骤降和水位缓降两种情况。所谓水位骤降，一般指水位降落很快，以致在降落过程中没有显著的水量从土中排出，土体仍全部饱和，边坡内自由面或浸润线基本保持不变。所谓缓降，是指在水位的降落过程中，自由面有显著下降。

大量边坡稳定性分析表明，水位下降时，边坡的最不利情况为水位骤降引起的滑坡。其主要原因是，由于内部超孔隙水压力增加，土体有效应力降低。为了安全考虑，假定浸润线的位置没有随水位下降。

3. 计算断面与参数

根据工程可行性研究报告和工程区域地质资料，仅计算护岸迎水面的抗滑稳定，计算断面取与东护岸、西护岸、南护岸垂直横断面。陆域吹填形成的土层从下而上依次为原装淤泥厚度 6～10m，吹填淤泥厚度约 3m，完成后陆域软土层 8～12m。其主要土层物理力学指标见表 8.1－10。

表 8.1－10 主要土层物理力学指标

序 号	土 层	天然容重 $\gamma/（kN/m^3）$	内摩擦角 $\varphi/（°）$	凝聚力 c/kPa
1	护岸块石		45	0
2	淤泥	16.0	4～10	4～10
3	粉质黏土	18.0	20	10
4	淤泥质黏土、细砂	18.0	15	8
5	粉性土细砂、中粗砂	18.4	25	3～5
6	残积土	18.4	15	20
7	全风化花岗岩	22.0		35
8	强风化花岗岩	24.0		50

4. 计算成果

各工况下岸坡的抗滑稳定系数结果见表 8.1－11。

表 8.1－11　　　　　　　　　　岸坡的抗滑稳定系数计算成果表

工况	水位或降速	计算安全系数			说　　明
		东护岸	西护岸	南护岸	
设计低水位	−1.40m	1.277	1.282	1.274	（1）水位骤降 1 为设计高潮位在 12h 内骤降到设计低水位； （2）水位骤降 2 为极端高潮位在 12h 内骤降到极端低水位
极端低水位	−2.11m	1.274	1.278	1.272	
水位骤降 1	0.226m/h	1.268	1.273	1.263	
水位骤降 2	0.375m/h	1.263	1.268	1.258	

参照《堤防工程设计规范》，岸坡的抗滑稳定系数不小于 1.25。各工况下岸坡的抗滑稳定系数均大于规范规定的允许安全系数。

8.1.8.2　现有堤防稳定计算复核

500GT 客运码头 7 号泊位距离堤脚 53m 以上，其中 7 号泊位所在的突堤宽 15m，突堤距堤脚 38m。现状浅滩高程约−2.0m，港池开挖至−5.16m，开挖深度约 3m 左右，港池开挖区域与堤防有一段缓冲距离，港池开挖对堤防稳定有何影响，根据专家评审意见，评审专家提出使用瑞典圆弧法对港池开挖对堤防的稳定影响进行计算。

由于工程所在岸线堤防建于 20 世纪 50 年代，现状堤防的结构设计资料比较缺乏，给稳定计算带来更多的不确定因素，其稳定计算采用堤防加固达标断面的设计结果，堤防基本结构为土、石混合结构，现状堤防则采用在加固达标堤防的结构上去掉加固达标部分。

现状堤防与加固达标后堤防在港池开挖情况下的稳定计算结果如图 8.1－16 所示，从计算中可以看出，采用瑞典圆弧法计算港池开挖后的堤防断面内最小安全系数和相应滑弧面，现状堤防的滑弧面半径约 15.36m，而达标加固后的滑弧面半径约 22.61m，两者的

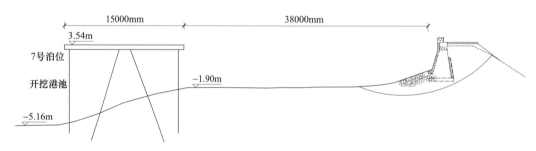

堤防加固达标后港池开挖情况下堤防稳定计算示意图

现状堤防在港池开挖情况下堤防稳定计算示意图

图 8.1－16　港池开挖情况下堤防的稳定计算示意图

稳定系数都不小于《堤防工程设计规范》规定的允许安全系数。

鉴于现状堤防的结构仅是有限概化，堤防的石堤、夯土等力学参数取值可能存在一定的误差，护岸块石及堤防附近河床参数采用工程勘测成果。但由于瑞典圆弧法理论上不计条块间作用力，且当孔隙压力较大和地基软弱时误差较大，计算结果仅供参考。

解析：由于本项目为围垦工程，围垦后的陆域按照当地规划防洪标准建设护岸，加上港池开挖可能会对现有堤防和陆域护岸安全稳定造成影响，堤防和陆域护岸的稳定性一是关系到工程自身的防洪安全，二是关系到工程段堤防保护区域的防洪安全，因此陆域护岸和堤防的稳定性计算分析是本项目防洪评价的一个关键点。本报告根据堤防设计规范推荐的公式对现有堤防和陆域护岸的稳定性进行了计算分析，得到了陆域护岸和堤防稳定性的有关参数，是本项目防洪评价的重要分析成果。

8.1.9　防洪综合评价

8.1.9.1　与现有水利规划的关系及影响分析

1. 与珠江河口综合治理规划的关系及影响分析

（1）与珠江河口规划治导线的关系及影响分析。

根据《珠江河口综合治理规划》，虎门水道（黄埔—虎门口）是广州出海水道，是珠江流域主要的泄洪通道之一，规划治导线基本按现状岸线平顺连接。

工程陆域由现有堤岸向南侧水域建设护岸围填而成。三面临水护岸总长 724m，其中东（下游侧）护岸长 271m，西（上游侧）护岸长 273m，南护岸长 180m，陆域设计高程为 3.54m，围垦陆域总面积约 4.896 万 m^2。围垦陆域外缘突出现有岸线 271～273m，外缘连线与珠江河口治导线的距离在 131～162m 之间。拟建工程范围在珠江河口规划治导线之内，工程布置符合珠江河口规划治导线的布局方案，未超出规划治导线。

（2）与河口泄洪整治规划的关系及影响分析。

珠江河口综合治理规划的基本原则是：河口的治理开发必须有利于泄洪、维护潮汐吞吐、便利航运交通、保护水产、改善生态环境。

泄洪整治规划是为了巩固磨刀门在分泄流域洪水中的主导地位，维持虎门、横门、蕉门的泄洪能力，适度增强洪奇门的泄洪作用，必须使河口宣泄通畅、水流交汇顺畅。采用清、退、拦、导、疏等综合措施，维持或增加泄洪能力、合理调整口门出流主干、支汊的分流比，调整口门间的汇流角度，达到泄洪安全顺畅、减少内伶仃洋淤积的目的。

拟建工程位于虎门威远炮台与太平水道河口北岸围垦区北侧外缘连线的凹口处的河道滩地，未超珠江河口治导线，不属于珠江河口泄洪整治区域。因此，本工程滩涂开发利用不影响河口泄洪整治，与该规划不相悖。

（3）与岸线、滩涂保护与利用规划的关系。

根据《珠江河口综合治理规划》报告，黄埔—虎门水域是腹地广阔的海陆交通枢纽区，岸线总长 142km，规划控制利用区岸线 109.5km，保护岸线 2.5km，保留岸线 30km。

拟建工程所在岸线为控制利用岸线，工程占用岸线 180m，占用治导线范围内滩涂面积约 4.896 万 m^2。

2. 与东莞市防洪（潮）规划的关系

（1）与东莞市防洪（潮）规划的关系。

拟建工程段现状堤防高程为 3.30～3.60m，挡浪墙高程为 3.80～4.00m，现状防洪标准为 20 年一遇，规划防洪标准为 50 年一遇，规划海堤土堤堤顶高程为 4.00m，堤面宽度为 4.0m，防浪墙顶高程为 4.60m。

拟建工程建于堤防外侧，设计中拟建工程陆域的东护岸、西护岸、南护岸防浪墙高程为 4.64m（理论基面为 6.60m），稍高于规划达标堤防防浪墙高程，与达标后高程为 4.60m 的防浪墙衔接。拟建工程陆域连接不改变堤防防浪墙结构，仅在陆域大门处的防浪墙上以闸门形式开豁口，以斜坡与拟建工程陆域连接。由于拟建工程陆域的东护岸、西护岸、南护岸防浪墙高程与堤防达标高程一致，已具备堤防上防浪墙的功能，当码头陆域护岸防浪墙失去作用时，关闭堤防闸口可确保大堤的安全。所以工程建设符合水利防洪规划的相关要求。

（2）与东莞市海堤加固达标规划的关系。

根据东莞市海堤加固达标规划，工程所在岸线的堤防加固达标是在原有堤防的基础上进行的。拟建工程围垦陆域高程为 3.54m，相当于堤防的防洪标准为 20 年一遇；陆域护岸参考 50 年一遇防洪标准设计，顶部高程为 4.64m，相当于堤防的防洪标准为 50 年一遇。现状堤防防洪标准为 20 年一遇，规划防洪标准为 50 年一遇，达标加固按 50 年一遇进行。拟建工程建设在堤防外侧，不改变现有堤防，不破坏现有堤防，但堤防达标加固方法是在原有堤防的基础上进行，如工程建设不对工程占用岸线的堤防进行达标处理，则必需给堤防达标加固留出位置，否则达标工程难以施工，增加规划实施的难度。根据堤防管理的要求，工程建设前，工程建设范围内堤防应按水行政主管部门对堤防达标的要求，必须对工程占用岸线的堤防按有关要求和施工顺序对工程及其附近堤防按最终堤防达标加固规划断面进行达标加固，一步达标，并做好与其他堤段的达标连接。因而工程建设才能与其所在的堤防水利规划相适应，与堤防加固达标不矛盾，与有关水利规划不矛盾，不影响对其他堤段规划的实施，才不会增加规划实施的难度。

（3）与东莞市治涝规划的关系。

虎门威远围排涝规划为 20 年一遇，24h 暴雨，1d 排出基本不受灾。根据潮排计算分析成果，工程影响范围内排涝潮位最大抬高 0.001m。潮位变化对工程附近两侧的上、下围涌河涌排涝水位影响较小。

拟建工程位于堤防外侧水域，工程建设不涉及到改变岛内现有河涌水系的分布。工程用地属围垦造陆，有自己的排水防涝措施，不涉及到改变现状条件下的威远岛内已有水系，不影响威远岛围内的排涝。

3. 与工程河段岸线其他利用管理规划的关系

工程河段岸线的利用管理和规划，该岸线为控制利用岸线，目前仅有本项目工程，没有其他规划性工程项目，目前已被东莞市列入总体布局规划中。

工程建设满足以下规划要求。

（1）总体布局规划：根据东莞市交通局和虎门港管委会的总体布局规划，虎门港（太平）客运口岸搬迁工程的选址已纳入其规划中，符合这两个部门的整体规划。

（2）城市土地利用规划：东莞市城市土地利用规划，本项目选址已纳入其中，符合规划部门的城市土地利用规划。

（3）国土部门的土地利用规划：国土部门的虎门镇土地利用总体规划威远岛部分，本项目已纳入其中，符合国土部门的土地利用规划。

（4）海洋与渔业部门的海洋功能区划：《广东省海洋功能区划》（以下简称《区划》）中已有新客运口岸码头的搬迁位置，现在的选址基本与《区划》一致，《区划》中已规划了新客运口岸码头的大概位置，选址要基本符合《区划》的要求。

4. 工程河段规划实施情况

工程附近现有堤防防洪（潮）标准为 20 年一遇，土堤堤顶高程 3.30～3.60m，防浪墙高程为 3.80～4.00m。规划设计防洪（潮）标准 50 年一遇。规划达标海堤土堤堤顶高程为 4.0m，堤顶超高 1.61～2.32m，防浪墙设计高程为 4.60m。工程河段堤防防洪（潮）未达标。

8.1.9.2　与防洪标准、有关技术和管理要求适应性分析

1. 工程建设与防洪标准的适应性分析

根据《中华人民共和国河道管理条例》（以下简称《条例》），修建涉水建筑物设施，必须按照国家规定的防洪标准所确定的河宽进行，不得缩窄行洪通道。

拟建工程为狮子洋东岸威远岛河段，该河段现状防洪（潮）标准为 20 年一遇，规划防洪（潮）标准 50 年一遇。码头陆域为围垦形成，突出河道，占用水域面积约 4.896 万 m^2，陆域高程为 3.54m，护岸顶部高程为 4.64m，500GT 客运码头为突堤式结构，码头面高程为 3.54m。规划堤防浪墙顶高程为 4.60m。工程建设占用水域在珠江河口治导线和岸线控制线以内，不超越治导线和岸线开发控制线，工程建设不改变该河段的防洪（潮）标准，与该河段的防洪标准相适应。

2. 工程建设与堤防管理的适应性分析

根据《条例》，有堤防的河道，其管理范围为两岸堤防之间的水域、沙洲、滩地（包括可耕地）、行洪区、两岸堤防及护堤地。工程区域围堤工程等级规划为Ⅱ级；根据《广东省河道管理条例》，Ⅱ级堤围护堤地从内坡、外坡堤脚算起每侧 30～50m。护堤地主要保护堤身及防渗、导渗设施，并为堤防工程的防汛抢险、维修加固提供必要的场地。

从工程平面布置上看，工程位于堤防外侧，占用河道管理范围内滩涂面积约 4.896 万 m^2，工程建设需按堤防达标加固方案，对堤防进行加固，严格按照管理部门的要求，经水行政主管部门批准后实施。

8.1.9.3　工程对河道泄洪影响分析

根据《中华人民共和国水法》《中华人民共和国防洪法》《中华人民共和国河道管理条例》《河道管理范围内建设项目管理的有关规定》和《珠江河口管理办法》等有关规定：河道管理范围内建设项目必须维护堤防安全，保持河势稳定和行洪通畅。

拟建工程突出河道，为突堤式结构，码头陆域为围垦造陆，围填范围内为永久阻水建筑物。工程建设后，码头结构会对河道行洪产生一定的影响，码头陆域为围垦造陆，围填范围内为永久阻水建筑物。拟建工程的布置，占用狮子洋河道，工程阻水。码头 50 年一遇潮水位下阻水比为 1.77%，其不同频率条件下的平均阻水比为 1.75%。拟建工程占用

河道过流面积，处于河岸凹岸区。

1. 工程运行期对防洪影响分析

从壅水计算成果来看，在以洪为主各频率（1%、2%、5%、10%）洪水条件下，拟建工程实施后，工程上游水位抬高 0.001~0.010m，工程下游水位降低在 0.003m 以内；在以潮为主各频率（1%、2%、5%、10%）洪水条件下，拟建工程实施后，工程上游潮位降低 0.001~0.008m；工程下游潮位抬高 0.010m 以内。其影响范围以洪为主为上游约 3.7km，下游约 2.0km；以潮为主为上游约 2.5km，下游约 3.15km。

工程建成后，由于码头工程阻水，工程上游局部水域低低潮位有所抬高，但工程对区域上游潮位影响不大。在各典型水文条件下，高高潮潮位最大降低约 0.002m，发生于拟建工程上游约 200m 处，低低潮最大抬高约 0.001m，发生于拟建工程上游约 200m 处。

2. 工程施工期对防洪影响分析

本工程的施工期建设内容主要为临时围堰工程和护岸工程，陆域形成稳定后再进行码头建设。陆域形成为软基处理，是考虑将水域疏浚土吹填陆域再进行软基处理。在拟建护岸前沿线外 18m 处为围堰前沿线填筑砂袋围堰，为保证围堰的稳定，在围堰施工之前，先铺设一层土工布＋土工格栅，以及 1.5m 厚中粗砂垫层，进行插排水板，2 个月后进行围堰施工。

围堰形成后将进行吹填和地基处理工程。施工期防洪标准为 5 年一遇。工程施工期对防洪的影响，主要是泥沙处理时对防洪的影响。本工程陆域形成回填料为水域疏浚土吹填，建议采用大型绞吸式挖泥船将疏浚土通过排泥管线直接吹填到本工程造陆，以减少施工时掀起的泥沙对周围水域的影响。

施工期围堰在拟建护岸前沿线外 18m 处，故占用的河道内面积比运行期陆域围填的河道内面积要大，工程施工期对防洪的影响比运行期大。

总之，由于工程占用水域，运行期工程建设对河道的行洪和纳潮存在一定的影响，但影响较小。

8.1.9.4 工程对河势稳定影响分析

拟建工程引起河道地形的变化，局限在工程附近水域，对整个河道地形和河势稳定影响不大。

1. 工程建设后流态变化趋势及影响分析

工程建成后，由于围填造陆、港池及回旋水域开挖，平面流态发生变化仅局限于工程影响区域，整体流态没有发生大的变化，且总体流态变化趋势与河道原来的变化趋势一致。

工程建成后，从流速影响范围看，洪水、中水、枯水水文组合下，工程对流速影响范围因水文条件不同而有所不同。在洪水、中水、枯水水文条件下，工程建设前工程区域最大流速为 1.07m/s，工程建成后涨急时港区（港池、回旋水域及进港航道）最大降低 0.15m/s，流向偏转在 0°~204°之间；落急时港区流速最大降低 0.06m/s，流向偏转在 0°~229°之间。在南护岸外侧与狮子洋航道之间，流速降低在 0.00~0.03m/s 之间，流向偏转小于 10°，陆域下游的东护岸流速降低约 0.01~0.06m/s，流向偏转较大。工程建设对狮子洋进出航道流速、流向影响很小。流速影响仅局限于工程区域局部范围，其流速变化 0.01m/s 最大影响范围小于上游 1085m，下游 942m，对河段主槽的影响较小。

由于码头陆域吹填、港池和回旋水域开挖，使工程局部河道地形发生了变化，局部流态和流速也发生变化，改变了工程所在水道的水流动力条件，从而对工程局部河道的输沙能力和冲淤平衡产生一定的影响。由于水流的自动调节作用，港池和回旋水域开挖后，水深增大，流速降低，水流挟沙能力降低，水流挟带的泥沙就会在港区落淤，同时，工程处于潮流区，潮流带来的泥沙也会在港区落淤，引起港区淤积。港区的冲淤变化仅局限与港区局部范围，当港区局部冲淤平衡时，其冲淤变化延续原河道冲淤变化。因此，工程局部河势的调整变化不会影响整体河势稳定。

2. 工程施工期对河势稳定的影响分析

码头施工时采用围垦成陆，水面船只施工，对河道的扰动大。应注意抛石围堤和吹填成陆过程中的石料和吹填泥沙的流失，尽量减少砂石被水流冲走，注意保护与码头邻近的航道安全，把施工期对河势稳定的影响降低到最小。

港池和回旋水域开挖，由于挖泥船挖泥过程中对河床扰动较大，床面泥沙被扰动掀起，随水流带往下游或工程周围。根据以往工程经验，航道和港池疏浚时，会引起下游河道及周边区域的淤积。对此，施工时可以采用吸泥（船）的方法，减少对床面泥沙的扰动，把影响减到最低。

综上所述，拟建工程对工程河段河势变化的影响较小。

8.1.9.5 工程对堤防、护岸和其他水利工程及设施的影响分析

（1）工程建设对堤防稳定的影响分析。

工程建设后，由于工程区域的地理形状以及该段河道边滩水深较浅，且现有堤防的堤脚都有块石护坡，拟建工程上下游与堤防连接区域近岸流速小于 0.10m/s。500GT 客运码头 7 号泊位距离堤脚 53m 以上，其中 7 号泊位所在的突堤宽 15m，突堤距堤脚 38m。现状浅滩高程约 −2.0m，港池开挖至 −5.16m，开挖深度约 3m 左右，港池开挖区域与堤防有一段缓冲距离，港池开挖对堤防稳定的影响不大，工程建设引起的水动力条件变化不会改变河岸的形状，工程建设对河岸的影响不大，对堤防稳定的影响较小。

（2）工程建设对河道潮排的影响分析。

工程对河道排涝能力的影响主要体现在中水期低低潮位变化上。工程实施后，在"99·7"中水条件下，工程上游 200m 范围内低低潮位最大抬高 0.001m。潮位变化对上游 300m 处的上围涌的排涝挡潮闸及下游 1km 处的下围涌的排涝挡潮闸影响较小，故工程对附近河道潮排水位影响较小。

（3）工程建设对河道潮灌的影响分析。

工程对河道潮灌能力的影响主要体现在枯水期高高潮位变化上。工程实施后，在"2001·2"枯水条件下，拟建工程上游高高潮位最大降低值为 0.002m，高高潮位降低 0.001m 的范围为工程处至其上游 400m 的范围内。故工程对附近河道潮灌水位影响较小。

（4）工程建设对河道纳潮量变化影响分析。

在"99·7"中水条件下，工程对狮子洋断面涨潮量减少 0.11%，落潮量减少 0.01%。在"2001·2"枯水条件下，工程对狮子洋断面涨潮量减少 0.02%，落潮量减少 0.04%。可见，在中水、枯水条件下，工程建设对河道纳潮量的影响较小。

（5）工程建设对其他水利设施的影响分析。

工程建设后，高高潮位最大降低在 0.002m，低低潮位抬高 0.001m。其影响范围仅局限于工程局部区域，潮位影响范围在 400m 以内，潮位变化对周边其他水利设施影响较小，对工程上下游排涝闸影响不大。

8.1.9.6 工程对防汛抢险的影响分析

（1）对防汛交通的影响分析。

拟建工程及其附属设施的布置不能影响防汛抢险及维修管理通道，防汛抢险及维修管理交通的设置及相互配合需与水利主管部门协调，码头后方的堆场和附属设施的布置不能影响防汛抢险及维修管理通道，不占用现状防汛抢险通道为原则。工程建成后，由于码头建于堤防外侧，不占用堤防等其他地方，根据陆域布置情况看，防汛道路仍为原有的堤防承担，工程建设不占用防汛抢险通道，满足防洪通道要求，故工程建设和运行不影响防汛抢险通道的畅通。

（2）对防汛设施的影响分析。

根据现场查勘，工程上下游 200m 范围内无通信设施和汛期临时水尺等防汛设施，不存在对防汛设施的影响。

（3）对防汛抢险堆料场的影响分析。

根据按国家有关法律、法规规定，堤顶交通道及堤后一定范围内为护堤坝地，为防汛抢险及维修管理交通所用，其所有权归国家水利防汛部门管理。堤防护堤地用以保护堤身及防渗、导渗设施，并为堤防工程的防汛抢险、维修加固提供必要的场地。

工程及其附属设施的布置不占用堤防防汛抢险堆料场、维修加固场地等场地，其布置不影响防汛抢险及维修管理交通的要求。

8.1.9.7 建设项目防御洪涝的设防标准与措施是否适当分析

根据国家 GB 50192—93《河港工程设计规范》，关于各类建筑物、构筑物设计防御洪水标准的有关规定。拟建工程为永久性涉水建筑物，其设计满足《河港工程设计规范》的设防标准。

根据国家 GB 50201—94《防洪标准》，关于各类建筑物、构筑物设计防御洪水标准的有关规定，拟建工程为永久性涉水建筑物，其防洪标准应与国家防洪标准相一致。

该项目的设防标准符合国家《河港工程设计规范》《堤防工程设计规范》《海堤工程设计规范》，设防符合国家《防洪标准》。

8.1.9.8 对第三人合法水事权益的影响分析

（1）工程建设与现有航运要求的影响分析。

拟建工程码头区域的开挖，局部地形变化较大，流速的变化和流向的改变将引起工程区域水动力条件的改变，对潮位变化存在一定的影响，但其对潮位影响不大，仅工程区域的局部范围内。

500GT 客运码头回旋水域与狮子洋航道最近端距离约 1000m，对狮子洋主航道影响较小。

（2）工程建设对其他第三人合法水事权益的影响分析。

工程建设后，高、低潮位变化均不大，其洪、潮动力变化仅在码头上、下游有限范围内有一定变化，对工程附近上下游的排涝闸、上游游艇码头等设施运行等的影响较小。

拟建工程所占水域属于东莞市黄唇鱼市级自然保护区范围，根据《东莞市黄唇鱼市级保护区管理办法》第六条规定"黄唇鱼市级自然保护区的范围、面积、界限不得随意更改，确需变更，须经市人民政府批准"，建议业主尽快与有关部门协调。

解析：防洪综合评价是对前面项目基本情况介绍分析和防洪评价计算分析的总结，其内容按照导则规定的要求进行编写，本项目位于珠江河口区近岸水域，防洪评价综合分析中首先要重点评价工程与珠江河口综合治理规划的关系，珠江河口综合治理规划是指导珠江河口开发和建设的最重要依据，其中的治导线规划和泄洪整治规划对工程前沿线布置和工程选址有着明确的要求，河口区的近岸涉水工程防洪评价综合分析重点应评价工程与珠江河口综合治理规划的关系，本报告首先评价了工程与珠江河口综合治理规划的关系，从评价结论来看，工程实施是基本符合珠江河口综合治理规划的，说明了工程的可行性；其次是由于工程位置的重要性和工程的特殊性质，工程对河道泄洪、河势稳定及堤防护岸安全稳定等的影响也是本项目防洪综合评价的重要内容，防洪综合评价要根据防洪评价计算的成果细致进行梳理。

8.2 广州港出海航道三期工程防洪评价实例和评价要点解析

8.2.1 工程概况和工程特性

工程简介：广州港出海航道三期工程位于伶仃洋海域，主要是对南沙港区的航道、南沙港区以下的伶仃航道、大濠水道和口门航道西线进行浚深和拓宽，三期工程方案全长约 71km，三个远期方案全长约 79km。工程方案布置见图 8.2-1 所示。

防洪评价关键点：本项目为航道疏浚工程，相对于码头、桥梁类常见建设项目会造成上游壅水不同，航道工程建设后不仅不会造成阻水，反而会增大过流断面，加大工程所在河道的泄洪和纳潮能力，因此航道工程的防洪评价重点与其他项目有所区别。由于咸潮上溯是珠江河口的一个重要现象，防咸抑咸也是珠江三角洲和河口地区的一项重要任务。对于航道工程，其建设后过水断面增加，有可能会造成咸潮上溯更加便利的条件。因此，本项目防洪评价的关键点主要是分析评价工程可能会对咸潮上溯存在的影响。由于前面的案例中对于常用的防洪评价计算分析和有关内容已

图 8.2-1 广州港出海航道三期工程方案布置图

作了大量介绍,本节不再重复,仅重点介绍本项目防洪评价中有关咸潮上溯影响计算分析的内容。

8.2.2 咸潮计算水文条件

8.2.2.1 上游来水分析

珠江由西江、北江、东江和三角洲诸河组成,其中西江是珠江主干,水系内支流众多,面积较大的有北盘江、柳江、郁江、桂江及贺江等;北江是珠江流域的第二大水系,北江水系涉及湖南、江西和广东三省。西江干流和北江干流在思贤窖汇合后进入珠江三角洲。东江为珠江流域第三大水系,发源于江西省寻乌县,在石龙分两支进入珠江三角洲网河区,其中经石龙以北一支,在东江口汇入狮子洋的称东江北干流。另一支经石龙以南,在坭尾注入狮子洋,称东莞水道,亦称东江南支流。

1. 西江、北江来水量分析

马口、三水站是西江和北江进入三角洲前的重要水文控制站,根据 1959—2004 年资料分析,马口+三水站多年平均流量为 8817m³/s,年平均 90%保证率流量为 6765m³/s,95%保证率流量为 6189m³/s,97%保证率流量为 5804m³/s。马口+三水站多年平均年最枯月均流量为 2065m³/s,90%保证率年最枯月平均流量 1581m³/s,95%保证率年最枯月平均流量为 1460m³/s,97%保证率年最枯月平均流量为 1382m³/s。

马口+三水站多年平均年最枯日均流量为 1361m³/s,90%保证率年最枯日平均流量为 833m³/s,95%保证率年最枯日平均流量为 684m³/s,97%保证率年最枯日平均流量为 586m³/s。

2. 东江来水量分析

东江来水量采用博罗和麒麟嘴两个控制水文站多年实测资料进行分析。根据 1951—1997 年实测资料计算,东江博罗站多年平均年径流量为 752m³/s,枯季平均流量 411m³/s,90%保证率和 97%保证率流量为 245m³/s 和 191m³/s。

根据 1951—1997 年实测资料统计,增江的麒麟嘴站多年平均流量为 121m³/s,枯季平均流量 45m³/s,90%保证率和 97%保证率的流量分别为 26m³/s 和 20m³/s。

8.2.2.2 计算水文条件拟定

本次研究采用"2005·1"枯水组合计算和分析在较不利枯水条件下工程对研究区域水动力条件和咸潮的影响。"2005·1"枯水组合平均流量西江(梧州+古榄+官良)约 1910m³/s,北江(飞来峡水库出库+石狗)约 250m³/s,东江(博罗+麒麟嘴)约 200m³/s。

另外,为分析珠江流域调水方案下工程实施对咸潮上溯的影响,根据珠江防汛抗旱总指挥部确定的调度实施方案,西江梧州来水流量不低于 1800m³/s,采用最不利条件下上游来水流量边界,西江(梧州+古榄+官良)约 2000m³/s,北江(飞来峡水库出库+石狗)约 280m³/s,东江(博罗+麒麟嘴)约 220m³/s。

同时,为分析上游不同来水流量情况下咸潮变化趋势,上边界采用各级稳定流量,对工程影响进行深层次计算和分析。

总体而言,各计算组次及边界流量见表 8.2-1。外海潮位下边界以实测半月潮为代表潮型,如图 8.2-2 所示。

表 8.2 - 1 模型计算边界条件

方 案	（梧州＋古榄）流量/（m³/s）	（飞来峡水库出库＋石狗）流量/（m³/s）	（博罗＋麒麟嘴）流量/（m³/s）	总流量/（m³/s）	其他入流条件
"2005·1"枯水组合	1910	250	200	2360	潮位边界按"2005·1"实测潮位过程给定；水闸入流则参考2005年应急调水资料设置
调水方案	2000	280	220	2500	
不同等级来流方案	1000	180	120	1300	
	1500	220	150	1870	
	2500	500	350	3350	
	3000	600	450	4050	

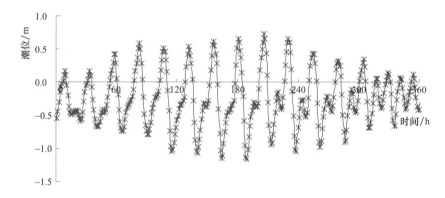

图 8.2 - 2 模型计算外海边界潮位过程

解析： 咸潮计算的水文条件选定是咸潮上溯计算中的关键问题，和其他类项目防洪评价计算水文条件的选取一样，咸潮计算水文条件也必须要有较好的代表性。由于枯季上游来水减少，是咸潮上溯较严重的时期，因而对于航道类项目，在进行咸潮影响计算分析时，应选择枯水水文条件。

8.2.3 拟建工程对咸潮的影响分析

8.2.3.1 咸界变化分析

根据我国生活饮用水水质标准，水体中氯化物的含量不超过 250mg/L，为分析咸潮上溯对生活饮用水的影响，统计三期工程实施前后 250ml/L 含氯度咸界变化（"2005·1"枯水）见表 8.2-2。其中用线性插值方法，求得调水方案实施条件下工程前后 250ml/L 含氯度咸界变化见表 8.2-3。

表 8.2 - 2 三期工程实施前后 250mg/L 含氯度咸界变化（"2005·1"枯水）　　单位：m

水道	东江北干	东江南支	白坭水道	佛山水道	东平水道	陈村水道	市桥水道	沙湾水道	洪奇沥水道	鸡鸦水道	小榄水道
咸界上边界变化	25	45	90	75	55	10	25	185	−10	−20	−20

续表

水道	东江北干	中堂水道	东莞水道	新航道	后航道	三枝香水道	沙湾水道	蕉门水道	上横沥	下横沥
咸界下边界变化	15	10	90	45	75	100	65	55	45	—20

表 8.2-3　　　　调水方案实施条件下工程前后 250mg/L 含氯度咸界变化　　　　单位：m

水道	东江北干	东江南支	白坭水道	佛山水道	东平水道	陈村水道	市桥水道	洪奇沥水道	鸡鸦水道	小榄水道
咸界上边界变化	25	40	80	65	50	10	25	—10	—10	—10

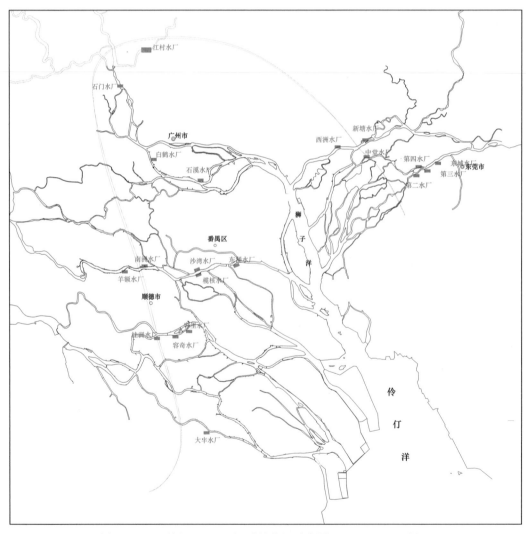

图 8.2-3　网河区 250mg/L 咸界位置示意图（$Q_{上游}=1300\text{m}^3/\text{s}$）

据统计表及咸界图（图8.2-3）分析，工程后咸潮上溯距离有增有减，其中沿大虎上溯的东江干流、白坭水道、佛山水道、东平水道及沙湾水道上溯距离有所增加，而沿洪奇沥水道、鸡鸦水道和小榄水道上溯距离有所减小。咸潮上溯距离变化较大的河道主要集中在白坭水道、佛山水道和沙湾水道，其中又以沙湾水道较明显，三期工程实施后增加约185m。而东江三角洲影响较小。三期工程实施后咸潮上溯最北端已经越过石门水厂到达老鸦岗以上约200m，同时咸潮沿佛山水道和东平水道上溯距离分别增加约75m和55m。

三期工程方案实施后，咸潮上溯距离有增有减。不同流量情况下工程对咸潮上溯的影响规律是流量级减小，工程影响相应增加，上游来水流量较大情况下，三期工程方案产生的影响较小。咸界变化相对大一些的河道主要集中在两条线：一是沿前、后航道上溯到东平水道和白坭水道，其中白坭水道咸界变化略大一些，在上游（西江＋北江＋东江，下同）来水流量1300m³/s条件下（相当于马口＋三水年最枯月50年一遇的来流量），三期工程后咸潮上溯增加最大距离达105m（图8.2-3）；在上游来水流量1900m³/s（相当于马口＋三水年最枯月约5年一遇的平均流量）条件下，三期工程后咸潮上溯增加最大距离达90m；在上游实施珠江委调水方案下，三期工程方案后咸潮上溯最大增加距离达80m。二是沿沙湾水道上溯到顺德水道。在区域分布上，东边的虎门和蕉门受工程影响相对大一些，而西边的横门受工程影响有限，特别是大流量条件下几乎不受工程影响。

8.2.3.2　水厂含氯度超标时数变化分析

统计各流量级条件下各方案引起的水厂含氯度超标时数变化见表8.2-4，其中珠江委调水方案下（梧州不低于1800m³/s）的水厂含氯度超标时数变化采用线性插值求得。工程实施后，咸潮影响区域内大部分水厂含氯度超标时数呈增加趋势；在珠江委调水方案的流量（梧州流量不低于1800m³/s）以上时，工程前后咸潮对上游各水厂的影响都较小，除后航道的石溪水厂、新造水厂和沙湾水道的东涌水厂、石基水厂由于靠近河道下游，略受咸潮影响外，其余水厂及水源地所受影响非常有限。

另外，上游来水流量越大，咸潮影响范围内大部分水厂含氯度超标时数工程前后变化值越小，反映出上游来水越枯，工程对上游水厂和水源地影响就会有所增加。

表8.2-4　　　各流量级条件下三期工程方案引起水厂含氯度超标时数变化统计　　单位：h

水厂名称	所在河道	流量1300m³/s	流量1870m³/s	流量3350m³/s	流量4050m³/s
新塘水厂	东江北干	4	3	2	0
西洲水厂		4	3	2	0
中堂水厂		0	0	0	0
东城水厂	东江南支	4	2	0	0
东莞第四水厂		3	2	0	0
东莞第三水厂		3	2	0	0
东莞第二水厂		3	2	0	0
白鹤洞水厂		3	2	0	0
石溪水厂	后航道	0	0	3	0
新造水厂		0	0	2	2
石门水厂	白坭水道	2	1	0	0
西村水厂		2	1	0	0
江村水厂	流溪河下游	1	0	0	0

解析：咸潮危害主要表现为影响城镇和工业供水、对企业生产造成威胁、造成地下水和土壤内的盐度升高，给农业生产造成严重影响、严重影响着河口地区水体中营养盐的浓度与分布，间接影响该区域的生态环境。在防洪评价研究中，需研究工程实施前后咸潮上溯的路径、长度、影响范围，重点评价工程对上游引用水源地引水的影响，分析工程建设对第三人合法水事权益的影响。本项目中重点计算分析了工程对咸界的变化分析和对水厂含氯度超标时数变化分析，分析了工程对咸潮上溯影响的范围和咸潮影响的时段。

8.3 港珠澳大桥工程防洪评价实例和评价要点解析

8.3.1 工程概况和工程特性

项目基本情况：港珠澳大桥跨越珠江口伶仃洋海域，是连接香港特别行政区、广东省珠海市、澳门特别行政区的大型跨海通道，项目包含海中主体工程及两岸接线工程，项目地理位置及总平面布置见图 8.3－1。建设内容包括海中桥隧工程（自散石湾至珠海、澳门口岸前桥隧、人工岛工程）、香港口岸、珠海口岸、珠海接线、澳门口岸及香港侧散石湾登陆点向东的接线工程等。

建设规模：港珠澳大桥采用桥隧组合方案，海中桥隧工程主线总长约 35.525km（隧道长 5.990km，桥长 29.535km，其中香港界内桥梁长 5.973km）。香港口岸总用地面积约 1.85km²，珠海、澳门口岸人工岛总用地面积约 2.18km²（其中澳门口岸总用地面积约 0.72km²，珠海口岸用地面积约 1.07km²，大桥管理区占地 0.28km²，珠海接线人工岛占地 0.11km²）。东、西两个隧道人工岛用地面积均为 0.10km²。大桥从香港大屿山至珠海澳门口岸布置桥墩约 419 个。

防洪潮标准：桥梁工程按照 300 年一遇防洪、防潮加 300 年一遇海浪、120 年一遇风速设计，设计最大风速 48m/s。珠澳口岸以 100 年一遇高潮位加 100 年一遇风浪设计，1000 年一遇校核。

防洪评价关键点：本项目为珠江河口特大型工程，横跨整个伶仃洋水域，工程规模巨大，对珠江河口乃至珠江三角洲都可能会有深远的影响，由于工程影响存在一定的不确定性，因此本项目的防洪评价要远较一般常规的建设项目防洪评价要复杂，防洪评价的关键点主要有几个方面，一是研究手段要非常丰富和多样，由于工程的影响不仅是局部或者短期的，存在的不确定影响较多，因此必须采用多种技术手段相结合的方法对工程影响进行深入细致的研究和充分论证，以达到能够尽可能准确的反映工程的真实影响程度；二是防洪评价的计算内容必须非常全面，这是因为工程的影响不仅仅局限于某一方面，除了对防洪纳潮可能会产生影响外，还有可能对排涝、河势稳定、河口区滩槽冲淤变化、三角洲河床演变、航道工程、水环境等多方面存在影响，因此防洪评价计算分析的内容要远远超过一般的建设项目防洪评价计算；三是工程的补救措施比较重要，因为工程可能会存在的多方面影响，加上某些工程的影响是不可逆的，为了尽可能减小和弥补工程带来的影响，必须采取一定的防治与补救措施，防治与补救措施与工程建设方案一同实施，是工程实施的重要前提。以下主要针对这几个关键点进行案例介绍和解析。

工程阻水分析：包括工程线位断面特点和工程阻水比计算。

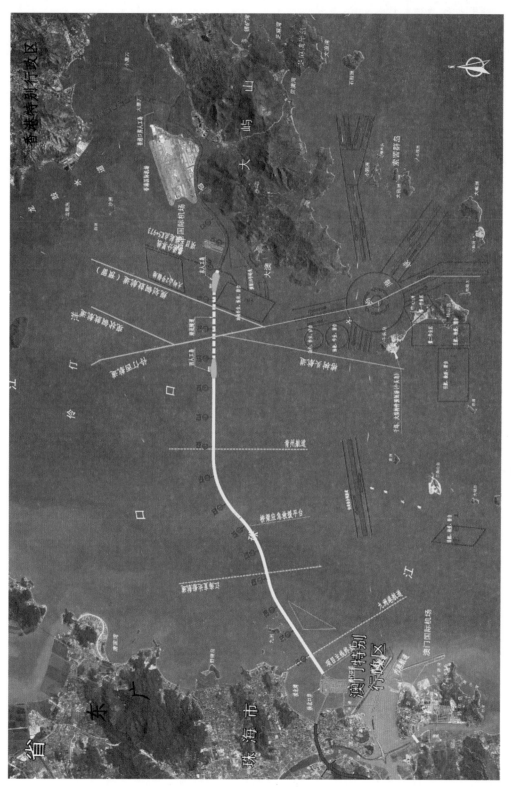

图 8.3-1 港珠澳大桥地理位置及项目总平面布置图

（1）工程线位断面特点。

工程沿线水域的地形分布具有如下特点。

1）工程所在的西部水域，水下地形十分平坦，水深较浅，一般在4.3m以内，其中拱北—澳门一线至九洲航道桥底近岸水域水深均在3.3m以内。

2）工程所在的中部宽阔水域，即九洲列岛以东至青洲水道以东6km共约14km范围内的水下地形仍非常平坦，水深基本在4～6m之间，等深线基本上呈ENN走向，水底呈缓慢地向东下降趋势。

3）工程所在的东部水域水深较深，水深变化也较大。从位于青洲水道以东6m等深线再往东约1.2km，水深很快达到10m，至榕树头水道的末端达16m。粤港分界线至香港侧岸线约3km范围内，水深由9m迅速变浅。

（2）工程阻水比计算。

将工程分为以下几部分统计。

1）隧道人工岛，又分东人工岛、西人工岛，每个人工岛又分岛体、护岸。

2）沉管隧道，在东、西人工岛前缘出露段及块石防护层。

3）主通航孔，分青洲航道、江海船直达航道、九洲航道、香港侧航道。

4）非通航孔，分110m跨、75m跨、香港侧非通航孔。

5）岛桥结合部。

工程阻水比计算统计结果见表8.3-1。

表8.3-1 港珠澳大桥工程阻水比计算结果统计表

对应水位 /m	断面过水面积 /m²	工程总阻水面积 /m²	工程总阻水比 /%	桥墩		人工岛	
				阻水面积 /m²	阻水比 /%	阻水面积 /m²	阻水比 /%
-2.374	159402.7	20501.5	12.86	5386.6	3.38	15115.0	9.48
-2	170950.3	21624.6	12.65	5886.0	3.44	15738.6	9.21
-1	201435.2	24520.8	12.17	7170.3	3.56	17350.5	8.61
0	232311.1	27527.4	11.85	8640.4	3.72	18887.0	8.13
1	263187.1	30472.1	11.58	10110.5	3.84	20361.6	7.74
2	294063.0	33332.6	11.34	11580.6	3.94	21752.0	7.40
3.076	327285.5	36410.6	11.13	13162.5	4.02	23248.1	7.10
阻水比平均值			11.94		3.70		8.24

解析： 港珠澳大桥主体工程包括桥梁、隧道和人工岛，其中阻水最大的是人工岛，其阻水比达到了8.24%，桥墩阻水比有3.70%，隧道不阻水，本项目防洪评价报告中分别分析计算了桥墩和人工岛在各个水位下的阻水情况，桥墩加上人工岛的平均阻水比达到11.94%。

8.3.2 技术路线和手段

根据本工程及河道水系特点，珠江水利科学体研究院主要采用了珠江三角洲及河口区一维、二维联解潮流泥沙数学模型计算、小范围局部数学模型、珠江河口区整体潮流泥沙物理模型试验（清水定床和浑水动床模型）、桥墩阻力概化水槽模型、桥墩局部冲刷动床模型等，并结合遥感信息分析技术等多种手段进行研究和评价。几种手段相互补充、相互印证。技术路线见图 8.3-2 所示。各种研究手段简介如下。

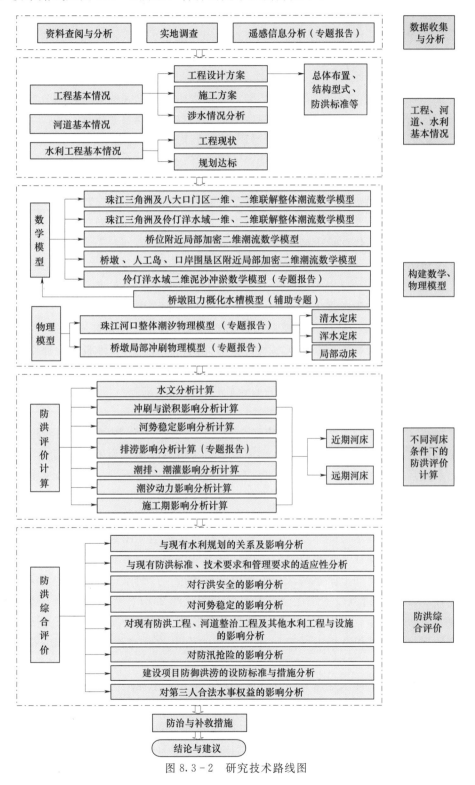

图 8.3-2 研究技术路线图

8.3.2.1　遥感信息技术

利用美国 Landsat TM、ETM 数据、法国 SPOT 数据以及中巴资源卫星数据共 40 多个时相系列影像资料，研究工程附近水域水沙动力环境、水沙输移特征，弄清工程附近水域的泥沙来源、泥沙平面分布以及悬沙扩散与汇聚的特点；利用所收集的历史海图及水下地形测图资料，结合 GIS 技术建立水下地形数字高程模型，进行冲淤计算，分析伶仃洋的演变特征和冲淤规律，探讨其演变趋势与港珠澳大桥工程之间的关系，为分析工程建设对珠江河口区防洪、纳潮、排涝及河势稳定等的影响提供重要参考依据。

8.3.2.2　珠江三角洲及河口区一维、二维联解潮流泥沙数学模型

港珠澳大桥所在伶仃洋水域水系复杂，上承珠江三角洲复杂网河，连通磨刀门、黄茅海等河口水域，而港珠澳大桥工程巨大，产生的影响涉及范围较大。为此，本项目主要采用以下几层模型从不同范围、不同角度计算与分析工程影响。

（1）珠江三角洲与珠江八大口门区大范围一维、二维联解潮流数学模型。

（2）珠江三角洲与伶仃洋水域一维、二维联解潮流数学模型。

（3）桥位附近局部加密二维潮流数学模型。

（4）桥墩、人工岛、口岸围垦区附近局部加密二维潮流数学模型。

（5）珠江三角洲与伶仃洋水域一维、二维联解泥沙数学模型。

（6）SWAN 浅水波浪数值预报模型（考虑波浪掀沙作用，模拟波波要素）。

以上模型（1）～（5）是在珠江水利科学研究院 2003 年经水利部国际合作与科技司鉴定过的珠江河口区潮流泥沙一维、二维联解整体数学模型基础上进行的，技术成熟，成果可靠。模型（6）是国际上较为成熟的商业软件，可信度高。

8.3.2.3　珠江河口区整体潮汐物理模型

珠江河口区整体物理模型在 2003 年经水利部国际合作与科技司主持的经过专家鉴定并运行良好的大型潮汐模型，在模型上已完成了多项试验成果。为了保证模型与原型在几何形态、水流运动的相似性，试验工作前均对模型进行重新验证。采用最新实测水下地形资料及遥感图片资料，对工程附近的模型地形进行校验，使模型能够尽可能真实地反映工程附近的最新水下地形及岸线变化；采用最新实测水文资料，对模型进行水流运动相似性验证，使模型水流能够尽可能真实反映工程附近原型水流运动的最新变化。

模型的下边界为珠江八大出海口门外海区 -25m 等高线，并延长 5km 左右的过渡段。模型的上边界为：西北江上游至两江交汇处思贤滘附近，广州水道上游至老鸦岗，并分别向上游延伸 2km 作为过渡段；东江至石龙，向上游延伸 2km 作为过渡段。上边界以上用扭曲水道与量水堰连接，用以模拟潮区界段纳潮的长度和容积。所有上、下边界的过渡段都按实测地形模拟，以保证模型水流与原型相似。模拟的原型长度约为 140km，模拟的原型宽度约为 120km。

模型分清水定床、浑水定床和局部动床三种。模型水平比尺为 700，垂直比尺为 100，变率为 7。根据试验目的和任务要求，局部动床范围在伶仃洋西侧上游距桥轴线约为 2.0km，下游约为 2.5km，在伶仃洋东侧上游距桥轴线约为 5.0km，下游约为 4.0km。局部动床试验以研究大桥人工岛和桥墩可能引起局部冲刷问题，为下一步开展大桥的长期累积影响研究提供地形边界。

8.3.2.4 桥墩水槽模型及局部冲刷模型

模型试验在长 60m、宽 5.5m 的水槽中进行，整个模型为由水池、平水塔、量水堰、前池、宽水槽和回水渠组成的闭合系统，水泵将水从水池抽入平水塔，然后依次过量水堰、前池和水槽，最后由回水渠流回水池，流量通过量水堰调整和控制，水位通过尾门调整、水位计控制。

试验采用正态模型，按重力相似准则设计。模型几何比尺根据 SL 155—95《水工（常规）模型试验规程》的规定，研究对象接近于二元水流时可采用断面模型，模型比尺一般不大于 50，本次试验根据场地、设备、供水流量、量测精度以及试验模拟的桥墩跨度、跨数，尽量选用较小的模型比尺。根据不同的墩型和跨度，试验模型分为八组，分别测试不同桥墩的阻水影响，各个模型的几何比尺为 34.1～56.9，基本满足试验规程。

模型分清水定床与浑水动床两种；同时辅以水槽固定网格和变换网格数学模型验证桥墩阻力在大范围数学模型中概化效果。

解析：港珠澳大桥属珠江河口特大型涉水工程，工程区域水动力条件极为复杂，对防洪的影响也是多方面的。根据《河道管理范围内建设项目防洪评价报告编制导则（试行）》（水利部办公厅文件办建管〔2004〕109 号）总则第 1.6 条：在编制防洪评价报告时，应根据流域或所在地区的河道特点和具体情况，采用合适的评价手段和技术路线。对防洪可能有较大影响、所在河段有重要防洪任务或重要防洪工程的建设项目，应进行专题研究（数学模型计算、物理模型试验或其他试验等）。建设项目工程规模较大或对河势稳定可能产生较大影响、所在河段有重要防洪任务或重要防洪工程的建设项目，同时还应开展动床数学模型计算或动床物理模型试验研究。本项目采用了遥感分析、数学模型、物理模型试验以及原型观测等多种技术手段对港珠澳大桥防洪评价进行了全面系统的研究，研究技术手段丰富，技术路线新颖独特，为珠江河口特大型涉水工程防洪评价提供了很好的示范参考。本节不再介绍各种研究手段，关于各种研究手段的介绍可参见第 4 章防洪评价计算主要技术手段。

8.3.3 研究专题设置

本报告设置有以下 6 个专题：《港珠澳大桥工程海域滩槽演变专题研究报告》（分报告之一），《港珠澳大桥工程潮流数学模型专题研究报告》（分报告之二），《港珠澳大桥工程河床冲淤泥沙数学模型专题研究报告》（分报告之三），《港珠澳大桥工程整体潮流泥沙物理模型试验专题研究报告》（分报告之四），《珠江口地区围区排涝情况调查及工程排涝影响专题研究报告》（分报告之五），《港珠澳大桥工程桥墩阻力概化及桥墩局部冲刷试验专题研究报告》（分报告之六）。各专题主要研究内容如下。

（1）《港珠澳大桥工程海域滩槽演变专题研究报告》。

研究港珠澳大桥工程附近水域水动力环境特征、泥沙运动特性及其冲淤演变特征，分析工程附近水域滩槽演变的趋势及滩槽的稳定性，为分析工程对珠江口防洪、排涝、泄洪的影响提供参考依据，同时也为数学模型、物理模型应用分析提供基础资料。

（2）《港珠澳大桥工程潮流数学模型专题研究报告》。

利用伶仃洋最新地形资料，修正珠江水利科学研究院珠江三角洲及河口区一维、二维联解潮流数学模型，并利用该模型计算与分析大桥工程运行方案防洪影响；计算与分析大桥工程施工方案防洪影响；计算与分析大桥工程远期河床淤积防洪影响；大桥工程人工岛、口岸、桥墩等局部流场变化模拟与分析；减轻大桥工程对防洪影响的防治与补救措施研究。

（3）《港珠澳大桥工程河床冲淤泥沙数学模型专题研究报告》。

建立珠江河口区一维、二维联解潮流泥沙数学模型；分析河口区滩、槽含沙及挟沙特性；大桥工程对河口潮流运动与泥沙输移的影响研究；大桥工程对河口滩槽格局及河势稳定的影响研究；大桥工程对三角洲河道冲淤演变的影响研究。

（4）《港珠澳大桥工程整体潮流泥沙物理模型试验专题研究报告》。

1）通过珠江河口区整体潮流清水定床物理模型试验，观测建桥前后工程相关水域的水动力要素如潮位、流速及流态、潮量的变化情况，通过工程前后试验结果对比分析潮差、纳潮量、涨落潮流速、高低潮位等变化，对建桥前后潮汐动力变化规律做出合理评价，综合分析论证建桥对纳潮和上游行洪带来的影响；

2）通过局部动床及浑水定床物理模型试验，研究港珠澳大桥建成后上游滩槽长期演变引起的水动力调整对上游防洪、纳潮和排涝的影响，分析研究港珠澳大桥建设方案工程前、后珠江口伶仃洋滩槽的冲淤变化，分析工程对伶仃洋西滩淤积及西部输沙通道的输水输沙的影响。由于工程建设对河口及网河河道河势稳定的影响是长期的，为此需采用适当的长系列水沙边界条件进行预测模拟及试验，进一步研究工程后稳定的河（海）床淤积形态。

（5）《珠江口地区围区排涝情况调查及工程排涝影响专题研究》。

1）现场调查，资料分析。收集有关水文、气象、地形、水利设施等资料，调查港珠澳大桥壅水影响范围内现有排涝设施的结构尺寸、设计内外水位、运行方式、设计排涝流量等基本情况。

2）设计暴雨分析计算。划定防涝计算的区域，计算各区域设计标准下的暴雨过程。

3）典型区域防涝水文分析。选取典型区域进行防涝水文分析，计算相应防涝标准的设计洪水，分析工程建设对典型区域防洪排涝能力的影响。

4）分析工程方案的建设对珠江三角洲排涝形势的影响。分析港珠澳大桥建设对珠江三角洲现状、规划的防涝能力，结合当地水利规划的建设分析工程对珠江三角洲防涝形势的影响，必要时提出补救措施的建议。

（6）《港珠澳大桥工程桥墩阻力概化及桥墩局部冲刷试验专题研究报告》。

本专题采用水槽物理模型和数学模型相结合来研究桥墩的水力特性，分析非通航孔和通航孔桥墩的阻水效应，对桥墩阻力进行概化，采用固定网格和变换网格进行数学模型计算以确定大范围数学模型概化参数，并进行桥墩的局部冲刷试验研究，确保桥墩安全。

解析： 港珠澳大桥对珠江三角洲及河口地区的影响是多方面的、复杂的、深入的和长期的，因此有必要针对工程可能存在的影响进行多方面研究，本项目通过前面介绍的多种技术手段相结合，进行了多专题的研究，通过原型观测、实测资料分析和遥感技术相结合进行河床演变分析，分析工程水域的滩槽稳定性，同时为数学模型和物理模型提供基础资料；通过潮流数学模型进行工程防洪、水动力影响分析；通过泥沙数学模型研究工程对伶仃洋及珠江三角洲河道冲淤变化的影响，同时也预测工程实施后可能对伶仃洋长期演变存在的影响；通过清水定床模型与潮流数学模型相互印证，综合分析工程对防洪纳潮的影响；通过局部动床物理模型与泥沙数学模型相互印证，综合分析工程对附近水域冲淤变化的影响；通过水文分析和排涝计算，分析工程对三角洲地区排涝的影响；通过水槽物理模型试验与数学模型相结合，对桥墩阻力进行合理科学的概化，准确模拟工程阻水效应。研究的专题和技术手段紧密结合，通过多种技术手段完成多个专题的研究，最后形成港珠澳大桥防洪评价总报告。

8.3.4 水文分析计算

8.3.4.1 设计洪水

2007 年国务院批准的《珠江流域防洪规划》西江干流马口站、北江干流三水站多年各级频率设计洪峰流量（部分归槽），见表 8.3-2。

表 8.3-2 马口、三水站设计洪峰流量成果表（2007 年珠江流域防洪规划成果）

站 名	各级频率下的设计洪峰流量/（m³/s）					
	频率 0.5%	频率 1%	频率 2%	频率 3.33%	频率 5%	频率 10%
马口	51800	48900	46600	44400	43300	41800
三水	17200	16000	15000	14100	13500	12800

注 100 年一遇洪水为天然洪水，10 年一遇至 100 年一遇洪水为部分归槽，10 年一遇以下洪水为全归槽。

8.3.4.2 设计潮位

《珠江流域防洪规划》中珠江三角洲主要测站设计高潮位成果见表 8.3-3。

表 8.3-3 珠江三角洲主要测站设计高潮位成果表

站名	统计系列	各级频率下的高潮位设计值/m						
		频率 0.1%	频率 0.5%	频率 1%	频率 2%	频率 5%	频率 10%	频率 20%
板沙尾	1953—1998 年	3.83	3.49	3.34	3.18	2.95	2.77	2.58
万顷沙西	1952—1994 年	3.07	2.78	2.65	2.52	2.34	2.20	2.04
南沙	1955—1998 年	3.12	2.83	2.69	2.56	2.38	2.23	2.08
舢舨洲	1956—1996 年	3.19	2.87	2.72	2.58	2.38	2.22	2.05
横门	1952—1998 年	3.08	2.77	2.63	2.49	2.30	2.15	1.99
三灶	1965—1998 年	2.93	2.58	2.42	2.26	2.05	1.88	1.71

根据《港珠澳大桥工程可行性研究阶段水文分析计算报告》（南京水利科学研究院，2004 年 11 月），大桥工程附近设计高潮位成果见表 8.3-4。

表 8.3-4 大桥工程附近设计高潮位成果表

重现期 /a	设计高潮位/m					
	桂山岛	大万山	九洲港	澳门港务局验潮站	香港大澳	桥位处
500	3.17	3.06	3.12	3.24	3.00	3.24
300	3.01	2.90	2.96	3.08	2.85	3.08

续表

重现期 /a	设计高潮位/m					
	桂山岛	大万山	九洲港	澳门港务局 验潮站	香港大澳	桥位处
200	2.89	2.77	2.83	2.95	2.75	2.95
100	2.67	2.55	2.61	2.73	2.54	2.73
50	2.46	2.34	2.40	2.52	2.35	2.52
20	2.18	2.06	2.11	2.23	2.09	2.23
10	1.95	1.83	1.88	2.00	1.89	2.00
5	1.73	1.61	1.65	1.77	1.69	1.77
2	1.37	1.26	1.29	1.41	1.37	1.41
统计系列	短期	短期	短期	1925—2003年	短期	短期

8.3.4.3 典型水文组合选取

（1）洪潮组合。

港珠澳大桥工程所在水域濒临外海，潮汐作用明显，每天两涨两落，水流无恒定状态，水面比降正负交替，若采用恒定流设计洪水组合，则与实际情况相差较大。本报告洪水影响计算采用典型法，选取近年较大的具有代表性的典型洪水过程计算工程对相关水域洪水位的影响，更能反映工程实际影响。所选取的洪水过程如下。

1）"2005·6"大洪水组合：为近年最大的一场洪水，北江三水站达100年一遇洪水，最大洪峰流量为16400m³/s，峰现时间为2005年6月24日17：00—19：00；西江马口站超200年一遇（按照《珠江流域防洪规划》成果确定），最大洪峰流量为52100m³/s，峰现时间为2005年6月24日11：00—21：00；两江洪峰相碰，恰逢下游珠江口大潮，遭遇恶劣；计算时段为208h（时间为6月22日18：00至7月1日10：00），合计8.67d洪水过程线，包括了整个洪水涨、退过程。其中，马口站实测洪峰流量在历史系列中与1915年洪水并列第一位，三水站实测洪峰流量在历史系列中排第二位，仅次于1915年大洪水。该组合相当于珠江口200年一遇洪水，对应外海桂山岛大潮、中潮、小潮。

2）"98·6"大洪水组合：为近年较大的一场洪水，北江三水站约为100年一遇洪水，最大洪峰流量为16200m³/s，峰现时间为1998年6月27日14：00—20：00；西江马口站约为50年一遇，最大洪峰流量为46200m³/s，峰现时间为1998年6月27日0：00—14：00；两江洪峰刚好错过，北江洪峰滞后西江，计算时段为75h（时间为6月25日20：00至6月28日21：00），合计约3d洪水过程线，包括了整个洪水涨、退过程。其中，马口站实测洪峰流量在历史系列中排第五位，三水站实测洪峰流量在历史系列中排第三位。该组合可相当于珠江口100年一遇洪水，对应外海桂山岛大潮潮型。

3）"2008·6"大洪水组合：为近年较大的一场洪水，北江三水站约为50年一遇洪水，最大洪峰流量为15200m³/s，峰现时间为2008年6月16日6：00—14：00；西江马口站约为50年一遇，最大洪峰流量为46800m³/s，峰现时间为2008年6月16日5：00—10：00；两江洪峰相碰，恰逢下游珠江河口大潮，遭遇恶劣。计算时段为313h（时间为6

月 10 日 23：00 至 6 月 24 日 0：00），合计约 13d 洪水过程线，包括了整个洪水涨、退过程。其中，马口站实测洪峰流量在历史系列中排第四位，三水站实测洪峰流量在历史系列中排第六位。该组合相当于珠江口 50 年一遇洪水，对应外海桂山岛大潮、中潮、小潮。

4)"94·7"洪水组合：为 20 世纪 90 年代较大的一场洪水，北江三水站约为 20 年一遇洪水，最大洪峰流量为 13600m³/s，峰现时间为 1994 年 7 月 25 日 16：00—19：00；西江马口站超 10 年一遇，最大洪峰流量为 42100m³/s，峰现时间为 1994 年 7 月 25 日 17：00—19：00；两江洪峰几乎同时产生，峰峰相碰，计算时段为 150h（时间为 7 月 23 日 14：00 至 7 月 29 日 20：00），合计约 6d 洪水过程线，包括了整个洪水涨、退过程。其中，马口站实测洪峰流量在历史系列中排第六位，三水站实测洪峰流量在历史系列中排第七位。该组合相当于珠江口 10 年一遇至 20 年一遇洪水，对应外海桂山岛大潮、中潮、小潮。

5)"99·7"中洪水组合（包括大潮、中潮、小潮），北江三水站最大洪峰流量为 9200m³/s，接近多年平均流量 9640m³/s；西江马口站最大洪峰流量为 26800m³/s，接近多年平均洪峰流量 27600m³/s；计算时段 186h，合计 7.75d 洪水过程线（时间为 7 月 15 日 23：00 至 7 月 23 日 17：00），为珠江口近年典型常遇洪水组合，可称中洪水组合。该组合可以相当于珠江口 2 年一遇洪水，对应外海桂山岛大潮、中潮、小潮。

以上几组合洪水的选取注重了洪水规模、西北江洪水遭遇、洪水持续时间等因素。

（2）中水组合。

中水组合主要选取了"2003·7"，接近珠江口"92·7"中水组合，具有较好的代表性。"2003·7"中水组合计算时段为 119h，合计 4.96d 过程线（时间为 7 月 26 日 0：00 至 7 月 30 日 23：00），北江干流三水站最大洪峰流量为 3420m³/s，西江干流马口站最大洪峰流量为 10000m³/s，此组合为分析拟建工程对珠江河口区上游地区潮排、潮灌能力影响的代表组合（考虑工程对水闸、泵站等取排水设施运行的影响），也是伶仃洋水域较新、资料较全的实测水文组合。对应外海桂山岛大潮、中潮、小潮。

（3）枯水组合。

选取"2001·2"枯水组合，计算时段 198h，合计 8.25d 过程线（时间为 2 月 7 日 17：00 至 15 日 23：00），为分析拟建工程对珠江河口区上游地区枯季潮灌影响的代表枯水组合（考虑工程在枯季对潮排、潮灌等影响）。对应外海桂山岛大潮、中潮、小潮。

（4）风暴潮组合。

选取"9316"风暴潮组合，珠江口接近百年一遇风暴潮，赤湾高高潮位为 2.22m，舶舨洲高高潮位为 2.57m，最大风速为 35m/s，计算时段 92h（时间为 9 月 16 日 0：00 至 19 日 20：00），合计 3.83d 的台风暴潮过程线，为分析拟建工程对珠江口及上游地区防御风暴潮能力影响的代表组合，计算时主要考虑径流、潮流及风场三种因素的综合作用，风场以阻力形式概化到流场中去。

以上各水文组合，各专题选取情况如下。

1）潮流数学模型——以上所有水文组合。

2）泥沙数学模型——选取"99·7"常年洪水和"2001·2"枯水。

3）整体潮汐物理模型定床试验——选取"2005·6"大洪水、"98·6"大洪水、

"99·7"中洪水、"2003·7"中水、"2001·2"枯水。

　　4）整体潮汐物理模型动床试验——选取"99·7"中洪水、"2001·2"枯水。

　　5）排涝专题——选取珠江口排涝设计潮型与多年平均高潮位接近潮型。

　　解析：港珠澳大桥防洪评价计算采用的水文组合数量要远远超过一般的建设项目采用的水文组合，既包含了设计频率洪水和潮水，也包含了近20年来珠江三角洲和河口地区发生所有的典型洪水、中水、枯水及风暴潮水文组合，具有非常好的代表性。

8.3.5　防洪综合评价

8.3.5.1　与现有水利规划的关系及影响分析

　　（1）珠江三角洲海堤规划。

　　珠江口门附近和伶仃洋两岸分布着数道海堤，这些海堤大多已建，规划只是对工程进行达标加固。由于珠江口门附近潮汐影响明显，海堤设计水面线多以潮位控制。港珠澳大桥工程实施后，上游水域高高潮位降低，对工程规划达标加固无影响。港珠澳大桥工程位于外伶仃洋水域，两岸只有市政道路，与海堤无交叉，对海堤规划建设影响较小。

　　（2）珠江三角洲排涝规划。

　　随着城市化发展，珠江三角洲地区下垫面发生了很大的变化，不透水地面面积大幅度增加，区域雨水汇流加快，暴雨洪峰流量增大，城镇内涝问题普遍突出。工程影响区域的排涝系统普遍采用水闸自排、泵站抽排相结合，由于平原地区地势低洼，水闸自排水头差较小，一般为0.1～0.3cm。港珠澳大桥工程实施后，上游水域低低潮位抬高对排涝会产生一定的影响。珠江三角洲排涝规划实施后，地区的排涝能力会有所提高，但考虑中长期影响，工程对排涝规划的影响呈增大趋势。

　　（3）珠江三角洲城市防洪规划。

　　伶仃洋水域周边地区经济发达，是我国对外开放最早的地区之一，汇集了广州、东莞、中山、珠海等一批大中城市和深圳经济特区及澳门、香港两个特别行政区，目前已形成以广州为中心，包括深圳、东莞、中山、珠海、佛山、江门及周围几十个中小城镇在内的珠江三角洲城市群，成为全国城镇化水平最高的地区之一，形成了珠江三角洲沿海经济圈，城市防洪标准逐年提高。港珠澳大桥工程就位于各城市主要排洪水纳潮的伶仃洋水域，现状河床条件下，港珠澳大桥工程对城市防洪影响不大，但考虑中远期河床淤积影响，工程对城市防洪规划影响略有增大。

　　（4）珠江三角洲河网水道整治规划。

　　规划整治的河网分洪水道工程在珠江三角洲口门附近或中上游，距离港珠澳大桥工程较远，港珠澳大桥工程不会影响这些工程的规划实施。

　　（5）珠江河口整治规划。

　　珠江河口综合治理规划的基本原则是：河口的治理开发必须有利于泄洪、维护潮汐吞吐、便利航运交通、保护水产、改善生态环境。

　　港珠澳大桥工程横跨伶仃洋过水断面，平均阻水比为11.94%，对伶仃洋大屿山过水断面有所缩窄，工程建设后，上游水域及河口河道高高潮位降低，低低潮位抬高，潮量减少，潮汐动力有减弱趋势，考虑中长期人工岛淤积影响，潮位、潮量变幅还有增大趋势，应对工程方案尽可能优化，控制阻水比，降低工程影响。

8.3.5.2 与现有防洪标准、有关技术要求和管理要求的适应性分析

（1）与现有防洪标准的适应性分析。

港珠澳大桥工程按照 300 年一遇防洪、防潮标准设计，高于珠江口 200 年一遇防洪潮标准，工程防御洪涝的标准符合 GB 50201—94《防洪标准》有关规定，与现有防洪标准相适应。

（2）与有关技术要求的适应性分析。

根据《中华人民共和国水法》《中华人民共和国防洪法》《中华人民共和国河道管理条例》和《河道管理范围内建设项目管理的有关规定》等有关规定：河道管理范围内建设项目必须维护堤防安全，保持河势稳定和行洪通畅。港珠澳大桥工程西岸为珠海市政道路，东岸为香港机场，均无水利工程，且工程上岸直接与现有道路顺接，满足有关规范技术要求。考虑河口泄洪、排沙、纳潮等需要，在下一阶段（初步设计）设计中，应尽可能对工程进一步优化；使大桥桥墩、人工岛工程等应尽可能顺水流布置，且采用流线型，优化工程附近流态，控制工程阻水比，留足泄洪、排沙、纳潮等通道。

（3）与有关管理要求的适应性分析。

港珠澳大桥工程为珠江河口管理范围内大型的涉水工程。《珠江河口管理办法》第四条规定：珠江河口的整治开发，必须遵循有利于泄洪、维护潮汐吞吐、便利航运、保护水产、改善生态环境的原则，统一规划，加强监督管理，保障珠江河口各水系延伸、发育过程中入海尾闾畅通。第二十条规定：禁止在珠江河口管理范围内建设妨碍泄洪、纳潮的建筑物、构筑物，倾倒垃圾、渣土，从事影响河势稳定、危害堤防安全和其他妨碍河口泄洪、纳潮的活动。

港珠澳大桥工程桥梁段紧临珠江横门入海尾闾淇澳浅滩，同时也是伶仃洋输沙通道，为了减小工程对浅滩及伶仃洋输沙的影响，该段桥梁必须严格控制阻水比，预留足够的输沙断面。

工程施工过程中，应制定严格的管理制度，应有专人负责管理，禁止将施工弃渣、余泥、垃圾等随意倾倒于河道中；禁止乱设妨碍泄洪、纳潮的建筑物、构筑物；禁止随意破坏河床、堵塞河道主槽或行洪纳潮通道；禁止随意破坏附近的水利工程和设施。

8.3.5.3 对行洪安全的影响分析

港珠澳大桥工程实施后，在大屿山附近形成一定的阻水面积，工程引起较大的壅水值将主要发生在内伶仃洋与桂山岛之间水域，考虑中长期人工岛淤积影响，潮位变幅还有增大趋势。加上潮汐动力减弱，将会增大河口区河床的淤积强度，对河口行洪、纳潮、排沙、排涝等不利，工程应考虑一定断面补偿措施，增加泄洪排涝、排沙、纳潮通道的能力。

港珠澳大桥是横跨珠江口水域大型的涉水工程，工程附近水情复杂，自然条件恶劣，洪水、海浪、暴潮、台风及雷电、地震等多种灾害性因素影响工程安全，为了降低工程风险对河口地区防洪产生意外影响，控制工程风险显得非常重要，对河道行洪安全产生不利影响的主要风险因素有：①人工岛附近滩槽冲淤变化对河道行洪安全产生不利影响的风险控制；②沉管出露河床段、桥墩墩身等安全事故对河道行洪安全产生不利影响的风险控制；③因工程稳定与安全对河道行洪安全产生不利影响的风险控制；④工程施工过程中对

河道行洪安全产生不利影响的风险控制；⑤沉管穿越河床段深槽易冲刷，因水流冲刷河床造成沉管出露的风险控制。

应充分考虑工程可能存在的风险，并建立工程风险管理与控制体系。

8.3.5.4　对河势稳定的影响分析

根据工程附近河岸及滩槽长期演变分析及涨、落潮流的变化分析（包括流速、潮量及东槽、西槽涨落潮流的水流动力轴线变化）等，港珠澳大桥实施后，不会引起伶仃洋三滩两槽格局的变化，不会影响伶仃洋整体河势稳定。较大的冲淤变化发生在工程附近，如隧道人工岛和珠澳口岸附近会产生淤积，伶仃深槽会有所冲刷，此外水域滩槽受工程的影响有限。

港珠澳大桥实施后，总体上看，因人工岛分割与阻水影响，隧道以西青洲水道等水域的落潮量有所增加，暗士顿水道涨、落潮量有所增加，其他水域潮量均呈减少趋势。伶仃洋断面潮量的重新分配对工程附近主要滩槽动力变化会有所影响，进而影响河床冲淤变化。定性判断，隧道人工岛实施后，因岛体分割与阻水作用，岛体上下游产生淤积，而岛体两侧水域动力会略有增强，深槽可能冲深。经过 5 年、10 年、15 年、20 年等不同淤积年限的影响预测计算，港珠澳大桥实施后，隧道人工岛段的淤积影响有逐渐增大趋势，桥梁段淤积影响相对较小；在人工岛淤积影响下，隧道西人工岛以东水域潮量有减少趋势，以西水域潮量呈现增加趋势。

隧道左右人工岛的实施，对伶仃深槽主流产生挤压作用，由于主流集中在航道深水区，工程距离主流较远，水流动力轴线略有偏移，但摆幅很小。

从总体上看，港珠澳大桥对伶仃洋水域整体的河势稳定影响有限，由于东西人工岛建设使附近水流流速、流态产生改变，会引起地形产生一定的冲淤变化及调整，尽管在航道维护前提下，其主槽动力轴线摆幅不大，但对其局部河势稳定可能会有所影响，由于东人工岛、西人工岛的建设，改变了附近的动力及边界条件，其河床演变是一个动态的、长期的复杂过程，工程建设后需要进行长期的观测，跟踪分析隧道人工岛附近水域得滩槽变化，以减少工程对航道及主槽稳定的影响。

8.3.5.5　对现有防洪工程、河道整治工程及其他水利工程与设施的影响分析

工程所影响的区域，城市及农田排涝主要是靠水闸自排，电排为辅，其低低潮位抬高，对上游地区的工农业生产的影响应引起重视。

考虑工程可能引起的远期河床淤积、滩槽变化和河势稳定等问题，港珠澳大桥工程对伶仃洋河口区水利工程和排涝设施等的影响中长期会略有增大。

8.3.5.6　对防汛抢险的影响分析

港珠澳大桥工程位于外伶仃洋宽阔水域，对珠江河口地区防汛抢险影响有限；大桥与珠海侧陆域采用隧道上岸并与岸上道路平顺衔接，珠海侧海堤为道路堤岸结合型式，可越浪，无防洪墙，大桥不存在穿堤（墙）问题，也无跨堤问题，对珠海侧沿岸防汛抢险影响不大；大桥与香港侧陆域连接，基本沿香港机场外缘布置，与机场现有交通道路衔接，对香港侧沿岸防汛抢险影响不大。

8.3.5.7　建设项目防御洪涝的设防标准与措施分析

大桥桥梁工程按 300 年一遇防洪、防潮加 300 年一遇海浪、120 年一遇风速设计，设

计最大风速 48m/s；隧道人工岛以百年一遇高潮位设计，1000 年一遇校核；珠澳口岸以 100 年一遇高潮位加 100 年一遇风浪，1000 年一遇校核。工程防御洪涝标准较高，符合 GB 50201—94《防洪标准》有关规定。

8.3.5.8　对第三人合法水事权益的影响分析

港珠澳大桥实施后，"2003·7"中水条件，内伶仃洋水域低低潮位抬高 2～3cm，大虎抬高 2cm，其他口门抬高在 1cm 以内，三角洲泗盛围至黄埔抬高 1～2cm，大陇滘变化微小，南华与天河变化微小。潮排影响范围主要在伶仃洋水域、大虎—泗盛—黄埔整个狮子洋潮汐通道。

港珠澳大桥实施后，"2001·2"枯水条件，内伶仃洋水域高高潮位降低 1～2cm，虎门大虎降低 1cm，蕉门、洪奇门、横门降低 1cm 以内，其他水域与河道变化微小，现状地形条件下，工程对潮灌的影响相应小一些，远期河床淤高，对潮灌影响会有所增大。

工程上游伶仃洋水域港口众多，大型的港口有深圳西部港口群（如大铲湾、孖洲基地）、广州港（从上游至下游依次为内港港区、黄埔港区、新沙港区、南沙港区）、虎门港（从上游至下游依次为内河港区、麻涌港区、沙田港区、沙角港区和长安港区）、横门水道的中山港、珠海的九洲港等。除九洲港外，其他港口工程与港珠澳大桥均有一定的距离，港区附近水域潮位、潮量变化幅度均不会对其产生大的影响；九洲港位于港珠澳大桥附近，由交通运输部天津水运工程科学研究院《港珠澳大桥对珠江口港口航道影响研究报告》（平行研究 1 和平行研究 2）成果：大桥建设后，在众多桥墩的影响下，西滩下泄泥沙受到阻截，从而造成西滩桥区上游淤积强度增大，下游淤积强度减小，变化幅度约为 0.1cm/a，且在桥区上游、下游各 2.5km 范围为淤积较重区，对桥区附近九洲港略有影响。港珠澳大桥设有九洲航道，为港口运行留有通道，不影响港内船只出海。

港珠澳大桥工程实施后，工程附近潮流上溯受阻，工程不会引起伶仃洋水域咸潮上溯；工程上游水域高潮位降低，低潮位抬高，潮量减少，潮汐动力有减弱趋势，由于港珠澳大桥距离这些取排口较远，其影响不会很大。

港珠澳大桥工程实施后，工程上游水域潮量减少，潮汐动力有减弱趋势，对目前水环境治理工程的实施可能有微小影响，但不管大桥工程建设与否，水域纳污都是有限的，污染的治理应从源头抓起，严格控制排污，是最有效的措施。

香港国际机场紧临港珠澳大桥，大桥实施后，机场附近洪水低低潮位壅高 5cm 左右，而高高潮位是降低的，机场紧临大海，以防潮为主，面顶高程以高高潮位控制，在珠基 5m 以上，所以，低低潮位壅高对机场防洪安全影响不大。机场处于大屿山背水一侧，受到很好的保护作用，大桥实施后，机场附近流速增减幅度不大，不会对机场产生大的影响。

深圳机场在大铲湾以上，大桥实施后，机场附近洪水期低低水位壅高 4cm 左右，而高高潮位是降低的，机场位于伶仃洋水域，以防潮为主，面顶高程以潮位控制，所以，低低潮位壅高对机场防洪安全影响不大。机场距离港珠澳大桥较远，机场附近流场变化微小，机场不会受到大的影响。

解析：港珠澳大桥防洪综合评价是各个专题研究成果的高度总结，综合了工程对壅水、潮汐动力、河势、冲刷与淤积、排涝、施工方案、第三人合法水事权益及工程风险因素等方面影响的计算分析成果，按照导则要求的内容综合分析了港珠澳大桥的防洪和其他影响，综合评价结论概括性强，既体现了工程的实际影响，也进行了客观分析。

8.3.6　防治与补救措施

8.3.6.1　工程不利影响分析

经分析认为，港珠澳大桥工程实施后，可能对珠江伶仃洋河口产生以下不利影响。

（1）人工岛工程岛体分割与阻水作用，以及上下游回流区淤积发展，对局部河势有影响，将引起局部滩槽地形调整变化。

（2）伶仃洋及网河区主要潮汐通道纳潮量减少，潮汐动力减弱，潮流输沙能力降低，河口水域及网河区河道河床淤积会增大。

（3）工程上游伶仃洋水域以及网河区主要潮汐通道低潮位抬高，对珠江三角洲排涝可能不利。

（4）大桥人工岛附近局部河势变化及潮汐动力减弱引起的河口整体淤积演变会产生中长期、累积性影响。

（5）港珠澳大桥工程在大屿山附近形成一定的阻水面积，对伶仃洋河口行洪纳潮可能有所不利。

（6）港珠澳大桥是横跨珠江河口水域大型的涉水工程，工程附近水情复杂，自然条件恶劣，洪水、海浪、暴潮、台风及雷电、地震等多种灾害性因素影响本工程安全，工程风险对河道行洪安全影响值得关注。

8.3.6.2　防治与补救措施

针对以上不利影响，提出以下防治与补救措施。

（1）减少阻水比的措施，如优化设计，具体建议以下优化方案。

1）东岛以东 44m 跨桥墩承台埋入河床，则不同水位下阻水比可减小 0.11%～0.23%。

2）西岛以西 44m 跨桥墩承台埋入河床，则不同水位下阻水比可减小 0.10%～0.20%。

3）东人工岛、西人工岛两端利用沉箱结构将两端改成直立护岸，则不同水位下阻水比可减小 0.45%～0.69%。

4）4 个 28m 防撞墩改成 18m，则不同水位下阻水比可减小 0.10%～0.12%。

5）把非通航孔 60m×75m 跨改成 110m 跨，则不同水位下阻水比可减小 0.09%～0.13%。

6）东岛岛桥结合部 9×44m 跨变成 71m 跨（按承台已经埋入河床计算），则不同水位下阻水比可减小 0.02%～0.03%。

7）西岛岛桥结合部 9×44m 跨变成 66m 跨（按承台已经埋入河床计算），则不同水位下阻水比可减小 0.02%。

8）东人工岛、西人工岛之间隧道沉管保护层从 4m 降为 2m，则不同水位下阻水比可减小 0.43%~0.78%。

9）青州大桥以西水域是伶仃洋的主要输沙通道，在工程可行条件下，除加大跨度之外，可考虑进一步将桥墩改为双墩圆柱式结构。

如以上方案设计方全部采纳，则工程阻水比可减小 1.37%~2.15%。

（2）优化通航孔桥墩承台。青州大桥河段（11+515~12+555）、江海大桥（21+465~22+349）及九洲港大桥河段（27+711~28+535），其河段阻水比分别为 8.21%~11.60%、9.16%~13.26% 及 11.19%~15.17%，阻水面积约占总断面面积的 0.24%~0.36%、0.17%~0.31% 及 0.12%~0.28%，从桥段的阻水比来看，其阻水比偏大，对比珠江口现有 5000~50000t 航道已有桥梁的阻水比及桥墩承台结构，建议进一步优化桥墩承台结构，减少桥墩承台阻水面积。

（3）进行断面补偿。

进行断面补偿措施，提高伶仃洋航道、青州航道、江海航道、九洲航道的通航尺度，增加伶仃洋深槽动力及维护西滩泄洪排沙能力。

（4）长期观测。

工程对海区水沙环境影响复杂，各潮汐通道进退潮量减少和局部水域流速变化较大，不利于维持滩槽稳定。港珠澳大桥对珠江河口中长期、累积性影响是最复杂的，也是目前任何手段都难以准确预测的。工程实施过程及实施后，应注重长期观测，加强海区滩槽演变的观测工作，及时采取工程措施，控制伶仃洋河口及滩槽的不利变化。

（5）有效控制工程风险。

主要工程风险因素有：①人工岛附近滩槽冲淤变化对河道行洪安全产生不利影响的风险控制；②沉管出露河床段、桥墩墩身等安全事故对河道行洪安全产生不利影响的风险控制；③因工程稳定与安全对河道行洪安全产生不利影响的风险控制；④工程施工过程中对河道行洪安全产生不利影响的风险控制；⑤沉管穿越河床段深槽易冲刷，因水流冲刷河床造成沉管出露的风险控制。

应充分考虑工程可能存在的风险，并建立工程风险管理与控制体系。

（6）排涝影响补救措施。

经排涝计算，若通过新增泵站减小工程对区域排涝影响，在现状基准年，新增泵站参与排涝时长约 8~12h，共需增加泵站电量 11.86 万 kW·h；在规划水平年，新增泵站参与排涝时长约 5~12h，共需增加泵站电量 11.19 万 kW·h。若通过增加已有泵站运行时间减小工程区域排涝影响，在现状基准年，影响范围内共需增加泵站电量 14.46 万 kW·h；在规划水平年，共需增加泵站电量 21 万 kW·h。对比现状基准年和远期规划年，由于远期较现状增加了一定的电排站，所以通过新增泵站减小工程对区域排涝影响，通过增加已有泵站运行时间减小工程区域排涝影响时远期增加的电量较现状的要多。

8.3.6.3 防治与补救措施效果预测分析

考虑远期开挖航道（单向通航 20 万吨级轮船，开挖至 -22m，航宽 315m）补偿断面，特征潮位变化成果见表 8.3-5。可见考虑远期航道升级（伶仃航道和铜鼓航道）开挖进行断面补偿，工程的阻水影响将有一定改善。

表 8.3 - 5　（淤积 20 年）开挖航道补偿断面特征潮位预测变化成果表（洪水）

水　域	站　点	高高潮位变幅/m		低低潮位变幅/m	
		补偿前	补偿后	补偿前	补偿后
珠江东四口门	大虎	−0.02	−0.01	0.04	0.03
	南沙	−0.02	−0.01	0.02	0.01
	冯马庙	−0.02	−0.01	0.01	0.01
	横门	−0.02	−0.01	0.01	0.01
珠江西四口门	灯笼山	0	0	0	0
	黄金	0	0	0	0
	西炮台	0	0	0	0
	官冲	0	0	0	0
伶仃洋水域	南沙港	−0.02	−0.01	0.04	0.03
	深圳机场	−0.02	−0.01	0.05	0.03
	赤湾	−0.02	−0.01	0.05	0.03
	内伶仃岛	−0.02	−0.01	0.05	0.03
	唐家湾	−0.02	−0.01	0.06	0.04

解析：港珠澳大桥作为珠江河口特大型涉水工程，不可避免的会对珠江河口产生一定的影响，因此防治与补救措施不可避免。本项目防洪评价报告根据防洪评价计算分析的成果，分析了工程存在的不利影响，针对性地提出了 6 点补救措施，并进行了补救措施效果分析，从预测效果分析来看，报告提出的补救措施是有效的。经过对港珠澳大桥方案进行优化后，港珠澳大桥整个工程平均阻水比由之前的 11.94% 减小到了 9.96%，方案优化效果明显。

第9章
结　语

　　珠江三角洲及河口区地处珠江流域经济最为发达的地区，是我国三大经济圈之一，在我国经济社会发展中占有十分重要的位置。区域内涉河建设项目众多，涉河建设项目防洪评价工作也开展的较早。由于珠江三角洲及河口区水系复杂，径潮交汇，影响因素较多，也给科学地进行防洪评价带来了较大的难度。

　　本书结合目前珠江三角洲及河口地区建设项目现状及防洪评价开展情况，分析了目前防洪评价工作中存在的主要问题，针对不同水行政主管部门的审批要求和不同类别涉河建设项目的不同特点，详细介绍了防洪评价导则、防洪评价常用技术、防洪评价中的关键问题及处理等方法和手段，并分别结合内河涌、网河区主要河道、河口区等不同位置河道内的不同建设项目防洪评价实例进行了详细解析，全面、系统地阐述了珠江三角洲及河口区防洪评价报告编制的方法和要求。一方面，本书旨在为珠江三角洲及河口地区建设项目防洪评价工作提供技术指引，便于开展防洪评价报告编制工作的有关单位更好地进行珠江三角洲及河口区建设项目防洪评价工作；另一方面，本书还希望能够给水行政主管部门审查防洪评价报告带来参考，规范珠江三角洲及河口区防洪评价报告的编制工作。本书是笔者根据多年的防洪评价报告编制工作经验进行整理而来，书中介绍的内容主要针对珠江三角洲及河口区建设项目防洪评价编制，但防洪评价的主要方法、技术手段和评价要点等对于国内其他地区的建设项目防洪评价工作都是可以适用的。

附录 1
有关法律和法规的规定

一、《河道管理范围内建设项目管理的有关规定》

《河道管理范围内建设项目管理的有关规定》（水利部、国家纪委水政〔1992〕7号）（以下简称《规定》）于1992年4月3日实施，明确规定了河道管理范围内的建设项目，必须按照河道管理权限，经河道主管机关审查同意后，方可按照基本建设程序履行审批手续。

根据《规定》第三条，河道管理范围内的建设项目包括：在河道（包括河滩地、湖泊、水库、人工水道、行洪区、蓄洪区、滞洪区）管理范围内新建、扩建、改建的建设项目，包括开发水利（水电）、防治水害、整治河道的各类工程，跨河、穿河、穿堤、临河的桥梁、码头、道路、渡口、管道、缆线、取水口、排污口等建筑物，厂房、仓库、工业和民用建筑以及其他公共设施。

《规定》实施后，河道主管机关对建设单位提出的申请进行审查，审查的主要内容有：

（1）是否符合江河流域综合规划和有关的国土及区域发展规划，对规划实施有何影响。

（2）是否符合防洪标准和有关技术要求。

（3）对河势稳定、水流形态、水质、冲淤变化有无不利影响。

（4）是否妨碍行洪、降低河道泄洪能力。

（5）对堤防、护岸和其他水工程安全的影响。

（6）是否妨碍防汛抢险。

（7）建设项目防御洪涝的设防标准与措施是否适当。

（8）是否影响第三人合法的水事权益。

（9）是否符合其他有关规定和协议。

《规定》实施后，通过多年实际运用表明，通过主管部门对建设单位申请材料的审查，显著降低了河道管理范围内新建项目对河道防洪、防汛抢险、河势稳定、水流形态、水质、冲淤变化等的影响。

二、《中华人民共和国水法》

《中华人民共和国水法》于2002年8月29日第九届全国人民代表大会常务委员会第二十九次会议通过，2002年10月1日起施行，以下简称《水法》。

《水法》第十九条规定：建设水工程，必须符合流域综合规划。在国家确定的重要江河、湖泊和跨省、自治区、直辖市的江河、湖泊上建设水工程，其工程可行性研究报告报请批准前，有关流域管理机构应当对水工程的建设是否符合流域综合规划进行审查并签署意见；在其他江河、湖泊上建设水工程，其工程可行性研究报告报请批准前，县级以上地方人民政府水行政主管部门应当按照管理权限对水工程的建设是否符合流域综合规划进行审查并签署意见。水工程建设涉及防洪的，依照防洪法的有关规定执行；涉及其他地区和行业的，建设单位应当事先征求有关地区和部门的意见。

《水法》第三十七条　禁止在江河、湖泊、水库、运河、渠道内弃置、堆放阻碍行洪的物体和种植阻碍行洪的林木及高秆作物。

禁止在河道管理范围内建设妨碍行洪的建筑物、构筑物以及从事影响河势稳定、危害河岸堤防安全和其他妨碍河道行洪的活动。

第三十八条　在河道管理范围内建设桥梁、码头和其他拦河、跨河、临河建筑物、构筑物，铺设跨河管道、电缆，应当符合国家规定的防洪标准和其他有关的技术要求，工程建设方案应当依照防洪法的有关规定报经有关水行政主管部门审查同意。

因建设前款工程设施，需要扩建、改建、拆除或者损坏原有水工程设施的，建设单位应当负担扩建、改建的费用和损失补偿。但是，原有工程设施属于违法工程的除外。

三、《中华人民共和国防洪法》

《中华人民共和国防洪法》于1998年1月1日起施行，以下简称《防洪法》。

《防洪法》第十七条规定：在江河、湖泊上建设防洪工程和其他水工程、水电站等，应当符合防洪规划的要求；水库应当按照防洪规划的要求留足防洪库容。

前款规定的防洪工程和其他水工程、水电站的可行性研究报告按照国家规定的基本建设程序报请批准时，应当附具有关水行政主管部门签署的符合防洪规划要求的规划同意书。

第二十七条　建设跨河、穿河、穿堤、临河的桥梁、码头、道路、渡口、管道、缆线、取水、排水等工程设施，应当符合防洪标准、岸线规划、航运要求和其他技术要求，不得危害堤防安全，影响河势稳定、妨碍行洪畅通；其可行性研究报告按照国家规定的基本建设程序报请批准前，其中的工程建设方案应当经有关水行政主管部门根据前述防洪要求审查同意。

前款工程设施需要占用河道、湖泊管理范围内土地，跨越河道、湖泊空间或者穿越河床的，建设单位应当经有关水行政主管部门对该工程设施建设的位置和界限审查批准后，方可依法办理开工手续；安排施工时，应当按照水行政主管部门审查批准的位置和界限进行。

第三十三条　在洪泛区、蓄滞洪区内建设非防洪建设项目，应当就洪水对建设项目可能产生的影响和建设项目对防洪可能产生的影响作出评价，编制洪水影响评价报告，提出防御措施。建设项目可行性研究报告按照国家规定的基本建设程序报请批准时，应当附具有关水行政主管部门审查批准的洪水影响评价报告。

在蓄滞洪区内建设的油田、铁路、公路、矿山、电厂、电信设施和管道，其洪水影响评价报告应当包括建设单位自行安排的防洪避洪方案。建设项目投入生产或者使用时，其防洪工程设施应当经水行政主管部门验收。

在蓄滞洪区内建造房屋应当采用平顶式结构。

四、《中华人民共和国河道管理条例》

《中华人民共和国河道管理条例》于 1998 年 6 月 3 日国务院第七次常务会议通过，1988 年 6 月 10 日发布施行，以下简称《河道管理条例》。

《河道管理条例》第五条规定：国家对河道实行按水系统一管理和分级管理相结合的原则。

长江、黄河、淮河、海河、珠江、松花江、辽河等大江大河的主要河段，跨省、自治区、直辖市的重要河段，省、自治区、直辖市之间的边界河道以及国境边界河道，由国家授权的江河流域管理机构实施管理，或者由上述江河所在省、自治区、直辖市的河道主管机关根据流域统一规划实施管理。其他河道由省、自治区、直辖市或者市、县的河道主管机关实施管理。

第十一条　修建开发水利、防治水害、整治河道的各类工程和跨河、穿河、穿堤、临河的桥梁、码头、道路、渡口、管道、缆线等建筑物及设施，建设单位必须按照河道管理权限，将工程建设方案报送河道主管机关审查同意后，方可按照基本建设程序履行审批手续。

建设项目经批准后，建设单位应当将施工安排告知河道主管机关。

五、《珠江河口管理办法》

《珠江河口管理办法》于 1999 年 9 月 24 日颁布。

《珠江河口管理办法》第九条规定：在珠江河口管理范围内规划滩涂开发利用、河道整治、航道整治、桥梁、港口、码头等建设项目时，规划建设单位在向主管部门报送项目建议书前，工程规划方案应经广东省人民政府水行政主管部门初审后报珠江水利委员会就其是否符合河口整治规划的总体安排、是否超出规划治导线、是否符合防洪和河口水质要求等进行审查，并取得珠江水利委员会出具的《规划意见书》，其中特大型项目应报经水利部核准。

《规划意见书》是规划建设项目审批的依据。规划建设单位在报送项目建议书时，应当附具《规划意见书》。

《珠江河口管理办法》第十二条规定：在珠江河口管理范围内建设防洪工程和其他水工程、滩涂开发利用工程以及跨河、穿河、穿堤、临河的桥梁、码头、道路、渡口、管道、缆线、取水、排水等工程设施，必须依照《中华人民共和国防洪法》《中华人民共和国河道管理条例》以及国家计委、水利部联合颁布的《河道管理范围内建设项目管理的有关规定》，将其工程建设方案报水行政主管部门审查同意，并取得《防洪规划同意书》或《河道管理范围内建设项目审查同意书》（以下简称审查同意文书）。

前款大中型建设项目，经广东省人民政府水行政主管部门初审后，由珠江水利委员会审查同意。其他建设项目，由广东省人民政府水行政主管部门审查同意。

第十三条　建设单位提出工程建设方案审查申请时，应提供以下文件：

（一）工程建设方案审查申请书；

（二）工程建设方案；

（三）工程建设使用水域、滩涂、岸线的情况及防御洪涝标准与措施；

（四）工程建设可能对河口泄洪、纳潮、排涝、河势稳定、堤防安全、水质产生影响的论证材料及拟采取的补救措施；

　　（五）本办法第九条规定的项目，应附具《规划意见书》；

　　（六）其他说明材料。

　　珠江三角洲及河口建设项目防洪评价报告编制所参照的法律法规还有《广东省水利工程管理条例》《广东省河口滩涂管理条例》《广东省河道堤防管理条例》等。

附录 2
建设项目大、中、小型规模划分标准

一、水利行业建设项目设计规模划分表

序号	建设项目	计量单位	大型	中型	小型	备注
1	水库枢纽	库容/亿 m³	≥1	1～0.1	＜0.1	库容或装机
		装机/MW	≥300	300～50	＜50	
2	河道治理工程	堤防等级	1级	2、3级	4、5级	
3	引调水工程	流量/m³/s	≥5	5～0.5	＜0.5	
4	灌溉排涝工程	面积/万亩	≥30	30～3	＜3	
5	城市防洪工程	城市人口/万人	≥50	50～20	＜20	
6	围垦工程	面积/万亩	≥5	5～0.5	＜0.5	

二、海洋行业建设项目设计规模划分表

序号	建设项目	计量单位	大型	中型	小型	备注
1	沿岸工程	投资额/万元	≥8000	2000～8000	≤2000	
2	离岸工程	投资额/万元	≥10000	3000～10000	≤3000	
3	海水利用工程	投资额/万元	≥1000	100～1000	≤100	
4	海洋能利用工程	投资额/万元	≥10000	3000～10000	≤3000	

三、公路行业建设项目设计规模划分表

序号	建设项目	计量单位	大　　型	中型	小型
1	公路	公路等级	高速公路、一级公路	二级公路	三级、四级公路
		立交形式	全苜蓿叶形、双喇叭形、枢纽形等独立的互通式立体交叉桥		
2	特大桥梁	预应力混凝土连续结构、钢结构	总长大型1000m，水深大于15m，单孔跨径为250m以上的预应力混凝土连续结构		
		复杂结构	主跨250m以上的钢筋混凝土拱桥、400m以上的斜拉桥、800m以上的悬索桥等独立大桥		

续表

序号	建设项目	计量单位	大 型	中 型	小 型
3	特大隧道	长度	大于1000m的独立隧道及区域地质构造复杂的500～1000m的独立隧道		
4	交通工程	公路等级	高速公路、一级公路的交通安全设施、监控系统、通信系统、收费系统及管理、养护、服务设施	二级公路的交通安全设施、收费系统及管理养护服务设施	三级、四级公路的交通安全设施、道班房

四、水运行业建设项目设计规模划分表

序号	建设项目			计量单位	大型	中型	小型
1	港口工程	码头	集装箱	吨级	≥10000	<10000	
			散货 沿海	吨级	≥30000	5000～30000	<5000
			散货 内河	吨级	≥1000	500～1000	<500
			多用途件杂货 沿海	吨级	≥10000	3000～10000	<3000
			多用途件杂货 内河	吨级	≥1000	500～1000	<500
			原油	吨级	≥30000	<3000	
			化学品、成品油、气等危险品	吨级	≥3000	<3000	
		防波堤、导流堤、海上人工岛等水上建筑		最大水深/m	≥6	<6	
		护岸、引堤、海墙等建筑防护		最大水深/m	≥5	3～5	<3
2	修造船厂水工工程	船坞		船舶吨位	≥10000	3000～10000	<3000
		船台、滑道		船体重量/t	≥5000	1000～5000	<1000
		舾装码头		吨级	≥10000	3000～10000	<3000
3	通航建筑工程	渠化枢纽、船闸		通航吨级	≥1000	300～1000	<300
		升船机		通航吨级	≥100	<100	
4	航道工程	沿海		通航吨级	≥30000	<30000	
		内河整治		通航吨级	≥1000	300～1000	<300
		疏浚与吹填		工程量/万 m³	≥200	50～200	<50
5	水上交通管制工程	航标工程		投资/万元	≥1000	<1000	
		船舶交通管理系统工程		投资/万元	≥3000	<3000	

五、市政公用行业建设项目设计规模划分表

序号	建设工程		计算（量）单位	大型	中型	小型	备注
1	给水工程		万 t/d	≥20	5～20	≤5	
2	排水工程		万 t/d	≥10	4～10	≤4	
3	燃气工程	管道燃气（包括气源厂）	万 m³/d	≥30	10～30	≤10	
		液化气	万 t/a	≥3	0.5～3	≤0.5	
		热力工程	万 m²	≥500	150～500	<150	
4	道路工程		万 m²	≥10	4～10	≤4	
5	隧道工程		m	≥1000	250～1000	≤250	
6	桥梁工程		m	≥100	30～100	≤30	多孔跨径
			m	≥40	30～40	≤30	单孔跨径
7	轨道交通工程						
8	风景园林工程		万元	>1000	100～1000	≤100	
9	环境卫生工程	生活垃圾焚烧工程	t/d	≥300	100～300	≤100	
		生活垃圾卫生填埋工程	t/d	≥800	300～800	≤300	
		堆肥工程	t/d	≥300	100～300	≤100	

六、农林行业建设项目设计规模划分表

序号	建设项目		计量单位	大型	中型	小型	备注
1	农业综合开发工程、农业生态工程						
(1)		土地治理工程、农业生态工程	万亩	≥5	1～5	≤1	
(2)		高科技农业园艺工程	万亩	≥1	0.1～1	≤0.1	
(3)		农业废弃物处理工程	t/d 处理	>150	30～150	<30	
2	畜牧工程						
(1)		饲养场工程					
①		种鸡场	万只/存栏	>2	1～2	<1	
②		商品鸡场	万只/存栏	>100	50～100	<50	
③		养猪场	万头/年产	>5	1～5	<1	
④		奶牛场	成母牛头/年	>500	100～500	<100	
⑤		肉牛场	头/年存栏	>10000	100～10000	<100	
(2)		实验动物房工程	万元	>1500	500～1500	<500	
(3)		生物制品厂工程	万元	>3000	1000～3000	<1000	
(4)		草场建设工程	万 hm²	>3	1～3	<1	
3	设施农业工程						
(1)		设施农业工程	hm²	>1	0.5～1	<1	
(2)		种子加工	t/h	>5	3～5	<3	
(3)		谷物及粮食加工	t/a	>2	0.5～2	<0.5	

续表

序号	建设项目	计量单位	大型	中型	小型	备注
（4）	果蔬加工	t/a	＞1	0.3～1	＜0.3	
（5）	糟渣及饼粕加工	t/a	＞0.6	0.2～0.6	＜0.2	
4	渔业工程					
（1）	渔业基地与渔港工程					
①	海洋渔业基地	万元	＞20000	5000～20000	＜5000	
②	渔港工程	万元	＞5000	2000～5000	＜2000	
③	渔轮避风港（塘）工程	m²	＞800000	400000～800000	＜400000	渔轮避风锚泊地
（2）	水产养殖工程					
①	海水养殖	亩	＞2000	300～2000	＜300	
②	淡水养殖	亩	＞1000	300～1000	＜300	
③	网箱养殖	箱	＞6000	3000～6000	＜3000	
④	设施渔业	万元	＞3000	1000～3000	＜1000	
（3）	水产品保鲜、加工与渔业市场工程					
①	水产高、低温冷库	t/次	＞10000	3000～10000	＜3000	
②	制冰、储冰与输冰工程	t/次	＞3000	1000～3000	＜1000	
③	水产品深加工工程	t/a	＞5000	2000～5000	＜2000	
④	鱼粉加工厂	t/a	＞3000	1000～3000	＜1000	
⑤	饲料加工工程（水产养殖）	t/a	＞10000	3000～10000	＜3000	
⑥	水产品批发市场及配发中心	m²	＞8000	4000～8000	＜4000	
（4）	水产原、良种工程	亿尾	＞10	3～10	＜3	
（5）	人工渔礁与过鱼工程	万元	＞5000	2000～5000	＜2000	
（6）	海洋水产生态修复工程	万元	＞20000	5000～20000	＜5000	
5	林产工业工程					
（1）	木材加工（制材）	万 m³/a	≥10	10～5	＜5	
（2）	人造板	万 m³/a	≥5	5～3	＜3	
（3）	装饰面板（饰面加工）	万 m³/a	≥300	300～180	＜180	
（4）	实木复合板	万 m³/a	≥50	50～20	＜20	
6	林产化学工程					
（1）	制胶	t/a	≥5000	5000～1000	＜1000	固体计
（2）	栲胶	t/a	≥3000	3000～1000	＜1000	
（3）	松香	t/a	≥10000	10000～5000	＜5000	
（4）	植物纤维水解	t/a	≥3000	3000～1000	＜1000	
（5）	木材热解	t/a	≥1000	1000～500	＜500	
7	制浆造纸工程					

续表

序号	建设项目	计量单位	大型	中型	小型	备注
（1）	制浆造纸	万 t/a	≥5	5～2	<2	
8	营林造林工程					
（1）	造林	hm²	＞10000	5000～10000	<5000	成块连片
			＞100000	50000～100000	<50000	非成块连片
（2）	标准化苗圃	hm²	＞70		<25	
（3）	林木种子园	hm²	＞80		<50	
9	资源环境工程					
（1）	自然保护区、森林公园	hm²	＞5000	500～5000	<500	
（2）	生态观光园、野生动物植物园	hm²	＞200	100～200	<100	
（3）	天然林保护工程	hm²	＞20 万	5 万～20 万	<5 万	
（4）	森林防火工程	hm²	＞20 万	10 万～20 万	<10 万	控制面积
（5）	病虫害防治工程	hm²	＞2 万	1 万～2 万	<1 万	防治面积
（6）	林业综合开发工程	hm²	＞1 万	3500～10000	<3500	
（7）	高科技林业示范园工程	hm²	＞650	200～650	<200	
10	森林工业工程					
（1）	林业局（场）总体工程					
①	森工企业局	hm²	＞35 万	15 万～35 万	<15 万	
②	林场	hm²	＞10000	3500～10000	<3500	
（2）	储木场工程	m³/a	＞26 万	5 万～26 万	<5 万	年到材量

七、煤炭行业建设项目设计规模划分表

序号	建设项目	计量单位	大型	中型	小型	备注
1	矿井	万 t/a	≥120	90～45	≤30	
2	露天矿	万 t/a	≥400	300～100	<100	
3	选煤厂	万 t/a	≥120	90～45	≤30	

八、化工石化医药行业建设项目设计规模划分表

序号	项目名称		单位	大型	中型	小型	备注
1	石油炼制工程	常减压蒸馏	万 t/a	≥500	250		
		气体分离	万 t/a	＞20	10～20	<10	
2	石油产品深加工程	催化反应加开	亿元	＞2	0.5～2	<0.5	投资
		加氢反应及制氢	亿元	＞1	0.3～1	<0.3	投资或压力
			MPa	＞8	4～8	<4	
		渣油加工	亿元	1	0.3～1	<0.3	投资
		炼厂气加工	亿元	＞0.2	0.1～0.2	<0.1	投资
		润滑油加工	万 t/a	＞15	5～15	<5	

续表

序号	项目名称		单位	大型	中型	小型	备注
3	油气储运工程	输油	万 t/a	≥600	<600	<300	能力或长度
			km	≥120	30~120	<30	
		输气	亿 m³/a	≥2.5	<2.5		能力或长度
			km	≥120	30~120	<30	
		油库					
		①石油、成品油	万 m³	≥8	3~8	<3	总容积
			万 m³	≥2	1~2	<1	单罐容积
		②天然气	万 m³	≥1.5	<1.5		总容积
			万 m³	≥0.5	<0.5		单罐容积
		③常温液体石油气	m³	≥2000	<2000		总容积
			m³	≥400	<400		单罐容积
		④低温液化石油气	万 m³	≥2	<2		总容积
			万 m³	≥1	<1		单罐容积
4	无机化工	合成氨	万 t/a	>18	8~18	<8	
		尿素	万 t/a	>30	13~30	<13	
		硫酸	万 t/a	>16	8~16	<8	
		磷酸	万 t/a	>12	3~12	<3	
		烧碱	万 t/a	>5	3~5	<3	
		纯碱	万 t/a	>30	8~30	<8	
		磷肥（酱钙、钙镁磷肥）	万 t/a	>50	20~50	<20	
		复肥	万 t/a	>20	10~20	<10	
		无机盐	万元	>10000	5000~10000	<5000	投资
5	有机化工、石油化工	①原料及单体					
		乙烯	万 t/a	≥30	14~30		
		二甲苯（PX）	万 t/a	≥15	5~15		
		丁二烯	万 t/a	≥5	<5		
		乙二醇	万 t/a	≥10	<10		
		精对苯二甲酸(PTA)	万 t/a	≥25	15~25		
		醋酸乙烯	万 t/a	≥8	<8		
		甲醇	万 t/a	≥10	5~10	<5	
		氯乙烯	万 t/a	≥8	<8		
		苯乙烯	万 t/a	≥10	<10		
		醋酸	万 t/a	≥10	<10		
		环氧丙烷	万 t/a	≥4	<4		

续表

序号	项目名称		单位	大型	中型	小型	备注
5	有机化工、石油化工	苯酐	万 t/a	≥4	<4		
		苯酚丙酮	亿元	≥6	<6		
		丙烯腈	万 t/a	≥5	<5		
		②合成树脂					
		高压聚乙烯	万 t/a	≥18	<18		
		低压聚乙烯	万 t/a	≥14	<14		
		全密度聚乙烯	万 t/a	≥14	<14		
		聚苯乙烯	万 t/a	≥10	<10		
		聚氯乙烯	万 t/a	≥10	<10		
				≥5	<5		
		聚乙烯醇	万 t/a	≥6	<6		乙烯法
				≥2	<2		电石法
		己内酰胺	万 t/a	≥6	<6		
		聚酯	万 t/a	≥10	<10		
		尼龙 65	万 t/a	≥5	<5		
		聚丙烯	万 t/a	≥7	<7		
		ABS	万 t/a	≥10	<10		
		③合成橡胶					
		顺丁橡胶	万 t/a	≥5	<5		
		丁苯橡胶	万 t/a	≥5	<5		
		丁基橡胶	万 t/a	≥3			
		乙丙橡胶	万 t/a		≥2		
		丁腈橡胶	万 t/a		≥1		
		④高效低毒农药	t/a	≥1000	500~1000	<500	
6	合成材料及加工	树脂成型加工	万 t/a	≥3	1~3	<1	
		塑料薄膜	万 t/a	≥0.3	0.1~0.3	<0.1	
		塑料编织袋	万 t/a	≥500	<500		
		油漆及涂料（不含高档高漆）	万 t/a	≥4	1~4	<1	
7	精细化工		万元	≥5000	3000~5000	<3000	投资
8	橡胶轮胎工程		万套/a	≥30	10~30	<10	
9	其他橡胶制品		万元	≥5000	<5000		投资
10	化工矿山工程	磷矿	万 t/a	≥100	30~100	<30	
		硫铁矿	万 t/a	≥100	30~100	<30	
11	其他石油化工项目		亿元	≥3	1~3	<1	投资

续表

序号	项目名称	单位	大型	中型	小型	备注
12	化学原料药	亿元	≥2	1～2	<1	综合项目
13	生物药	亿元	≥1	0.5～1	<0.5	综合项目
14	中药	亿元	≥0.8	0.5～0.8	<0.5	综合项目
15	制剂药	亿元	≥1	0.5～1	<0.5	综合项目
16	药用包装材料	亿元	≥1	0.5～1	<0.5	综合项目

九、石油天然气行业建设项目设计规模划分表

序号	项目名称		单位	大型	中型	小型	备注
1	油田地面工程		万 t/a	>30	≤30		产能
			万元	>1000	100～1000	≤100	技改（工程总投入）
2	气田地面工程		亿 m³/a	>1.5	≤1.5		产能
			万元	>1500	200～1500	≤200	技改（工程总投入）
3	管道输送	输油（能力并长度）	万 t/a	>600	≤600		能力
			km	>120	≤120		长度
		输气（能力并长度）	亿 m³/a	>2.5	≤2.5		能力
			km	>120	≤120		长度
4	海洋石油工程		亿元	>8	≤8		
5	油气库工程	原油储库（总库容并单罐容积）	万 m³	>8	≤8		总库容
			万 m³	>2	≤2		单罐容积
		天然气储库（总库容并单罐容积）	万 m³	>1.5	≤1.5		总库容
			万 m³	>0.5	≤0.5		单罐容积
		液化石油气及轻烃储库（总库容并单罐容积）	m³	>2000	≤2000		总库容
			m³	>400	≤400		单罐容积
6	油气处理加工工程	原油	万 t/a	>25	≤25		能力
		天然气	万 m³/d	>25	≤25		能力
7	石油机械制造与修理工程		万元	>5000	≤5000		能力

十、电力行业建设项目设计规模划分表

序号	建设项目	计量（算）单位	大型	中型	小型	备注
1	火力发电工程	MW	125（或100）	25	3	
2	水力发电工程	MW	≥250	<250	≤25	
3	风力发电工程	MW	≥10	<10	≤3	
4	变电工程	kV	500（或330）	220	110	
5	送电工程	kV	500（或330）	220	110	

十一、冶金行业建设项目设计规模划分表

序号	建设项目	计量（算）单位	大型	中型	小型	备注
1	矿山工程					
	露天铁矿采矿	万t矿石/a	≥200	60～200	<60	
		或万t矿岩/a	≥1000	300～1000	<300	
	地下铁矿采矿	万t矿石/a	≥100	30～100	<30	
	铁矿选矿	万t矿石/a	≥200	60～200	<60	
	砂矿采、选	万t矿石/a	>200	100～200	<100	
	脉矿采、选	万t矿石/a	>100	20～100	<20	
	岩金矿采、选	t原矿/d	≥500	100～500	<100	
	砂金矿采、选	采金船斗容/L	≥500	<500		
	砂金矿露天开采、选场	m³砂金矿/h	≥320	160～320	<160	
	烧结	万t烧结矿/a	≥160	<160		
		或单台烧结机的规格/m²	≥90	<90		
	氧化球团					
	带式焙烧	万t球团矿/a	≥100	<100		
	链箅机回转窑	万t球团矿/a	≥100	<100		
	竖炉	单座竖炉规格/m²	≥16	8～16	<8	
2	钢铁工程					
	炼铁	万t铁/a	≥100	<100		
		或单座高炉炉容/m³	≥1000	<1000		
	炼钢					
	转炉	万t钢/a	≥100	<100		
		或单座转炉炉容/m³	≥50	<50		
	电炉	万t钢/a	≥50	<50		
		或单座电炉公称容量/t	≥50	<50		
	炉外精炼与连铸		与炼钢工程相匹配	与炼钢工程相匹配		
	铁合金	单座还原电炉能力/kVA	≥12500	<12500		
	轧钢					
	板带轧钢	mm	装有连续式、半连续式轧机；或装有炉卷轧机，或装有宽度≥2300中厚板轧机；或装有宽度≥1200单机架冷轧机；或装有宽度≥500连续式镀层机组	装有宽度<1200单机架冷轧机；或装有宽度<500连续式镀层机组		

序号	建设项目	计量（算）单位	大型	中型	小型	备注
	型材轧机	mm	装有轧机辊径≥750 型材轧机；或装有连续式中、小型型材轧机	装有轧机辊径<750 型材轧机；或装有半连续式中、小型型材轧机		
	线材轧机	m/s	装有连续式线材轧机，精轧速度≥50	线材轧机，精装有半连续式轧速度<50		
	无缝钢管	mm	管径≥114	管径<114		
	焊接钢管	mm	管径≥168	管径<168		
	金属制品					
	一般钢丝及制品	t/a	≥10000	<10000		
	特殊钢丝及制品	t/a	≥5000	<5000		
	焦化耐火工程					
	炼焦	万 t 焦炭/a	≥50	<50		
		m	或炭化室高度≥4.3	<4.3		
		万 m³/h	焦炉煤气净化能力≥2.5	<2.5		
	焦化产品	万 t/a	焦油加工能力≥10，或粗笨精制能力≥2.5			
3	耐火材料 普通耐火材料	万 t/a	≥2 黏土砖、硅砖；或≥1 其他耐火砖	硅砖；或<1 黏土砖、其他耐火砖		
	新型高级耐火材料	万 t/a	≥1 高纯镁砂；或≥10 优质高纯铝矾土；或≥0.1 其他耐火材料	<1 高纯镁砂；或<10 优质高纯铝矾土；或<0.1 其他耐火材料		
	活性石灰	万 t/a	≥5	<5		
4	镍联合企业	万 t 镍/a	>1	0.5～1	<0.5	
	其他重金属联合企业	万 t 金属/a	>2	0.8～2	<0.8	
5	常用金属冶炼、电解厂	万 t 金属/a	>3	1～3	<1	
6	氧化铝厂	万 t 金属铝/a	>20	5～20	<5	
	电解铝厂	万 t 金属铝/a	>5	3～5	<3	
7	重金属加工厂	万 t 加工材/a	>3	0.5～3	<0.5	
	轻金属加工厂	万 t 加工材/a	>2	0.3～2	<0.3	
8	其他冶金工程	投资万元	≥5000	2000～5000	<2000	

十二、机械行业建设基础上设计规模划分表

序号	建设项目	计量（算）单位	大型	中型	小型	备注
1	机械厂项工程	万元	＞5000	2000～5000	＜2000	总投资数
2	机械单项工程	万元	＞2000	500～2000	＜500	总投资数
	以上类型中工业厂房的基本特征参数对照如下					
1	单层工业厂房	t	＞30	15～30	≤15	吊车吨位
		m	＞24	18～24	≤18	跨度
2	多层工业厂房	m	＞12	≤12		跨度
		层	＞6	≤6		层数

十三、商物粮行业建设项目设计规模划分表

序号	项目名称	单位	大型	中型	小型	备注
1	冷藏库工程					
	1）高低温冷藏库	m³	＞20000	5000～20000	≤5000	
	2）气调冷藏库	m³	＞15000	4000～15000	≤4000	
2	副食品及农副食品加工工程					
	1）猪屠宰厂	头/班	＞1500	500～1500	≤500	
	2）牛屠宰厂	头/班	＞150	50～150	≤50	
	3）羊屠宰厂	头/班	＞3000	1000～3000	≤1000	
	4）家禽屠宰厂	只/班	＞30000	10000～30000	≤10000	
	5）蔬菜加工	t/h	＞2	0.5～2	≤0.5	
3	批发市场与物流中心工程	m²	＞40000	15000～40000	≤15000	
4	成品油储运工程	万 m³	＞10	2～10	≤2	
5	制冰厂工程	t/d	＞120	100～120	≤100	
6	商业仓储工程					
	1）商业仓库	m²	＞20000	10000～20000	≤10000	
	2）棉麻库	t		10000～25000	≤10000	
7	粮食加工工程					
	1）制粉工程	原粮 t/d	≥250	140～250	≤140	
	2）碾料工程（及杂粮加工工程）	原粮 t/d	≥150	80～150	≤80	
8	油脂加工工程	油料 t/d	≥500	80～500	≤80	
9	饲料加工工程	年单班万 t	≥2	1～2	≤1	
10	粮食仓储工程	仓容万 t	≥15	5～15	≤5	
		或投资万元	≥10000	3000～10000	≤3000	
11	食用油库工程	万 m³	≥10	4～10	≤4	
12	玉米加工工程	t 玉米/d	≥500	100～500	≤100	
13	粮油深加工工程	投资万元	≥3000	500～3000	≤500	

十四、铁道行业建设基础上设计规模划分表

序号	建设项目	计量单位	大型	中型	小型
1	新建铁路	km	≥50	10～50	<10
2	改建铁路	km	≥100	20～100	<20
3	枢纽	个	各种枢纽		
4	桥梁	座	深水独立特大桥		
5	隧道	座	≥5km		
6	电气化	km	≥400		
7	通信信号	km	≥400		

十五、轻纺行业建设项目设计规模划分表

序号	建设项目	计量单位	大型	中型	小型	备注
	制浆造纸工程					
1	（1）纸板类	万t/a	≥10	5～10	≤5	
	（2）印刷文化用纸	万t/a	≥5	3～5	≤3	
	（3）木材纸浆	万t/a	≥10	5～10	≤5	
	（4）非木材纸浆	万t/a	≥5	3～5	≤3	
	食品烟草工程					
2	（1）啤酒	万t/a	≥10	3～10	≤3	
	（2）麦芽	万t/a	≥5	2～5	≤2	
	（3）乳品	日处理鲜奶	≥100	40～100	≤40	
	（4）卷烟	万箱/a	≥50	30～50	≤30	
	制糖工程					
3	（1）甘蔗糖	原料t/日处理	≥3000	1500～3000	≤1500	
	（2）甜菜糖	原料t/日处理	≥1500	750～1500	≤750	
	日用化工工程					
	（1）烷基苯	万t/a	≥7	2～7	≤2	
4	（2）五钠	万t/a	≥7	2～7	≤2	
	（3）洗衣粉（剂）	万t/a	≥5	2～5	≤2	
	（4）电池	亿只/a	≥3	0.8～3	≤0.8	
	（5）塑料制品	万t/a	≥1	0.5～1	≤0.5	
	日用硅酸盐工程					
5	（1）日用玻璃厂	万t/a	≥3	1.5～3	≤1.5	
	（2）日用陶瓷厂	万件/a	≥1000	500～1000	≤500	
	制盐及盐化工工程					
6	（1）海湖盐厂	万t/a	≥70	20～70	≤20	
	（2）井矿盐厂	万件/a	≥30	10～30	≤10	

序号	建设项目	计量单位	大型	中型	小型	备注
7	皮革毛皮及制品厂	标准万张	≥30	20～30	≤20	
8	家电及日用机械工程					
	（1）电冰箱厂	万台/（年/单班）	≥20	10～20	≤10	
	（2）洗衣机厂	万台/a	≥30	10～30	≤10	
	（3）空调压缩机厂	万台/a	≥100	50～100	≤50	
	（4）钟表厂	万只/a	≥100	40～100	≤40	
	（5）缝纫机厂	万架/a	≥50	15～50	≤15	
	（6）自行车厂	万辆/a	≥100	30～100	≤30	
9	其他轻工业工程	固定资产投资	≥8000	3000～8000	≤3000	
10	纺织工程					
	（1）棉纺工程	万锭	≥5	3～5	<3	
	（2）毛纺工程（精纺）	锭	≥5000	3000～5000	<3000	
	（3）毛纺工程（粗纺）	锭	≥3000	1000～3000	<1000	
	（4）麻纺工程	锭	≥5000	3000～5000	<3000	
	（5）机织工程	台	≥400	200～400	<200	
	（6）针织工程	万件/a	≥500	300～500	<300	
11	印染工程	万 m/a	≥5000	5000～1500	<1500	
12	服装工程	万件/a	≥100	100～60	<60	
13	化纤原料工程					
	（1）聚酯工程	万 t/a	≥10	<10		
	（2）浆粕工程	万 t/a	≥5	<5		
	（3）锦纶切片工程	万 t/a	≥1.5	<1.5		
14	化纤工程					
	（1）涤纶长丝工程	万 t/a	≥5	1～5	<1	
	（2）丙纶长丝工程	万 t/a	≥1.5	0.75～1.5	<0.75	
	（3）锦纶长丝工程	万 t/a	≥1.5	0.5～1.5	<0.5	
	（4）粘胶长丝工程	万 t/a	≥0.6	<0.6		
	（5）醋纤长丝工程	万 t/a	≥1	<1		
	（6）涤纤长丝工程（含固相增粘）	万 t/a	≥1.5	0.4～1.5	≤0.4	
	（7）锦纶工业丝工程	万 t/a	≥1.5	0.4～1.5	<0.4	
	（8）涤纶短纤工程	万 t/a	≥5	1.5～5	<0.4	
	（9）丙纶短纤工程	万 t/a	≥1.5	1.0～1.5	<1.5	
	（10）腈纶短纤工程	万 t/a	≥5	<5	<1.0	
	（11）粘胶短纤工程	万 t/a	≥5	<5		
	（12）氨纶工程	万 t/a	≥0.1	<0.1	≤0.5	
	（13）无纺布工程	万 t/a	≥1.2	0.5～1.2		
	（14）特种纤维工程	万 t/a	≥1	<1		

十六、建材行业建设项目设计规模划分表

序号	建设项目	计量单位	大型	中型	小型	备注
1	水泥厂工程					
	(1) 水泥熟料	t/d	≥3000	3000～2000	＜2000	
	(2) 特种水泥	万 t/a	≥20	20～10	＜10	
2	玻璃、陶瓷、耐火材料工程					
	(1) 浮法玻璃	t/d	≥500	500～400	＜400	
	(2) 加工玻璃	万元	≥6000	6000～3000	＜3000	
	(3) 卫生陶瓷	万件/a	≥60	60～30	＜30	
	(4) 建筑陶瓷	万 m²/a	≥150	150～70	＜70	
	(5) 电熔耐火材料	t/a	≥3000	3000～1500	＜1500	
	(6) 烧结及其他耐火材料	t/a	≥50000	50000～15000	＜15000	
3	新型建筑材料工程					
	(1) 色釉料	万元	≥5000	5000～3000	＜3000	
	(2) 玻璃棉	t/a	≥6000	6000～2000	＜2000	
	(3) 矿 (岩) 棉	t/a	≥10000	10000～5000	＜5000	
	(4) 墙体砖	万块/a	≥6000	6000～3000	＜3000	
	(5) 屋面瓦	万块/a	≥600	600～200	＜200	
	(6) 建筑轻质板材及石膏制品	万元	≥6000	6000～3000	＜3000	
	(7) 保温隔热材料	万元	≥6000	6000～3000	＜3000	
	(8) 装饰装修材料及配套产品	万元	≥6000	6000～3000	＜3000	
	(9) 防水材料及化学建材	万元	≥6000	6000～3000	＜3000	
	(10) 水泥制品及混凝土砌块	万元	≥6000	6000～3000	＜3000	
	(11) 商品混凝土搅拌站	万元	≥6000	6000～3000	＜3000	
4	非金属矿工程					
	(1) 石灰石矿	万 t/a	≥120	120～80	＜80	
	(2) 砂岩矿	万 t/a	≥20	20～5	＜5	
	(3) 石膏矿	万 t/a	露天≥40 地下≥20	40～20 20～5	＜20 ＜5	
	(4) 石墨矿	万 t/a	≥1	1～0.5	＜0.5	
	(5) 石棉矿	万 t/a	≥2	2～0.72	＜0.72	
	(6) 石材矿	万 m³/a	≥1	1～0.5	＜0.5	
	(7) 其他非金属矿	万元	≥3000	3000～1000	＜1000	
5	无机非金属材料					
	(1) 玻璃纤维	t/a	≥3000	3000～1000	≤1000	
	(2) 玻璃钢	t/a	≥7500	7500～5000	≤5000	
	(3) 人工晶体	万元	≥2000	2000～1000	≤1000	

附录 3
《河道管理范围内建设项目防洪评价报告
编制导则》（试行）

1 总则

1.1 依据国家计委、水利部《河道管理范围内建设项目管理的有关规定》（水政〔1992〕7号），对于河道管理范围内建设项目（下简称建设项目），应进行防洪评价，编制防洪评价报告。为适应防洪评价报告编制工作的需要，规范编制方法，保证编制质量，特制订本导则。

1.2 本导则适用于全国河道管理范围内大、中型及对防洪有较大影响的小型建设项目防洪评价报告的编制工作。

1.3 防洪评价报告应在建设项目建议书或预可行性研究报告审查批准后、可行性研究报告审查批准前由建设单位委托具有相应资质的编制单位进行编制。

1.4 评价报告内容应能满足《河道管理范围内建设项目管理的有关规定》审查内容的要求，应包括以下主要内容：

（1）概述。

（2）基本情况。

（3）河道演变。

（4）防洪评价计算。

（5）防洪综合评价。

（6）防治与补救措施。

1.5 防洪评价报告中的各项基础资料应使用最新数据，并具有可靠性、合理性和一致性，水文资料要经相关水文部门认可。建设项目所在地区缺乏基础资料时，建设单位应根据防洪评价需要，委托具有相应资质的勘测、水文等部门进行基础资料的测量和收集。

1.6 在编制防洪评价报告时，应根据流域或所在地区的河道特点和具体情况，采用合适的评价手段和技术路线。对防洪可能有较大影响、所在河段有重要防洪任务或重要防洪工程的建设项目，应进行专题研究（数学模型计算、物理模型试验或其它试验等）。

1.7 在防洪评价工作中除执行本导则外涉及其它专业时，还应符合相应规范要求。

2 概述

概述一般应包括项目背景、评价依据、技术路线及工作内容。

2.1 项目背景

项目背景应阐明建设项目所在地理位置、总体建设规模、项目前期工作概况及防洪评价编制单位受委托后进行防洪评价编制工作的基本情况。

2.2　评价依据

评价依据应列出以下内容：

（1）国家有关法律、法规及有关规定。

（2）有关规划文件。包括建设项目所在河段的综合规划及防洪规划、治导线规划、岸线规划、河道（口）整治等水利规划。

（3）有关技术规范和技术标准。

（4）有关设计报告的审查意见、批复文件等。

2.3　技术路线及工作内容

阐明评价报告所采用的技术路线，包括所采用的基本资料、分析、计算及试验手段等，简述防洪评价的工作内容。

3　基本情况

基本情况包括建设项目概况、建设项目所在河段的河道基本情况、现有水利工程及其它设施情况、水利规划及实施安排等。

3.1　建设项目概况

建设项目概况应介绍与防洪评价有关的涉河建筑物的基本情况，包括下列内容：

（1）涉河建筑物的名称、地点和建设目的。

（2）涉河建筑物的建设规模、特性、防洪标准（校核、设计标准相应洪峰流量、水位，施工期防洪标准及相应洪峰流量、水位）。

（3）涉河建筑物的设计方案，包括总体布置、结构型式、与河道堤防的连接方式、与其它水利工程交叉或连接方式、占用河道管理内土地及建筑设施情况等。

（4）涉河建筑物的施工方案，主要包括施工布置、施工交通组织、主要施工方法、施工临时建筑物设计、施工工期安排、施工期度汛方案和防凌措施等，对于涉及在河道管理范围内取土和弃土的工程还应包括施工取土和弃土方案。

3.2　河道基本情况

建设项目所在河段的河道基本情况包括以下内容：

（1）建设项目所在区域的自然地理、河流水系、水文气象、社会经济和工程状况。

（2）河道概况。

（3）水文、泥沙、气象特征。

（4）河道边界条件。

（5）地形、地貌、河道地质情况。

（6）现有防洪（排涝）标准及相应的洪峰流量、洪峰水位（潮位）。

3.3　现有水利工程及其它设施情况

3.3.1　现有水利工程情况包括河道、堤防、水库、涵闸、泵站等水利（防洪）工程的位置、规模、设计标准、设计水位、功能、特点及运用要求等基本情况。

3.3.2　其它设施情况包括桥梁、码头、港口、取水、排水、航道整治等设施的位置、规模、设计标准、设计水位、功能、特点及运用要求等基本情况。

3.4　水利规划及实施安排

应简述与防洪评价有关的水利规划内容及实施安排，包括以下方面：

（1）综合利用规划、防洪规划、岸线规划、河道（口）整治规划等。

（2）建设项目所在河段的个体规划要求。

（3）建设项目所在河段的规划实施情况。

（4）建设项目运用期内因规划实施引起的防洪形势、标准等变化情况。

4　河道演变

河道演变主要介绍建设项目所在河段的历史演变过程与特点，分析其近期河床的冲淤特性和河床变化情况，明确河床演变的主要特点、规律和原因，对河道的演变趋势进行预估。

4.1　河道历史演变概况

历史演变过程应利用已有分析成果，简述建设项目所在河段的历史演变过程和特点。

4.2　河道近期演变分析

河道近期演变分析应根据有关实测资料，分析河段内深泓、洲滩、汊道、岸线等平面变化、断面变化及河床冲淤特性等。

4.3　河道演变趋势分析

河道演变趋势分析应根据历史、近期河道演变情况，结合水利规划实施安排，对河道将来的演变趋势进行定性或定量分析，包括河道的平面变化、断面变化、河床冲淤变化等。

5　防洪评价计算

5.1　一般要求

5.1.1　建设项目防洪影响的计算条件一般应分别采用所在河段的现状防洪、排涝标准或规划标准，建设项目本身的设计（校核）标准以及历史上最大洪水。对没有防洪、排涝标准和防洪规划的河段，应进行有关水文分析计算。

5.1.2　对占用河道断面，影响洪水下泄的阻水建筑物，应进行壅水计算。一般情况下可采用规范推荐的经验公式进行计算；壅水高度和壅水范围对河段的防洪影响较大的开展数学模型计算或物理模型试验。

5.1.3　对河道的冲淤变化可能产生影响的建设项目，应进行冲刷与淤积分析计算。一般情况下可采用规范推荐的经验公式结合实测资料，进行冲刷和淤积分析计算；所在河段有重要防洪任务或重要防洪工程的，还应开展动床数学模型计算或动床物理模型试验研究。

5.1.4　建设项目工程规模较大的或对河势稳定可能产生较大影响、所在河段有重要防洪任务或重要防洪工程的建设项目，除需结合河道演变分析成果，对项目实施后河势及防洪可能产生的影响进行定性分析外，还应进行数学模型计算或物理模型试验研究进行分析。

5.1.5　在选用数学模型时，可根据实际情况，在满足工程实际的需要条件，选用一维、二维数学模型的各自优点，或者联合运用。在进行壅水分析计算时，考虑河道实际情况，可选用一维数学模型用于分析计算。关于冲刷与淤积分析计算，对于长系列条件下的预测分析计算，建议用一维数学模型，二维数学模型可用于局部、典型场次洪水条件。下文中只列出二维数学模型的选用方法。

5.1.6 对可能影响已有水利工程安全运行的建设项目，应进行工程施工期和运行期已有水利工程的稳定复核计算。

5.1.7 当建设项目建在排涝河道管理范围内或附近有重要排涝设施，且项目建设可能引起现有排涝设施附近内、外水位较大变化时，应进行排涝影响分析计算。

5.2 水文分析计算

5.2.1 水文分析计算的主要内容应包括：

（1）资料的审查与分析。

（2）资料的插补和延长。

（3）采用的计算方法、公式、有关参数的选取及其依据。

（4）不同频率设计流量及设计水位的计算成果。

（5）成果的合理性分析。

5.2.2 水文分析计算方法应根据建设项目所在河段的具体情况有针对性地选用。

5.3 壅水分析计算

5.3.1 经验公式计算分析

当采用经验公式进行壅水计算时，其主要内容应包括：

（1）采用的经验公式及其适用性分析。应根据建设项目的工程结构型式、河道特性选用合适的经验公式，并对其适应性进行分析。

（2）有关参数的选用及其依据。应根据阻水建筑物的结构型式、附近流速流态、河道边界条件等具体情况，合理选取或计算有关参数，并分析其依据。

（3）选用的计算水文条件。

（4）计算方案及其条件。阐明各种计算方法及其条件。对工程施工临时建筑物占用河道过水断面的建设项目，除需工程运行期的壅水计算外，还需进行工程施工期壅水计算。

（5）壅水高度及长度的计算结果。

5.3.2 数学模型计算分析。

当采用数学模型进行工程壅水影响计算分析时，其主要内容应包括：

（1）模型的基本原理。阐述模型的基本方程、计算网格型式、数值计算方法、边界处理等基本原理。

（2）计算范围及计算边界条件。阐述数学模型的计算范围、计算网格尺寸、开边界的控制条件等。数学模型计算范围的选取除应考虑附近河段水文测站的布设情况外，应能充分涵盖建设项目可能影响的范围及模型进出口边界稳定所需的河道范围。计算网格的大小应满足建设项目防洪评价对计算精度的要求。在资料满足条件时，上游采用流量控制，下游采用水位（或潮位）控制。当资料条件限制时，也可以采用适当的边界控制条件，但应对其合理性进行分析论证。

（3）模型的率定与验证。阐明模型率定与验证所采用的基本资料，模型率定所选定的有关参数，模型率定与验证的误差统计结果，在此基础上分析模型的可靠性。模型率定与验证的主要内容包括：水（潮）位、垂线平均流速、流向、断面流速分布、汊道分流比等。模型的率定和验证应采用不同的水文测验资料分布进行，模型率定和验证的误差应满足有关规范的要求。无实测资料时可采用经验值。

（4）计算水文条件。阐述工程影响计算所采用的水文条件及依据。所采用的计算水文条件应根据防洪评价的主要任务有针对性地选取，对径流河段应采用设计洪水流量和相应水位；对潮流河段应包括大、中、小等典型潮和与设计频率相应潮型等水文条件。

（5）工程概化。阐述建设项目涉河建筑特在模型中的概化处理方法，工程概化的合理性分析等。

（6）工程计算方案。阐明模型的各种计算方案及其条件。对工程施工临时建筑物占用河道过水断面的建设项目，除需工程运行期的壅水计算外，还需进行工程施工期壅水计算。

（7）计算结果统计分析。对各方案的计算结果进行统计，分析最大壅水高度和壅水范围。

5.4 冲刷与淤积分析计算

5.4.1 经验公式计算。

当采用经验公式进行冲刷计算时，应包括下列内容：

（1）计算公式的选用及其适用性分析。

（2）水文条件。

（3）有关参数的选取值及其依据。

（4）冲刷计算结果。

5.4.2 数学模型计算。

当采用数学模型进行冲刷与淤积分析计算时，其主要内容应满足 5.3.1 小节水流数学模型的有关要求外，还应包括：

（1）河床冲淤变化的率定与验证。应根据实测资料情况，选择有代表性的水文系列，进行含沙量、输沙率和河道冲淤变化的率定和验证计算。模型泥沙率定和验证的精度应满足有关规范的要求。

（2）计算水文系列的选取。应根据建设项目的情况、可能带来的影响、所在河段的水文泥沙特性、防洪评价的主要任务，选取有代表性的水文系列进行工程实施后的冲刷与淤积计算。计算水文系列的选取要能反映冲刷和淤积的不利水、沙条件组合。

（3）冲淤变化计算成果。计算成果应包括冲淤总量、冲淤厚度、冲淤时空分布等内容。

5.4.3 物理模型试验。

当采用物理模型进行河道冲刷与淤积试验时，应包括下列内容：

（1）模型试验的范围。

（2）模型的设计及各种比尺。

（3）模型沙的选取。

（4）模型率定与验证采用的水文条件。

（5）模型率定有关参数的选取值。

（6）模型率定和验证误差的统计结果及模型相似性分析。

（7）试验水文条件的选取与概化。

（8）试验方案。

（9）模型试验结果统计。

上述内容的有关具体要求与数学模型计算基本相同，模型设计及比尺的选取、模型沙的选取、水文系列的概化，应满足试验精度的要求。

5.5　河势影响分析计算

建设项目建成后对河势稳定的影响，一般情况下可采用数学模型计算、物理模型试验等技术手段进行。其内容除需满足上述数学模型计算和物理模型试验的有关要求外，还应包括：

（1）对主要汊道分流比的影响值，若为动床数学模型或动床物理模型，还应统计各汊道分沙比的变化。

（2）工程影响范围内代表性断面流速分布的变化情况。

（3）主流线、深槽、洲滩、岸滩断面等的变化情况。

（4）工程影响范围内防洪工程及其它设施附近流速、流向的变化。

（5）代表性垂线流速、流向的变化。

5.6　排涝影响分析计算

排涝影响分析计算的主要内容有：

（1）现有排涝设施的结构尺寸、设计内外水位、运行方式、设计排涝流量等基本情况。

（2）采用的计算方法、公式、有关参数的选取及其依据。

（3）根据建设项目的壅水情况，对现有排涝设施的排涝能力进行计算。

5.7　其它有关计算

对可能影响现有防洪工程安全稳定的建设项目，还应进行工程施工期及运行期的渗透稳定、结构安全、抗滑稳定安全复核等计算。涉及河口及感潮河段，因潮汐动力的改变对防洪、排涝及河道（口）稳定均有影响，应同时进行潮汐动力分析。

6　防洪综合评价

根据建设项目的基本情况、所在河段的防洪任务与防洪要求、防洪工程与河道整治工程布局及其它国民经济设施的分布情况等，以及河道演变分析成果、防洪评价计算或试验研究结果，对建设项目的防洪影响进行综合评价。防洪综合评价的主要内容有：

（1）项目建设与有关规划的关系及影响分析。

（2）项目建设是否符合防洪防凌标准、有关技术和管理要求。

（3）项目建设对河道泄洪的影响分析。

（4）项目建设对河势稳定的影响分析。

（5）项目建设对堤防、护岸及其它水利工程和设施的影响分析。

（6）项目建设对防汛抢险的影响分析。

（7）建设项目防御洪涝的设防标准与措施是否适当。

（8）项目建设对第三人合法水事权益的影响分析。

6.1　项目建设与有关规划的关系及影响分析

项目建设与有关规划的关系及影响分析应包括建设项目与所在河段有关水利规划关系分析和项目建设对规划实施的影响分析。

6.1.1 建设项目与所在河段有关水利规划关系分析。

简述建设项目与所在河段的综合规划及防洪规划、治导线规划、岸线规划、河道(口)整治规划等水利规划之间的相互关系,分析项目的建设是否符合有关水利规划的总体要求与整治目标。

6.1.2 项目建设对规划实施的影响分析。

分析项目建设对有关水利规划的实施是否产生不利的影响,是否会增加规划实施的难度。

6.2 项目建设是否符合防洪防凌标准、有关技术和管理要求

根据建设项目设计所采用的洪水标准、结构型式及工程布置,分析项目的建设是否符合所在河的防洪防凌标准及有关技术要求,分析项目建设是否符合水利部门的有关管理规定。

6.3 项目建设对河道泄洪影响分析

根据建设项目壅水计算或试验结果,分析工程对河道行洪安全的影响范围和程度。对施工方案占用河道过水断面的建设项目,还需根据施工设计方案及工期的安排,分析工程施工对河道泄洪能力的影响。

6.4 项目建设对河势稳定影响分析

6.4.1 根据数学模型计算和(或)物理模型试验结果,结合河道演变分析成果,综合分析工程对河势稳定的影响。主要内容应包括:

(1)分析项目实施后总体流态和工程影响区域局部流态的变化趋势。

(2)对分汊河段,应分析项目建设是否会引起各汊道分流比、分沙比的变化。

(3)通过各代表断面和代表垂线流速、流向的变化情况的统计分析成果,分析项目建设对总体河势和局部河势稳定有无明显的不利影响。

(4)结合河道冲淤变化的计算或试验成果,评价项目建设是否会影响河势的稳定。

(5)对工程施工临时建筑物可能影响河势稳定的建设项目,应根据有关计算或试验成果,分析工程施工期对河势稳定的影响。

6.4.2 对河势稳定影响较小的建设项目,可结合河道演变分析成果或采用类比分析的方法,做定性分析。

6.5 项目建设对堤防、护岸和其它水利工程及设施的影响分析

根据有关计算结果,分析项目建设对其影响范围内的各类水利工程与设施的安全和运行所带来的影响。其主要内容包括:

(1)根据工程影响范围内堤防近岸流速、流向的变化情况,分析项目建设对堤脚或岸坡冲刷的影响。

(2)根据护岸工程近岸流速、流向的变化情况,分析项目建设对已建护岸工程稳定的影响。

(3)对可能影响现有防洪工程安全的建设项目,应根据渗透稳定复核、结构安全复核、抗滑稳定安全复核等计算结果,进行影响分析。

（4）对临近水文观测断面和观测设施的建设项目，应分析对测报、水文资料的连续性和代表性的影响，以及对观测设施的安全运行影响。

（5）对可能影响现有引水、排涝设施引排能力的建设项目，应根据有关计算结果，分析项目建设对引水、排涝的影响。

（6）对其它水利设施的影响分析。

6.6 项目建设对防汛抢险的影响分析

对跨堤、临堤以及需临时占用防汛抢险道路或与防汛抢险道路交叉的建设项目，应进行防汛抢险影响分析。其主要内容包括：

（1）根据建设项目跨堤、临堤建（构）筑物的平面布置、断面结构及主要设计尺寸，分析是否会影响汛期的防汛抢险车辆、物资及人员的正常通行。

（2）根据建设项目的施工平面布置、施工交通组织及工期安排情况，分析工程施工期对防汛抢险带来的影响。

（3）分析项目建设是否会影响其它防汛设施（如通讯设施、汛期临时水尺等）的安全运行。

6.7 建设项目防御洪涝的设防标准与措施是否适当

分析建设项目运行期和施工期的设防标准是否满足现状及规划要求，并对其所采用的防洪、排涝措施是否适当进行分析评价。

6.8 项目建设对第三人合法水事权益的影响分析

根据建设项目的布置及施工组织设计，分析工程施工期和运行期是否影响附近取水口的正常取水、临近码头的正常靠泊等第三人的合法水事权益。

7 防治与补救措施

7.1 建设项目影响的防治措施

建设项目影响的防治措施（含运行期与施工期）应包括：

（1）对水利规划的实施有较大影响的建设项目，应对建设项目的总体布置、方案、建设规模、有关设计、施工组织设计等提出调整意见，并提出有关补救措施。

（2）对河道防洪水位、行洪能力、行洪安全、引排能力有较大影响的建设项目，应对其布置、结构型式与尺寸、施工组织设计等提出调整意见，并提出有关的补救措施。

（3）对现有堤防、护岸工程安全影响较大的建设项目，应对其布置、结构形式与尺寸、施工组织设计等提出调整意见，并提出有关的补救措施。

（4）对防汛抢险、工程管理有较大影响的建设项目，应对其工程布置、施工组织、工期安排等提出调整意见，并提出有关补救措施。

（5）对河势稳定有较大影响的建设项目，应对其工程布置、结构型式、施工方案及施工临时建筑物设计等提出调整意见，并提出有关补救措施。

（6）对其它水利工程及运用有较大影响的建设项目，应对其工程布置、结构型式及施工组织设计等提出调整意见，并提出有关补救措施。

（7）其它影响补救措施，包括对第三人的合法水事权益影响的补救措施等。

7.2 防治补救措施的工程量

对防洪工程的影响须提出明确的影响内容和范围，采取防治与补救措施，并对工程量进行初步估算。

8 结论与建议

总结归纳防洪评价的主要结论，对存在的主要问题提出有关建议。其主要内容应包括：

（1）河道演变规律、发展趋势及河势稳定性的分析结论。

（2）建设项目对各方面影响的评价结论。

（3）须采取的防治补救措施。

（4）对存在的主要问题的有关建议。

附录 A：河道管理范围内建设项目防洪评价报告编制参考目录

1 概述

  1.1 项目背景

  1.2 评价依据

  1.3 技术路线及工作内容

2 基本情况

  2.1 建设项目概况

  2.2 河道基本情况

  2.3 现有水利工程及其它设施情况

  2.4 水利规划及实施安排

3 河道演变

  3.1 河道历史演变概况

  3.2 河道近期演变分析

  3.3 河道演变趋势分析

4 防洪评价计算

  4.1 水文分析计算

  4.2 壅水分析计算

  4.3 冲刷与淤积分析计算

  4.4 河势影响分析计算

  4.5 排涝影响计算（如有）

  4.6 其它有关计算（如有）

  （专题研究如有可另附）

5 防洪综合评价

  5.1 与现有水利规划的关系与影响分析

  5.2 与现有防洪防凌标准、有关技术要求和管理要求的适应性分析；

  5.3 对行洪安全的影响分析

  5.4 对河势稳定的影响分析

  5.5 对现有防洪工程、河道整治工程及其它水利工程与设施影响分析

  5.6 对防汛抢险的影响分析

5.7 建设项目防御洪涝的设防标准与措施是否适当

5.8 对第三人合法水事权益的影响分析

6 工程影响防治措施与工程量估算

7 结论与建议

附录 B：河道管理范围内建设项目防洪评价报告所附图纸参考目录

1 建设项目所在河段的河势图

2 建设项目所处地理位置示意图

3 现有防洪工程、河道整治工程及其它水利设施位置图、规划图

4 涉河建筑物的平面布置图、主要结构图

5 涉河建筑物所占行洪断面图

6 河道演变分析所取断面位置图、各种平面变化和断面变化套绘图

7 数学模型计算或物理模型试验范围图、测站（含试验范围、测流断面和垂线）位置图、计算分析和试验取样点（含取样断面）位置图

8 数学模型和物理模型率定与验证取样点（含取样断面）位置图、率定与验证成果图

9 水位影响等值线图

10 流速影响等值线图

11 断面流速分布影响图

12 主流线影响图

13 工程前后流场图

14 冲淤变化图

15 补救措施工程设计图

16 其它必须的图纸

参考文献

Leopold L B，Maddock T. Hydraulic Geometry of Stream Channels and some Physiographic Implications ［M］. U. S. Geological Survey Professional Paper，1953，57：252.

Sun D. Study on Basic Characteristics and River Reaction of Alluvial River System ［M］. Beijing：International Academic Publisher，1996.

蔡志长. 渠化工程学 ［M］. 北京：人民交通出版社，2002 .

曹康泰. 中华人民共和国防洪法释义 ［G］. 北京：中国法制出版社，1998.

曹祖德，王运洪. 水动力泥沙数值模拟 ［M］. 天津：天津大学出版社，1994.

陈淳杰. 桥梁建设对山区河流壅水的计算方法初探 ［J］. 大众科技，2007（98）：29 - 30.

陈娟，李杰，曹磊. 二维水流数学模型在码头工程防洪评价中的应用 ［J］. 人民长江，2010，41（17）：62 - 64.

陈茂益，梅桂萍. 浅谈珠江三角洲内河涌综合整治排涝规划的几个关键问题 ［J］. 人民珠江，2009（5）：20 - 21.

陈能志. 涉河项目防洪评价方法与指标探讨 ［J］. 水利科技，2010（10）：133 - 139.

陈秀英，余乃旺，杭庆丰. 平面二维水流数学模型在某项目防洪评价中的应用 ［J］. 人民珠江，2011（2）：9 - 12.

崔承章，熊治平. 治河防洪工程 ［M］. 北京：中国水利水电出版社，2004.

杜定强. 水利工程对水文站水文测验影响探讨 ［J］. 生态与环境工程，2011（21）：190.

付卫东，翟啸鹏. 河道管理范围内防洪评价中壅水分析计算 ［J］. 东北水利水电，2010（3）：62 - 63.

高东光. 公路桥涵设计手册——桥位设计 ［M］. 北京：人民交通出版社，1998.

广东省人民代表大会. 广东省河道堤防管理条例 ［S］. 广州：广东省人民代表大会，1984.

广东省人民代表大会. 广东省河口滩涂管理条例 ［S］. 广州：广东省人民代表大会，2001.

广东省人民代表大会. 广东省水利工程管理条例 ［S］. 广州：广东省人民代表大会，1999.

国家技术监督局，中华人民共和国建设部. GB 50286—98 堤防工程设计规范 ［S］. 北京：中国水利水电出版社，1998.

国务院. 中华人民共和国河道管理条例 ［S］. 北京：群众出版社，1988.

何亚龙，阴法章，王福林. 涉水工程对水文站的影响及应对措施 ［J］. 黑龙江水利科技，2007，35（4）：32 - 33.

黄文煌. 水力学 ［M］. 北京：人民教育出版社，1980.

惠遇甲，王桂仙. 河工模型试验 ［M］. 北京：中国水利水电出版社，1999.

李昌华，金德春. 河工模型试验 ［M］. 北京：人民交通出版社，1981.

李广诚，司富安，杜忠信，等. 堤防工程地质勘察与评价 ［M］. 北京：中国水利水电出版社，2004.

李广贺，刘兆昌，张旭，等. 水资源利用工程与管理 ［M］. 北京：清华大学出版社，1998.

梁志宏，刘俊勇，陈军，等. 二维水沙数学模型在码头工程防洪评价中的应用 ［J］. 黑龙江水专学报，2009，36（3）：9 - 13

林伟波，包中进. 二维数学模型在防洪影响评价中的应用 [J]. 中国农村水利水电，2009（12）：59-63.

刘君华. 现代检测技术 [M]. 西安：西安交通大学出版社，1999.

刘薇，彭新德，张小兵. 一、二维耦合水流数值模拟在防洪评价中的应用 [J]. 中国水运，2010，10（6）：112-113.

罗承平，朱世康. 珠江水利规划体系初探 [J]. 人民珠江，2005（4）：11-13.

罗秋实，黄鑫，李洪良，等. 基于二维水沙模型的涉水建筑物防洪影响计算 [J]. 人民长江，2010，41（10）：52-55.

马建新. 河道管理范围内建设项目防洪评价报告编制规定研究 [M]. 北京：北京工业大学出版社，2002.

梅孝威. 水利水电工程管理 [M]. 北京：中国水利水电出版社，2003.

梅孝威. 水利水电工程技术管理 [M]. 北京：中国水利水电出版社，2003.

全国人民代表大会常务委员会. 中华人民共和国防洪法 [S]. 北京：人民出版社，1997.

全国人民代表大会常务委员会. 中华人民共和国水法 [S]. 北京：人民出版社，2002.

阙志夏. 平面二维水流数学模型在码头和取水口建筑物防洪影响计算分析中的应用 [J]. 水利科技与经济，2007，13（9）：650-652.

沈汉堃，谌晓东，喻丰华. 珠江流域防洪规划中有关新技术的应用 [J]. 人民珠江，2007（4）：17-19.

时钧，朴官宝. 浅谈水利工程对水文站水文测验的影响 [J]. 吉林农业，2012（2）：210.

舒彩文，谈广鸣. 河道冲淤量计算方法研究进展 [J]. 泥沙研究，2009（4）：68-73.

水利部，国家计划委员会. 水政〔1992〕7号 河道管理范围内建设项目管理的有关规定 [S]. 北京：水利部，国家计划委员会，1992.

水利部. 河道管理范围内建设项目防洪评价报告编制导则（试行）[S]. 北京：水利部，2004.

水利部. 中华人民共和国防洪法讲话 [C]. 北京：水利部，1997.

水利部建管司. 河道管理范围内建设项目管理规定（征求意见稿）有关情况说明 [G]. 北京：水利部建管司，1999.

水利部水管司. 关于河道管理范围内建设项目管理工作的调研报告 [R]. 北京：水利部水管司，1997.

水利部水利建设与管理总站. 小型水库管理 [M]. 北京：中国计划出版社，2003.

水利部水政司. 中华人民共和国水法讲话 [C]. 北京：水利部水政司，1992.

水利部政策法规司. 中华人民共和国水法学习材料 [M]. 北京：中国水利水电出版社，2002.

水利部珠江水利委员会. 珠江流域防洪规划 [R]. 广州：水利部珠江水利委员会，2007.

水利部珠江水利委员会. 珠江流域综合规划（2012—2030 年）[R]. 广州：水利部珠江水利委员会，2013.

水利部珠江水利委员会建设与管理处. 河道管理法规汇编 [G]. 广州：水利部珠江水利委员会建设与管理处，2007.

孙京忠，陈守论. 非工程措施在防洪中的作用 [J]. 水利水文自动化，2000（1）：12-15.

孙晓英，韩凤霞. 二维非恒定流数学模型在防洪影响评价中的应用 [J]. 北京水务，2006（2）：19-20.

唐造造，倪培桐，陆汉柱，等. 广州市海珠区河涌整治排涝方案研究 [J]. 广东水利水电，2012（2）：1-5.

王黎明，杨艳，张正刚. 桥梁壅水计算公式分析 [J]. 黑龙江水利科技，2009，37（5）：79-80.

王运洪，秘兆兰. 引滦入津黎河及黎沙河分岔河道水流数值类比 [J]. 天津水利，1993，2：118-123.

夏丽丽，吴敦银. 防洪评价中跨河桥梁壅水和冲刷计算探讨 [J]. 江西水利科技，2010，36（4）：251-255.

谢汉祥，向旭. 西、北江干流及网河区洪、潮水面线计算 [J]. 水利规划，1997（1）：6-10.

胥加仕，罗承平，谌晓东. 珠江流域综合规划修编思路探索 [J]. 人民珠江，2007（1）：48-49.

徐峰俊，黄胜伟，刘俊勇. 珠江三角洲河口区潮流泥沙及含盐度耦合联解数学模型研究报告 [R]. 水利部珠江水利委员会科学研究院，2003.

杨春瑞. 码头工程防洪评价中壅水计算公式浅析 [J]. 工程与建设，2012，26（1）：54-56.

杨莉玲，王运洪，徐峰俊. 一维河网模型在东江枢纽设计中的应用 [C] //第八届海峡两岸水利科技交流研讨会论文集. 广州：[出版者不详]，2004.

杨莉玲. 河口盐水入侵数值模拟研究 [D]. 上海：上海交通大学船舶海洋与建筑工程学院，2007.

叶守泽. 气象与洪水 [M]. 武汉：武汉水利电力大学出版社，1999.

叶镇国. 桥涵水文与水力学 [M]. 北京：人民交通出版社，2002.

叶镇国. 实用桥涵水力水文计算原理与习题解法指南 [M]. 北京：人民交通出版社，2000.

张细兵，卢金友，蔺秋生. 涉河项目防洪安全评价指标体系初步研究 [J]. 人民长江，2011，42（7）：63-66.

中国水利学会泥沙专业委员会. 泥沙手册 [M]. 北京：中国环境科学出版社，1992.

中华人民共和国交通部. GB 50139—2004 内河通航标准 [S]. 北京：中国水利水电出版社，2004.

中华人民共和国交通部. JTG C30—2002 公路桥位勘测设计规范 [S]. 北京：人民交通出版社，2002.

中华人民共和国交通部. JTG C30—2002 公路工程水文勘测设计规范 [S]. 北京：人民交通出版社，2002.

中华人民共和国交通部. JTG D60—2004 公路桥涵设计通用规范 [S]. 北京：人民交通出版社，2004.

中华人民共和国交通部. JTJ 062—91 公路桥位勘测设计规范 [S]. 北京：人民交通出版社，1991.

中华人民共和国水利部. GB 50201—94 防洪标准 [S]. 北京：中国水利水电出版社，1994.

中华人民共和国水利部. SL 1—2002 水利技术标准编写规定 [S]. 北京：中国水利水电出版社，2003.

中华人民共和国水利部. SL 156~165—95 水工（专题）模型试验规程 [S]. 北京：中国水利水电出版社，1995.

中华人民共和国水利部. SL 171—96 堤防工程管理设计规范 [S]. 北京：中国水利水电出版社，1996.

中华人民共和国水利部. 水建管 [2000] 81 号 关于珠江水利委员会审查河道管理范围内建设项目权限的通知 [S]. 北京，2000.

中华人民共和国水利部. 水利部 2005 年第 2 号公告 关于水利行政审批项目目录的公告 [S]. 北京，2005.

中华人民共和国水利部. 水利部令第 10 号 珠江河口管理办法 [S]. 北京，1999.

中华人民共和国铁道部. TB 10017—99 铁路工程水文勘测设计 [S]. 北京：中国铁道出版社，1999.

珠江水利委员会. 珠江志 [M]. 广州：广东科技出版社，1992.

珠江水利委员会珠江水利科学研究院. 佛山港高明港区富湾作业区高富油品码头扩建工程防洪评价报告 [R]. 广州：珠江水利委员会珠江水利科学研究院，2012.

珠江水利委员会珠江水利科学研究院. 港珠澳大桥对珠江口防洪影响评价研究报告 [R]. 广州：珠江水利委员会珠江水利科学研究院，2010.

珠江水利委员会珠江水利科学研究院. 广佛环线穿（跨）越陈村水道隧道工程防洪评价报告 [R]. 广州：珠江水利委员会珠江水利科学研究院，2012.

珠江水利委员会珠江水利科学研究院. 广州港出海航道三期工程防洪影响评价报告 [R]. 广州：珠江水利委员会珠江水利科学研究院，2007.

珠江水利委员会珠江水利科学研究院. 虎门港（太平）客运口岸搬迁工程防洪评价报告 [R]. 广州：珠江水利委员会珠江水利科学研究院，2012.

珠江水利委员会珠江水利科学研究院. 黄埔区沙步涌（含沙涌）综合整治工程洪评价报告 [R]. 广州：珠江水利委员会珠江水利科学研究院，2012.

珠江水利委员会珠江水利科学研究院. 中山市古神公路（二期）工程坦洲大涌大桥防洪评价报告 [R]. 广州：珠江水利委员会珠江水利科学研究院，2010.

珠江志编纂委员会. 珠江志 [M]. 广州：广东科技出版社，1994.

诸裕良，金勇，王昌杰. 河口推移质水道冲淤计算公式 [J]. 河海大学学报，2002，30（3）：64-67.

左东启. 模型试验的理论和方法 [M]. 北京：水利电力出版社，1984.